Bio-Modernist Aestheticology

WANG Jianjiang

别

别现代主义审美学

王建疆 著

中国社会科学出版社

图书在版编目(CIP)数据

别现代主义审美学/王建疆著. —北京：中国社会科学出版社，
2023.12

ISBN 978-7-5227-2844-5

Ⅰ.①别… Ⅱ.①王… Ⅲ.①审美分析 Ⅳ.①B83-0

中国国家版本馆 CIP 数据核字(2023)第 232189 号

出 版 人　赵剑英
责任编辑　杨　康
责任校对　王　龙
责任印制　戴　宽

出　　　版　中国社会科学出版社
社　　　址　北京鼓楼西大街甲 158 号
邮　　　编　100720
网　　　址　http://www.csspw.cn
发 行 部　010-84083685
门 市 部　010-84029450
经　　　销　新华书店及其他书店

印　　　刷　北京明恒达印务有限公司
装　　　订　廊坊市广阳区广增装订厂
版　　　次　2023 年 12 月第 1 版
印　　　次　2023 年 12 月第 1 次印刷

开　　　本　710×1000　1/16
印　　　张　22.25
插　　　页　2
字　　　数　334 千字
定　　　价　119.00 元

目　　录

Contents

前言　从崇无尚有到待有再到实有和妙有

中国审美学和文论方面长期存在崇无论与尚有论之间的争论。崇无论表现在两个方面：一是认为中国没有中国审美学，只有"西方审美学在中国"；二是认为中国文论患上了"失语症"，无法独立存在。而尚有论则相反，认为中国古代审美学和文论都有自己的体系，而且改革开放以来中国的审美学和文论都取得了辉煌的成就。而我提出的待有论却是对崇无论和尚有论的超越，是对我们尚缺什么以及期待有什么的思考，名之曰"待有"，即期待拥有。

有关待有什么和如何待有的问题，我于2012年发表的《中国美学：主义的喧嚣与缺位——百年中国美学批判》一文中已露端倪，而于2014年发表的《别现代：主义的诉求与建构》一文，更是将这一问题明晰化。因此可以说，别现代主义是一个长期学术准备的产物，是在对崇无尚有的反思中形成待有的思想，然后身体力行，将待有变为实有的过程。这个实有，就是别现代主义。

别现代主义已经成为国际性学术话题，美欧的大学还独立自主地建立了研究我的别现代主义的研究机构，西方研究别现代理论的除了著名的哲学家、审美学家、艺术史家外，更可喜的是美欧年轻的博士加入了研究队伍，他们到我这里访学、开会、工作，并在欧洲建立了别现代主义网站，这些都说明别现代主义的实有是已经国际化了的实有。国内的青年学者周韧、关煜也出版了别现代主义著作，显示了别现代主义后继有人的别有洞天，一种别样的实有。

同时，别现代主义的实有分布在广阔的学科空间中，如哲学、审美学、文艺学、艺术学、旅游学、教育学、心理学、社会学、法学、经济学、计算机应用学等方面，表现出涵盖性特点。其中的别现代主义审美学以具体的系列范畴构成了一个有机系统，是对我多年来从事的审美学研究的一个总结。

当然，若用佛教哲学来看待实有，实有并非至境，至境乃为妙有，是真空妙有。因此，希望借助本书的出版，引来更多的有创造性的别现代主义论著问世，并在实有的基础上出现妙有。

Preface From For-Non-Being, For-Being, Yet-For-Being to Real-Being and Perfect-Being

There is a long-standing debate between the theory of for-non-being, and the theory of for-being in Chinese aesthetics and literary theory. The former is manifested in two aspects. One is that there is no Chinese aesthetics in China but only "Western aesthetics in China"; the other is that Chinese literary theory suffers from "aphasia" and cannot exist independently. On the contrary, the theory of for-being argues that both ancient Chinese aesthetics and literary theory have their own systems, and that Chinese aesthetics and literary theory have made brilliant achievements since the reform and opening up. My theory of yet-for-being is a transcendence of the theory of for-non-being and the theory of for-being. It is a reflection on what we lack and what we expect to have, which is called "yet-for-being", that is, to expect to be.

The question of what to be and how to realize it was already revealed in my article "Chinese Aesthetics: The Bustle and Absence of Zhuyi: A Critique of Chinese Aesthetics in the Century" published in 2012, and it was made clear in my article "Bie-Modern: The Appeal and Constructions of Zhuyi" published in 2014. Therefore, it can be said that bie-modernism is the product of a long academic preparation, a process of forming the idea of yet-for-being from the reflection on for-non-being and for-being, and then physically turning yet-for-being into real-being. This real-being is the Bie-modernism.

Bie-modernism has become an international academic topic, and universities in the United States and Europe have independently established research centers for the study of Bie-modernism. In addition to famous philosophers, aestheticians and art historians in the West, young doctoral students from the U. S. and Europe are joining the research team, visiting, meeting, and working with me, and setting up a website on Bie-modernism in Europe. This shows that the real-being of Bie-modernism is an internationalized actuality. The young scholars in China, like Zhou Ren, Guan Yu, have also published a book on Bie-modernism. All of these show that there is a different kind of real-being, with successors to carry on our undertaking on Bie-modernism.

At the same time, the real-being of Bie-modernism is distributed in a wide space of different fields, such as philosophy, aestheticology, literary theory, art, tourism, education, psychology, sociology, law, economics, computer application, etc. , showing the feature of coverage. Among them, Bie-modernist aestheticology constitutes an organic system with a specific series of categories, which is a summary of the aestheticological research I have been engaged in for many years.

In terms of Buddhist philosophy, the supreme realm is not real-being, but perfect-being in non-self. Therefore, I hope that the publication of this book will lead to more creative treatises on Bie-modernism and the emergence of perfect-being on the basis of real-being.

导论　从说别到别说再到别在西方

说别与别说分别来自中国汉字史和学术史，但在今天又有了新的发展，形成了新的别说，这就是别现代主义理论。而且，这个新的别说已经形成了别在西方的态势。

一　从说别到别说再到新的别说

（一）说"别"

从文字上说别。据许慎《说文解字》，"别"在甲骨文中是会意字。就字形而言，左边是一个"刀"形，右边是一个骨架的形象，隶定后写作"咼（guǎ）"，这是"骨"字的最初字形。将这两个部分结合起来理解就是用刀将骨肉分离的意思。（见图1）"别"字的本义就来源于此，即分解开来。随着社会历史的发展，在不同的语境中，出现了很多"别"的引申义，有不要；另外；其他；特别；别样；告别；别扭；固定住等，按照现代汉语词类划分，这些引申义主要被用为动词、名词、形容词、代词、副词等。

（二）"别"说

"别"字丰富的意义和内涵以及灵活多变的使用方式，逐渐形成了别具中华文化特色的"别"说。

这种"别"说首先体现在《易经》中。《易经》从最初的八卦推演到六十四卦，后人将这六十四卦中的每一个卦称为"别卦"或"类

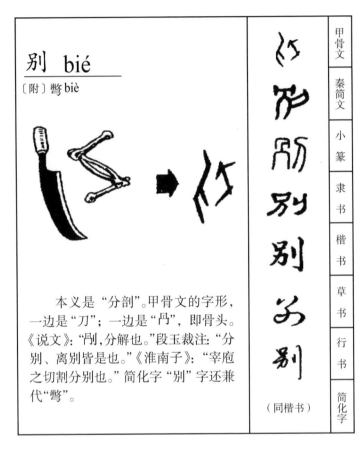

别 bié

〔附〕彆 biè

本义是"分剖"。甲骨文的字形，一边是"刀"；一边是"冎"，即骨头。《说文》："冎，分解也。"段玉裁注："分别、离别皆是也。"《淮南子》："宰庖之切割分别也。"简化字"别"字还兼代"彆"。

	甲骨文
	秦简文
	小篆
	隶书
	楷书
	草书
	行书
	简化字

（同楷书）

图1　（据东汉许慎《说文解字》和汉字字体演变拼合）

卦"，别卦或者类卦的出现，不仅体现着中华先哲对世界万物的认识不断加深，也表现出他们在认识世界的过程中在方法论意义上的思维革新——从混沌朦胧的整体认识到分类区别的具体认识的转变，而且这种转变与审美学的关系更为紧密。虽然《易经》未能引发学科分类和科学分类，不具有学科建设和科学发展的普遍方法论意义，但是，《易经》的感应思维和象数思维由于离不开对于征兆的研究，而任何征兆又都是在形象的象征和暗示中显示的，因此，具有感性学的特点，其中一些形象的象征和暗示具有审美意义。

在丰厚的中国文化典籍中，"别"字除了"开天辟地""人猿揖别"这些具有本体性和方法论的哲学意义外，还被广泛使用，逐渐形成了中国文化"别具一格""别出心裁"的"别"的学说，遍布在各个领域。堪舆学或地理学上，《尚书·禹贡》"禹别九州"中的"别"是划分、设置之意。军事上，《史记·项羽本纪》"项梁前使项羽别攻襄城，襄城坚守不下"中的"别"用作副词，意思是分头、分别。在学术中，如《庄子·天下》中的"别墨"，是指墨子学派中的另一类，既可作代词，又可作名词。《后汉书·儒林传赞》："斯文未陵，亦各有承。途分流别，专门并兴"与挚虞《文章流别论》中的"流别"都是名词，意为类别。在诗歌中，王维的《终南别业》之"别"为事工事利之外的修养。李白《送友人》的"此地一为别，孤蓬万里征"，杜甫"三吏""三别"之"别"为分别、分开之意。在诗论中，严羽《沧浪诗话·诗辨》："夫诗有别材，非关书也；诗有别趣，非关理也。"其中的"别"是形容词，"别"为特殊、格外之意。在宗教中，《五灯会元》"不立文字，教外别传"中的"别"是另外之意，等等。我们从古籍中拎出一些相关语句，并非为了从语义学上来呈现"别"之多义，而是通过"别"的不同用法和意义来展示中国文化传统中隐含的"别"文化思维和不断涌现的"别"的学说。

在中国古代所有"别"说中，老子的"反者道之动"、庄子的"无待""无别"、禅宗的"教外别传"属于极具哲学智慧和学派色彩的别理论。

（三）新的别说——待别的哲学、社会形态学和审美形态学

1. 在哲学上

人类正处于待别的时代。大疫期间，全球都在等待被甄别、被遴选、被区分、被分类、被处理和被疗救。别现代之别正在成为与"元哲学""元宇宙"之"元"平行的哲学本体论。看门人对访客的"你从哪里来""要到哪里去"的职业之问非常具有哲学意味。而别现代主义之"别"却以一个字来概括人类的本体之别和命运之别：

新冠大流行带来的核酸检验、行踪追溯，人类处在待别中。

无处不在的摄像头将识别和记录贯穿在整个人类社会和整个人生

经历中。

身份的颜色识别成为判别人的合法性和决定人的自由与否的关口。

待别疑似人类的宿命。

待别的诗性哲学表达来自庄子《逍遥游》："彼且恶乎待哉？"是从待别到超别和无别，和他的《齐物论》一样，是一种绝对自由的审美境界，是哲与诗的统一。

别现代主义理论立足于当下现实，根据当下的现实社会需要，进行别出一路的话语创新、理论创新、思想创新，从而形成了迥异于中国传统别说的新的别说。这种新的别说建立在第一根据的基础上。所谓第一根据，是指理论研究的最初的根据，也是最终的根据，是根据的根据，贯穿在理论研究的全过程中。就如基督教的原罪说是基督教理论的第一根据一样，别现代主义理论中的"别"是鸿蒙初启、人猿揖别、世界存在的第一根据，具有本体论意义，也是哲学认识论的第一根据，也就是别现代主义的最初根据和最终根据。别现代理论就是一字之学，是"别"的学说。

2. 在社会形态方面

（1）别现代

别现代是指现代、前现代、后现代的杂糅体所构成的社会形态。这种社会形态不具有单一的时代属性，而是兼具前现代、后现代、现代的多重属性，因而其现代性不充分、不达标，是可疑的，在很大程度上表现为真伪难辨，原因就在于借助现代媒体宣传，以名义上的现代掩盖了实质上的非现代。别现代作为学术术语，国外期刊英译通称为 a doubtful modernity/pseudo modernity，即一种似是而非的现代，而非 alternative modernity，即所谓另类的现代或可选择的现代。这种似是而非的现代直指现代本身的是与非、有与无，而不是纠缠于它是混合的、复杂的还是单一的、纯粹的，也不纠缠于是新的还是旧的，是另类的还是普通的，是特殊的还是一般的之争。这是因为，就如黄金是以 24K 和 18K 来衡量的，低于 18K 的就只能是合金而非黄金一样，当前现代的思想观念、社会制度和物质方式仍在现实社会中占有很大比例时，在现代化未实现之前，我们不能自封为现代的，只好称之为别现代：一种似是而非的处于待别中的现代，而非确定的现代，亦非后现代。

别现代是第三世界发展中国家在迈向现代化过程中普遍存在的现象。别现代形态有被动型和主动型两类，其形成原因也有两个。一个是民族国家原有的传统文化、社会结构和思想意识形态遭遇外来植入的西方现代和后现代，从而在冲突、融合的过程中形成了杂糅交织的时间空间化或时代空间化现象，即被动型别现代现状；另一个是民族国家意识到自己的欠发达，为了实现现代化而主动向西方发达国家开放。伴随着资本主义要素的被引进，西方现代和后现代进入这类欠发达国家，从而形成主动型别现代。

（2）时间空间化及其出路

别现代的时间空间化是指相较于西方社会从前现代到现代再到后现代的线性发展或断代史，第三世界国家出现了现代、前现代、后现代的杂糅并生现象，与西方从前现代到现代，再到后现代，直至后后现代的历时态社会形态相比是一种共时态社会。时间的空间化也被称为时代的空间化。时间空间化要经过和谐共谋期、对立冲突期、和谐共谋与对立冲突交织期、自我更新和自我超越期四个发展阶段才能被打破，进入现代化的历时态。

（3）别现代主义

别现代主义（Bie-modernism）是指区别真伪现代，具有充分的现代主义。它是对别现代现状的反思和批判，是一种学术主张，也是一种思想倾向。别现代主义之“别”，在甲骨文中得到了最好的见证：用刀将骨头从肉中剔除，这种剔除或分开就构成了别现代主义理论的第一义，是它之后的第二义即引申义如别样、特别等无法超越更无法替代的第一义，亦即根本义。坚持这个根本义，就是别现代主义的，背离这个根本义，就不是别现代主义的。

（4）别现代性

第一，别现代社会形态中现代、前现代、后现代的杂糅，导致似是而非的现代。即看起来是现代的，但实质上却可能是前现代的，名实不符。至少，现代性是不充分的，不具有质的规定性。这种似是而非的现代，一是导致假冒伪劣猖狂，张冠李戴，带来名词的大面积腐败，言非所指，甚至指鹿为马。二是导致习惯性地跨行、跨界并由此带来系统性紊乱，如在社会领域包括医疗、教育、养老、公共卫生、社会福利领域实行市场竞争，而在市场领域却实行非自由竞争的行政管制。三是导致用道德绑架代替法治的和谐共谋，潜规则盛行。不仅在不断地生成一个荒诞的世界，而且还会产生伪现代和伪文明。

第二，在社会的发展方向上充满随机性。或择优集善，或择劣集恶，或保持现状，停滞不动，都取决于主导性力量的个人意志，从而引起现代、前现代、后现代三种社会形态占比的随机变化。就艺术和审美而言，同样面临一种随机选择：是别现代的还是别现代主义的。选择之善，可与现代和后现代的文明成果比肩；选择之恶，会超越封建专制和资本原始积累的叠加。这种随机性取决于一个集团甚至个人所形成的主导性力量及其个人禀赋和主观意志。

第三，在发展模式上具有跨越式停顿性。即在现有轨道高速发展的过程中突然停顿，实现革命性转型，弃旧图新，建立一个新世界。这在当代民族国家包括社会主义国家的现代化转型中颇为多见。

别现代性形成的原因在于，第三世界国家在通往现代化的道路上，整个社会对于时间空间化杂糅现象的顺应；为个人和集团利益驱动，不愿意实实在在地走现代化道路；现代科学理性精神匮乏。而对别现代性的突破也全赖社会整体的尤其是主导性力量的现代性觉醒和择优集善的道路选择。

3. 在审美形态方面

别现代的审美形态与别现代社会形态相对应，这种审美形态在当下的一些建筑雕塑、美术作品、影视剧中都有突出的表现，在文学作品中也有十分明显的别现代烙印。别现代社会的杂糅状态使得新时期以来出现了囧剧、疯剧、抗日神剧、奇葩造型等审美形态。具体如下：

（1）囧剧

"囧"剧以徐峥的电影《人在囧途》《人再囧途之泰囧》《港囧》《囧妈》为代表，也包括《我不是药神》等作品。这类影视作品除了时代特征、文化内蕴外，还由于其凝聚于"囧"的鲜明特征而构成了新的审美形态。其审美特点主要体现在三个方面：首先，囧类电影中囧的意义生成所彰显的正是别现代时期和谐共谋与紧张对立的矛盾结构，具有疑似中和的特点；其次，囧类电影既含有中西共享的滑稽，又凸显了中国式的冷幽默；最后，以俗取乐的俗乐形态特征。

（2）疯剧

疯剧，一般指宁浩导演的"疯"系列喜剧电影，如《疯狂的赛车》《疯狂的石头》《疯狂的外星人》等。近年来的一些电视剧和网络剧，也以"疯狂"命名，被称为"狗血剧"。整个疯剧，都混搭了前现代、现代和后现代的元素，追求搞笑的艺术效果，极具喜剧色彩。

（3）抗日神剧

抗日神剧不是神话剧，是别现代时期对"英雄"的历史解构和庸俗赋魅。一直被诟病的抗日神剧，打着爱国主义的旗号，将作为人的英雄神化了，派生出一些大跌眼镜的情节，如手撕鬼子、裤裆藏雷，子弹拐弯等，这些作品是别现代时期的审美变种，不仅遮蔽了历史的本真面目，也扭曲了观众的审美观和历史观，严肃的历史被肆意解构，最终导向了历史虚无主义。

（4）奇葩造型

奇葩造型包括各种体现前现代观念的建筑和雕塑。就主题和造型而言，大多作品还停留在前现代的衣食住行等低层次的生存层面，它们借助现代科技包装，进行现代商业运营，辅以后现代建筑的仿生、拼贴之术，尽显"奇葩"，怪味四溢。这些作品的出现，是别现代时期城市建筑审美形态的集中显现，也体现了农耕文明与工业文明、后工业文明在城市化发展过程中的"杂糅"存在状态。

还有一种奇葩造型，用拼贴杂糅的手法，表现前现代观念、商业逐利意识和低级趣味，如将美国影星梦露与中国画家齐白石置于同一个画面形成"V. S"①，将商业大鳄潘石屹、任志强等作为年画门神②，将中国耕读古训与西方裸体美女共呈于书馆顶部③等。

4. 在艺术创作方面

与上述作为别现代审美形态的艺术创作不同的是，同样使用杂糅、拼贴、复制手段，却表现了反思和批判别现代弊端的主题，具有很高的艺术品位和精神境界的艺术作品，被笔者称为别现代主义艺术。这在笔者和美国艺术史家基顿·韦恩主编的《别现代：作品与评论》中，在笔者策划制作的《别现代与别现代主义艺术》④ 中得到了体现。在美术方面如孟岩的"危机"系列、"幸福"系列，旺忘望的"空山问道"系列，张晓刚的"僵尸脸"系列，岳敏君的"傻笑"系列、方力钧的"哈欠"系列、曾梵志的"面具"系列、王广义的"大批判"系列、陈箴的大型装置艺术等都具有明晰而又强烈的反思和批判意识，与别现代主义的旨归不谋而合，这些极具影响的作品已经超越了所谓的"玩世现实主义"和"折中主义"，是地道的别现代主义艺术。在影视方面如贾樟柯的电影，李杨的"三盲"系列，冯小刚的《我不是潘金莲》等，以及电视剧《人民的名义》《扫黑风暴》《狂飙》等，都是典型的别现代主义艺术。如果突破西方不把文学作为艺术的理念，将艺术扩大到文学上，那么，莫言、贾平凹、阎连科等作家的作品也都以反思批判人性之恶而成为典型的别现代主义文学艺术。

别现代主义艺术创作因与别现代艺术使用了相同的手法，即波普手法和戏仿的、杂糅拼贴的手法，因而都具有别现代审美形态特征，或者

---

① 王建疆、〔美〕基顿·韦恩主编：《别现代：作品与评论》，中国社会科学出版社 2018 年版，第 13—16 页。

② 王建疆、〔美〕基顿·韦恩主编：《别现代：作品与评论》，中国社会科学出版社 2018 年版，第 361 页。

③ 王建疆、〔美〕基顿·韦恩主编：《别现代：作品与评论》，中国社会科学出版社 2018 年版，第 116—120 页。

④ 王建疆策划录制：《别现代与别现代主义艺术》视频，bilibili 和国内各大门户网站，意大利别现代主义网站：www. biemodernism. org。

共享别现代审美形态特征，但就其思想内涵及其价值而言，则分属于不同的艺术行列，这就是别现代主义艺术与别现代艺术的区别。相形之下，别现代主义艺术显示出与别现代艺术的对立，这是由别现代主义与别现代之间形成的自反式结构决定的，不是逻辑矛盾，而是现实使然。

5. 在审美学理论方面

别现代主义审美学将汉语中的"美学"改名为审美学，不仅因为在汉语中"美学"（beautology）和审美学（estheticology）存在的区别，而且更主要的在于二者背后的思维方式代差。前者更多实物中心论的思想痕迹，后者属于系统生成论的思维方式。

将审美界定为主体的多质多层次的交互式正价值—感情反应，是人的本质、本质力量和理想的形象表现、形象发现、形象模现和心灵感悟、内在感知、内景、内视、内照和内听所生成的交互式正价值—感情反应过程。将美定义为在审美中生成的既可以视听观赏，又可以内视、内照的具有正面性的价值体，并对将审美局限于美感的所谓乐感美学进行批评，从而厘清了审美的本质属性和内在特征。尤其是把内审美作为人类审美现象加以概括，使审美形态的整体性和特殊性同时得到了体现，纠正了以往忽视内审美的偏向。

二 别现代主义审美学的思维方式及其范畴

（一）别现代主义的思维方式

别现代主义审美学以现实为依据，从别现代社会现状和历史发展阶段来考察当代中国艺术和审美学，从而形成了自己的不同于西方的别现代主义的审美学理论。

别现代主义审美学在对社会形态和历史发展阶段的考察中形成了自己的哲学思维方式，这就是待别和有别于的求异性思维、跨越式停顿思维、切割思维。

1. 待别和有别于的思维方式

待别不仅指一种本体论的以别鸿蒙初启、开天辟地、人猿揖别、人我区别、主客相分，而且还指认识论的万事万物都永远处在待别中的普遍现象和认知规律。别现代主义在待别的基础上主张有别于的思维方式，不仅在学生培养上推行求异性思维，以符合学位论文答辩中的"创新点"刚需，而且在思想建设上提出中西马我，以我为主的治学方针，最大限度地发挥研究者和创造主体的主观能动性，达到创造的最佳状态，形成独立的知识产权和原创性的哲学理论和审美学理论。

待别和有别于的思维方式还具体表现在别现代主义审美学原理上，如将"美学"改造为审美学，对审美的本质和特点进行了新的界定。

2. 跨越式停顿的思维

别现代主义的跨越式停顿与跨越式发展相对，是指事物在高度、高速的发展过程中突然主动停下来，而非被动刹车。跨越式停顿属于涵盖性哲学，可以从老子的功成名遂身隐、禅宗的顿悟成佛、儒家的急流勇退中发现这种人生智慧；可以从技术的研发、储存、应用、更新中得到启示；也可以从苏联等国家的解体中找到根据；还可以从具有后发优势的欠发达国家从跟进的红利中觉醒进而杜绝山寨、发奋创新中得到支持；更容易从文学和艺术流派的诞生中获得认可。跨越式停顿源自对成住坏空的极限的彻悟和对发展空间有限性的认识，不会沿着一条道走到黑，而是在中途及时地停下来自我反思、自我更新，然后突然转向、改弦易辙，实现革命性的突变。跨越式停顿理论被广泛地应用在了文化的传承创新、文学和艺术的传承创新上，并产生了切割理论。

3. 切割的思维

切割理论是从跨越式停顿的思维方式中生发出来的一种新的理论，是在文明进化、艺术创新、科技进步的普遍认同模式中，即传承—创新模式和借鉴—创新模式中楔入切割的环节或要素，从而形成传承—切割—创新和借鉴—切割—创新的新模式。理由是，传承与创新之间没有必然的逻辑关系，这就如工业文明并非基于对于农业文明的传承才创新的，艺术流派也不是对前人流派的继承的产物，而是继承后又加以切割的独立创造。同理，科技方面的创新亦非只要借鉴国外的先进技术就能实现的，相反，是对所借鉴的成果进行切割之后才形成自己的独立的知识产权的。

（二）别现代主义审美学范畴

范畴被认为是理论体系中具有中枢作用和支柱作用的大的核心关键概念，因此，别现代主义理论原创伊始就特别注重理论范畴的建构，这些范畴包括哲学范畴和审美学范畴。

1. 从西方心理学和主体的审美实践中建立起来的自调节审美理论

所谓自调节审美指的是当人们无法同化外界审美对象时，在审美目的支配下，在心理结构、心态和行为等方面进行有意识或无意识的或有意识与无意识之间自动转换的自我调整。这种调整和校正实质上也就是如何运用审美机制、调动审美主体的主观能动性去实现显性的或者隐性的审美目的的问题。

自调节审美涉及的范围非常广泛，如果从内容上划分，可分为心理结构、心态、行为的自调节。从心理学上划分，可分为有意识与无意识自调节，变态心理自调节、悲剧心理自调节。从形态上可分为顺境与逆境中的自调节，常态与非常态（包括禅定坐忘）下的自调节，现实审美中的自调节与理想审美中的自调节，等等。这几种自调节由于其参照系都受心理自调节的影响，因而相互重叠、交叉的情形就在所难免。

自调节审美具有历史渊源和很强的普适性。中国古代审美学上的虚静说、玄览说、观照说、澄怀味象说、境生于象外说和审美心胸论，都因强调主体需要排除主观欲望和成见，保持内心虚静才能观照万物的根源而具有自调节审美的属性。西方审美学史上的审美态度说，包括审美无功利论、心理距离说、剧场意识说等，无不是在排除利害计较和逻辑干扰的情况下让感知、情感、想象自然生发，自由驰骋，从而达到审美的目的的，因而具有明显的自调节审美性质。2001 年笔者在美国俄勒冈大学哲学系做高级研究学者时，分析哲学家、审美学家马克·约翰逊告诉我，在美国和欧洲还没有人提出过自调节审美理论（the theory of self-adjustment），因此，这个学说具有创新性。

2. 从前现代审美学史中发掘出的新的审美学理论范畴

（1）修养审美

修养审美或修养美学的概念是笔者于 20 世纪 90 年代中期提出，包括内修或功夫修养所产生的内审美，也包括修齐治平的人生境界审美，是对自调节审美论的发展，也是对中国审美形态的重新思考和重新界定。修养审美范畴集中体现在笔者独著的《修养·境界·审美 儒道释修养美学解读》《澹然无极——老庄人生境界的审美生成》等著作及发表的系列论文中。

（2）内审美

内审美是人生修养和人生境界的必然产物，主要面对的是脱离外在感官和外在对象而进行审美的特殊现象。只有在人生境界和审美心理、艺术创造上不断建构和不断完善的人，才会产生这种特殊的、高级的审美经验，而这一特殊的、高级的审美经验又反过来说明人的主观精神创造的伟大和自调节审美的必然性。

内审美有着广泛深厚的审美学史事实支持。"孔颜乐处""曾点气象"中的人生境界实质上是一种超越功利境界和道德境界的内乐，属于内审美。而荀子的"心平愉……无万物之美而可以养乐"（《荀子·正名》）的命题，可以说是对先秦儒家人生境界审美生成的概括。

道家老子的"涤除玄览"，庄子讲的"虚室生白，吉祥止止"等功夫型审美，还有唐宋以来中国禅宗所表现出来的"禅悦之风"和"法喜"景象，都是内修中伴有内景、内视、内照和内听的人生境界内审美。所谓成佛、成道、内圣外王，都不是一种基督教式的对于救赎的消极等待，而是一种自觉的修养和积极的争取，是一种感性生命自由选择的人生愉悦，因而属于自调节审美范围。

内审美包括三个方面的内容，一是没有形象的精神境界型审美，即内乐，如"孔颜乐处""无美而乐"；二是内景、内视、内照和内听的审美，如由禅定和心斋而产生的止观、默照、虚室生白以及日常生活中的余音绕梁等；三是作家艺术家创作时深层心理中的内景和内视。

内审美理论曾被朱立元先生称为"立足于美学史的创造"①，也得到王元骧先生的高度评价，在其《我看 20 世纪中国美学及其发展趋势》一文中指出："这种包括修养美学和内审美在内的把审美、艺术、人生三者统一起来进行研究，不仅是促进人的全面发展、社会的全面进步的需要，也是中西美学思想史的全部内容以及我国 20 世纪美学研究发展的功过得失向我们所昭示的真理。"②

"内审美"也是别现代主义审美学在审美形态方面的发现。内审美是人生修养和人生境界的必然产物，主要面对的是脱离外在感官和外在对象而审美这一特殊现象。但这一现象也应该是审美学研究和审美学史写作不可缺少的一环。

（3）意境生成

用有别于的思维方式从人与自然关系的嬗变考察中国古代诗歌意境的生成。中国古代诗歌意境从先秦萌芽到魏晋产生，再到唐代繁荣的历史过程，正好与老庄对自然的玄化、玄学对自然的情化和唐宋佛禅对自然的空灵化过程相一致。这是人对自然的审美心理建构与自然美显现同步耦合发生发展的结果，也是"自然的人化"和心灵化的不同阶段的具体表现。中国古代自然的心灵化过程也就是一部中国古代的文学和艺术审美形态的演进史。气韵、意境、飘逸、空灵等中国传统审美形态，以风格的形式遍及文学、艺术、园林等方面，都是人与自然审美关系的产物。

3. 从对别现代社会形态和审美形态的考察中提炼出来的新的审美理论范畴

（1）英雄空间

别现代主义的英雄空间理论是指在现代、前现代、后现代杂糅时

---

① 朱立元为王建疆《修养·境界·审美　儒道释修养美学解读》一书所做序言，中国社会科学出版社 2003 年版，第 2 页。

② 王元骧：《我看 20 世纪中国美学及其发展趋势》，《厦门大学学报》（哲学社会科学版）2007 年第 5 期。

期多元英雄观相互抵牾、争奇斗艳而形成的对传统英雄观的解构，包括英雄空间分割和英雄空间膨胀两种看似相互矛盾实则内在统一的共时态现象。英雄空间既是英雄转型的历史，也是崇高消弭带来的英雄扁平化、娱乐化、被消费化的别现代现状写真。英雄空间以时间的空间化为基础，终止了英雄的线性流程，更趋向于英雄的时代特点和由社会变革带来的英雄转型以及人类英雄面向未来的空间走向。

（2）消费日本理论

别现代主义的消费日本理论指中国观众在崇拜日本技术、产品质量与仇恨日本侵略之间的矛盾心理，揭示了其物质消费与精神消费之间既和谐共谋又对立冲突的悖论现象，以及影视商业运营与意识形态管控之间的既背反又和谐共谋的纠结带来的当代审美学问题。消费日本中的抗日神剧充分体现了这种悖论现象，形成了消费日本背后的自我肾上腺素消费、满足感消费、复仇欲消费，从根底里揭示了别现代审美形态固有的内在矛盾和尴尬处境。

（3）生命股权美感论——有关幸福感和美感来源的理论

别现代主义的生命股权理论（the theory of life equity/life stocks）是指国民生来就带有可以被量化的财富。这种财富的实质就是从国民经济总收入中即 GDP 中的分红分利的权利，体现在国民免费享受最低生活、医疗、教育、养老和居住保障上，是一种权利的应然或应然的权利，必然会成为实然。

生命股权不同于财产继承权，也不是财富股权，不可以继承，也不可交易，与命同在，与死俱往。生命股权人人平等。

生命股权（life equity/life stocks）存在的学理依据和法律根据都来自人人生来平等的不证自明的公理。但是，生命股权是每个公民先天自带的财富和财富权，不同于后天由于劳动所得和继承遗产所得而形成的每个公民的后天财富。而且就如先天财富不能被后天财富所取代一样，后天财富也不能被先天财富所包含，因此，先天财富权与后天财富权之间互不隶属，这样一来，就既不会出现因为缺失生命股权而导致的绝对贫困，又不会出现以暴力为手段的"均贫富"

现象。

在伦理学和审美学、心理学上，生命股权是人类幸福感和美感的前提和基础，而它的缺失则是人类被奴役、不幸、不公、焦虑、痛苦的根源。当人的生命股权得到落实就会无忧无虑地生活，避免不必要的恶性竞争，自由选择职业，并在生活和工作中得到快乐。兑现人的生命股权就不仅是克服人类焦虑和痛苦的最佳对策，也是人类获得尊严感、幸福感、美感的物质保障和前提条件。舍此将不仅没有尊严感和幸福感，而且其美感也将无从谈起。

全人类普遍关注的现实焦虑感和幸福感问题关联着当下所有人的生存质量和命运，无疑应该成为文艺学和审美学关注的焦点。人类的美感、幸福感从何而来？除了生命存在的生理满足感外，还有社会层面的自我实现感。而在自我实现之前，首先会面对社会焦虑感问题，如生存安全方面的医病、养老等，发展方面的教育等。据此，我们可以说，文学艺术就是人类在苦难和幸福的经验中纠结的感情和想象以及将这种感情和想象表达出来的艺术形式，是二者之间的有机统一。这里的"经验"是指在社会生活中获得的感受、体验等，总会在幸福感与焦虑感的交织纠结中成为一种意识形态。这种意识形态并非一味审美的，亦非完全审丑的，而是充满了各种色调的酸甜苦辣、五味杂陈的情感混溶体和想象共同体。而审美学则是关于人的审美感起源、发展的学问。美感产生的前提是焦虑感的破除。在这个问题上，近年来中国学界有将李泽厚先生的"乐感文化"说放大的倾向，忽视、掩盖了美感产生的真正原因，形成了已经引起普遍反感的心灵鸡汤式的审美学。生命股权理论从人的第一需要考察美感的产生，对灌输心灵鸡汤的伪审美学保持警惕，并将揭露和批判这种完全脱离人生境况和社会实际的乌托邦审美学。

生命股权美感论的审美机制是内审美，即脱离了外在对象和外在感官的精神境界型审美的存在，属于内乐的范畴。

（4）艺术和审美中的现代性——对西方审美现代性进行改造的理论

西方审美现代性理论在当前中国学界大行其道，虽然很热，但疑窦丛生。

首先，这是一个容易被误解而且会产生负面价值的问题。审美现代性看似一个现代性命题，但由于它是用来反对现代性包括工具理性的，因而很容易给人们造成这样的印象，似乎是现代性出了问题，要靠审美现代性来加以清理和修复。但实际上，中国尚处于现代、前现代和后现代交集杂糅的时代，现代性尚不充分，真正的现代化尚未实现，中国迫切需要充分的现代性和实现现代化，而非相反。在这种情况下，如果要用审美现代性去规范现代性，去反对现代性，去批判现代性，就会逆历史潮流而动，形成反对现代性、反对现代化的负面价值。原因很明显，审美现代性这个概念来自西方，它是对西方的历史发展轨迹和审美历程的描述，而不是对中国的历史发展轨迹和审美历程的揭示，如果用来自西方的这个概念讨论中国的审美现实，无疑削足适履。

别现代主义理论认为，中国所需要的具有审美学意义的现代性，就是在文学、艺术和审美活动中表现出来的启蒙性和批判性。启蒙性就是从前现代的那种蒙昧主义中觉悟起来，既有理性和科学性，又有民主精神和自由精神。这种审美现代性是否存在？只要我们看看著名作家莫言、贾平凹、阎连科等人的作品中所表现的强烈的现代意识，笔者主编的《别现代：作品与评论》《别现代与别现代主义艺术》，以及一些博士所研究的河南作家群，他们笔下的乡村善治中的伪民主选举，那么，这个问题就不难回答。这里的核心是现代性，这种现代性又艺术地化为审美性，从而形成了中国式的审美现代性即艺术中和审美中的现代性。但这种艺术和审美中的现代性已经跟西方的审美现代性完全不一样了，不是在批判现代性，而是在弘扬现代性。

因此，根据当下中国现实社会的需要，笔者提出"艺术和审美中的现代性"命题，以替代来自西方的"审美现代性"。因为只有在具体的审美中，在具体的文学作品和艺术作品中，人们才能体会到真正的现代性。艺术和审美中的现代性永远存在于艺术活动和审美活动中，而不是抽象的理论中。

（5）深别理论

别现代主义人工智能深别理论（the theory of Bie-modernist artificial intelligence in deep distinguishing）是别现代主义的最新理论。别现代主义在人工智能研究领域针对伪现代盛行和深伪（deep fake）技术的发达，提出别现代主义文化计算（Bie-modernist cultural computing）与真伪识别系统建立的理论，并通过对中国古典小说《西游记》中真假美猴王的形象系统识别，建立了人工智能真伪形象识别系统和算法，这样就形成了别现代主义人工智能深别理论。目前，这一理论已在全球人工智能研究领域和国际人机交互大会上引起关注，并被列入 2022 年在瑞典哥德堡举行的第 24 届国际人机交互大会的主要议题之一，笔者本人也受邀作为大会组委会委员出席大会并主持了"别现代主义文化计算视域中的深伪与深别"（S117#）分会场。2023 年在哥本哈根举行的国际人机交互大会又为别现代主义（Bie-modernist）设立专场讨论。笔者与陈海光副教授及其团队向本次大会提交的《文学名著中的现代性占比的别现代主义文化计算》一文又在深别理论方面做了推进。

三　"别"在西方

别现代主义作为中国本土原创的哲学、审美学理论，自提出伊始，就得到了国内外学界的广泛关注，尤其欧美学界，经过了质疑到争论，再到深入研讨的过程，在这一过程中，其中的问题研究也不断得以深化，理论本身也逐渐成熟。

（一）国外别现代主义理论研究现状

就目前而言，西方哲学界和艺术界对别现代主义理论的研究主要集中在以下几个方面，而且其中的主要部分已在笔者和阿列西合著的《别现代：话语创新与国际学术对话》（中国社会科学出版社 2018 年版）一书中得到反映。

（1）从世界哲学的高度对别现代主义（zhuyi）概念进行研究。阿列西·艾尔雅维茨曾发表过 10 余篇文章与笔者讨论中国的主义（zhuyi）

与西方的主义（ism）之间的异同，并为两个欧洲著名杂志开设的别现代理论专栏写了卷首语和编者按，推动了别现代主义理论在西方的研究。

（2）对别现代主义理论来源和现实意义的研究。恩斯特·曾科详细考证过别现代主义理论的来源以及别现代理论的适用问题，认为，别现代主义理论属于中国学者原创，但更适合中国的国情并解决中国的问题。

（3）对别现代主义时间空间化理论的研究。恩斯特·曾科、凯里·韦恩在将别现代主义的时间空间化理论与西方空间理论进行比较研究中，得出时间空间化理论在哲学思想传播和艺术流派创新方面的不局限于中国的全球性意义。

（4）对中国有无必要和有无可能在哲学和人文学科包括审美学领域领先世界的问题的研究，包括对西方传统的"声言二分"问题的研究。阿列西·艾尔雅维茨在提出别现代主义之与中国作为世界哲学四边形之一边的论断后，又从声言二分论质疑中国哲学和人文学科包括审美学有无必要像当代中国艺术一样领先世界。罗克·本茨在研究别现代主义理论对世界哲学和人文学科的可能影响时，提出了由别现代主义带来的"世界哲学时刻"的论断，堪称对别现代主义国际影响力的最高评价。

（5）对别现代主义艺术独立身份的研究。基顿·韦恩从别现代时期相似艺术的不同意义出发，肯定了别现代主义艺术的独特价值和身份地位。

（6）对别现代主义艺术未来走向的研究。基顿·韦恩从对现代化带来的艺术的异化现象的考量开始，对别现代主义艺术可能出现的商业化倾向提出警示。

（7）对别现代主义艺术的比较研究。玛格丽特·理查森将别现代主义艺术作品和别现代主义艺术主张与印度、日本等国的现代艺术和现代艺术主张进行比较研究，阐述了别现代主义艺术不同于中西方交会中的"折中主义艺术"的地方。

（8）对别现代主义的学科归属和文化类别研究。朱迪·奥顿从文化心理认同的角度研究别现代主义理论的文化意义和学科归属。

（9）在对中西方社会思潮的比较中研究别现代主义思潮的特殊性及其世界意义。衣内雅·边沁列举了欧洲三位著名的社会学家的理论与别现代主义理论进行比较研究，在对阴郁颓废与积极进取的对比中，阐明别现代主义的时代意义。

（10）对别现代主义跨越式停顿概念的研究。大卫·布鲁贝克专事别现代主义跨越式停顿在中国古代艺术和当代艺术中的表现，并力图说明中国自古以来就有一种别文化。

从以上研究内容可以看出，虽然西方学者的研究目前基本上只属于对1.0版的别现代主义理论的研究，尚未涉及别现代主义的2.0版，但是，西方学者对别现代主义理论研究的一个特别值得注意的地方在于：西方学者已将别现代主义理论与全球哲学大师和艺术大师的理论进行比较研究。阿列西·艾尔雅维茨和恩斯特·曾科将王建疆的别现代主义理论中的"主义""待有""中西马我"等与雅克·朗西埃的平等哲学进行比较研究，又将福柯的异托邦与王建疆的时间空间化理论进行比较研究；罗克·本茨将别现代主义与阿兰·巴迪乌的哲学时刻理论进行比较研究；恩斯特·曾科还将别现代主义的时间空间化与德里达的幽灵学理论进行比较研究；基顿·韦恩将别现代主义艺术与安迪·沃霍尔等艺术家的作品进行比较研究；衣内雅·边沁将别现代主义与欧洲的社会学理论进行比较研究。至于西方学者将别现代主义理论与其他西方理论家和艺术家进行比较研究的则更多。还有将别现代主义艺术理论与印度的"折中"艺术理论进行比较研究的，都在别现代主义理论研究国际化的同时，将别现代主义理论推向了国际历史舞台的前端。

（二）国内对别现代主义理论的研究现状

（1）周韧、关煜、史红、李隽、徐薇、胡本雄、张逸等用别现代主义理论研究别现代时期的艺术，包括建筑、电影、架上艺术、装置艺术、舞蹈艺术等。

（2）王圣、余凡等研究别现代理论方法论。

（3）庄志民等用别现代理论研究旅游学和上海市旅游方案。

（4）康勇、杨增莉、庄焕明、张少委等用别现代理论研究文学和文学理论。

（5）徐大威、王维玉、杨增莉等用别现代理论研究英雄和英雄空间。

（6）夏中义、吴炫、刘锋杰、徐大威等研究别现代主义的主义的问题和问题的主义。

（7）王洪岳、查常平、张建锋等研究别现代理论中的主义及理论根据问题。

（8）陈伯海用别现代主义理论研究文明形态。

（9）于光荣用别现代主义理论研究法学问题。

（10）简圣宇、彭哲等研究生命股权这一横跨法学和经济学之间的理论。

（11）王晓华、郭亚雄、简圣宇、谢金良、赵诗华、崔露什等研究别现代主义哲学。

（12）张玉能、王洪岳、张弓、邵金峰等研究别现代主义审美学。

（13）肖明华、康勇等研究别现代主义文艺理论。

（14）肖明华、李隽、林佳锋等研究别现代主义文化批评。

（15）孙瑞雪、冀秀美等研究别现代主义修辞学和写作学。

（16）彭恺、陈海光、齐子峰、简圣宇、常珺等研究别现代主义人工智能和元宇宙理论。

（17）胡杰明、吴文治等研究别现代主义设计学。

（三）国内外总体研究现状比较及国际学派雏形

（1）国内研究跟进较快，如别现代主义生命股权研究、别现代主义文明论研究、别现代主义人工智能研究等，部分进入对别现代主义理论 2.0 版的研究。

（2）国外目前尚在别现代主义理论的 1.0 版中研究。但国外哲学家、艺术史家和心理学家的加盟，其研究深度远超国内，并在研究别现代主义理论的同时建构自己的理论。

总之，别现代主义理论创构和理论研究正在全球范围内同步有序展开，涉及面广，视角新、方法新、观点新，有广度、有深度、有力度、有气度，形成了原创与研究之间的互动。一方面，理论创构给研究带来源头活水；另一方面，研究也对原创进行补充、校对、应用和发展。二者合流，初显别现代主义国际学派雏形。

（四）别现代主义国际学术讨论的焦点及其效应

1. 围绕别现代主义理论，国内外哲学界、艺术理论界、审美学界、文学理论界展开了热烈而持久的讨论

首先是对主义的讨论。即什么是主义？中国和西方的主义有何不同？如何解决主义的问题和问题的主义。

其次，别现代主义是声音还是语言？能否带动中国哲学和审美学的发展并领先世界？

再次，别现代主义的时间空间化是否在西方古老哲学的当代应用和西方艺术的杂糅中同样存在？福柯的异托邦和德里达的幽灵学与别现代时间空间化之间有何联系？

最后，如何区别别现代主义艺术和后现代主义艺术？这是一个在中国学者那里很难区分的问题，却在西方学者和西方艺术家眼里泾渭分明、无须分辨的现象。

2. 争论的结果

（1）别现代主义与哲学四边形的诞生

国际美学协会前主席阿列西·艾尔雅维茨就别现代主义内涵的重要相关问题经过与我反复的讨论，确认中国将突破理查德·舒斯特曼"哲学三帝国"（德国哲学、法国哲学、英美哲学）模式，而成为世界"哲学四边形"（欧洲、美国、中国、俄罗斯）之一边，这个四边形正是由于中国的"主义"，包括别现代主义的产生而形成的。

（2）别现代主义与世界哲学时刻的形成

审美学家、哲学家罗克·本茨在《论"哲学时刻"、解放美学和贾樟柯电影中的"别现代"》一文中指出：法国当代哲学家阿兰·巴

迪乌的"哲学时刻"非常接近别现代主义的发展。他还结合雅克·朗西埃的"解放及其审美维度的概念"，借助别现代概念对贾樟柯的电影进行了解读，他认为："哲学时刻需要一个共同的方案，它将从其完全不同的，甚至通常是截然相反的现实中追溯性地分辨出来。"

（3）虽然还在语言与声音的纠结中亦即中国哲学和审美学有无必要领先世界的质疑中，但是，"审美学上的另一个拿破仑行进在自己的路上"。

"中国哲学和美学有无必要领先世界"这一提问源自艾尔雅维茨"中国美学有必要像中国艺术那样领先世界吗？"的诘问，也是别现代主义在欧美学界被热议而形成的对艾尔雅维茨的倒逼。艾尔雅维茨曾用亚里士多德的声音与语言之分来审视别现代主义。但是，别现代主义理论是根植于中国特定社会和文化背景的本土原创哲学、审美学，目前形成了20多个次级理论范畴并自成一体，这是中国输出理论话语的典型性实践，通过创造理论，创新话语，以输出的姿态，进入国际思想市场并参与国际学术对话，从而发出的不仅是中国思想的声音，而且是一种体系化的哲学和审美学语言。因而，艾尔雅维茨不得不重新思考中国哲学有无必要、有无可能领先世界的问题，发出了"审美学上的另一个拿破仑行进在自己的路上"的感慨和赞叹。

（4）别在西方——美国和欧盟分别建立了别现代研究机构

美国第39届总统吉米·卡特的母校，佐治亚西南州立大学于2017年自主成立了中国别现代研究中心（CCBMS）。相隔两年，欧盟成员国斯洛文尼亚普利莫斯卡大学的别现代研究中心（CBMS）正式成立。意大利建立了"别现代主义"（www.biemodernism.org）网站，维基百科有专门介绍，百度搜索"别现代主义"一词结果过亿，bing站点击率近3亿次，目前以别现代理论为主题的国际会议和国际艺术巡展已经举行7次，有关别现代主义理论研究的170多篇学术论文和5部学术著作，分别在欧洲和国内重要期刊以汉语、英语、意大利语、斯洛文尼亚语等多种文字发表或出版。

综上，别现代主义秉持有别于的思维方式，在中国别学的基础上深入考察当前的社会形态和审美形态以及二者之间的关系，从而创建了别现代主义哲学和审美学体系，引起西方学界和艺术界关注，纷纷建立机构加以研究，实现了本土原创性理论走向世界、影响世界的目标。别现代主义哲学和审美学创建和传播的过程，也就是从说别到别说，再到新的别说，直至别在西方的过程，是在践行有别于的思维方式的过程中彰显中国原创思想和原创理论以及别文化的过程。

Introduction　From Bie to Bie-Theory to Bie in the West

Bie and bie theory come from the history of Chinese characters and scholarship respectively, but today there is a new development, forming a new bie-theory, which is the Bie-modernist theory. Moreover, this new Bie-theory has already taken shape in the West.

I. From Bie to Bie-Theory to the New Bie-Theory

1. About Bie

Literally speaking, "bie" (别) is a Chinese ideographic character which originated from the oracle bone script. In terms of character form, the left side is a "knife" shape, and the right side is a skeleton image which is written as "冎 (guǎ)" in the official script of Li calligraphy, composing the original form of the character "bone". Combining these two parts means to separate flesh and bone with a knife. The original meaning of the character "别" is derived from this, i. e. to break apart. (see also Figure 1) With the development of social history, many derivational meanings of "bie" (别) have emerged in different contexts, such as no, other, else, special, distinguished, farewell, awkward, fixed, etc. These derivations are mainly used as verbs, nouns, adjectives, pronouns, and adverbs according to the modern Chinese lexical categories.

Figure 1: **Evolution of the Chinese Character "Bie" (According to Xu Shen's *Shuowen Jiezi or Origin of Chinese Characters*, "bie" as one of ancient Chinese hieroglyphics has more than 3000 years of history, which literally means the separation of flesh and bones with a knife.)**

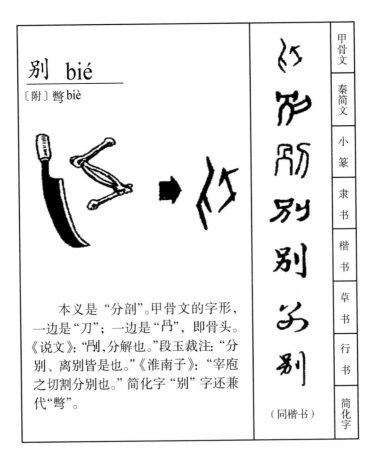

2. About Bie-Theory

The rich meaning and connotation of the character "bie" and its flexible use have gradually led to the formation of the "bie" theory with distinctive Chinese cultural characteristics.

This "bie" theory is manifested first in the *I Ching* which developed from the original 8 trigrams to the 64 trigrams, also known as bie-trigrams or class trigrams. The appearance of the latter not only reflects the ancient Chinese philosophers' deepening understanding of the world, but also shows the innovation of their thinking in the process of understanding the world in a methodological sense-the transformation from the chaotic and hazy understanding of the whole to the concrete understanding by classification and differentiation. And this shift is more closely related to aestheticology. Despite the fact that the *I Ching* neither triggers disciplinary and scientific classification nor has a general methodological significance for discipline building and scientific development, the inductive and hieroglyphic thinking of the *I Ching* inseparable from the study of signs which are revealed in symbols and hints of images, has a sensitive character and some of the symbols and hints of images have aesthetic significance.

In the rich Chinese cultural classics, the word "bie" has ontological and methodological meanings, such as "opening up the world" and "humans and apes are distinguished", etc. After that the character "bie" (别) has been widely used in the rich Chinese cultural canon, gradually forming the "unique" and "original" doctrine of Chinese culture which is pervasive in various fields. In geomancy or geography, there is the *Book of Documents—the Achievements of Dayu* which says: "Dayu divided the world into nine states. " "Bie" here means to break up and separate. In military science, *Historical Records—The Chronicle of Xiang Yu* says: "Xiang Liang sent Xiang Yu to attack Xiangcheng from the other way, but Xiangcheng held fast and could not be attacked for a while. " The word "bie" is used as a pronoun respectively, which means the other way. Academically, for example, "bie mo" in *Zhuangzi—The World* refers to a different type of Mozi school, which can be used as both a pronoun and a noun. "The History of the Later Han——Biography of Confucianism" states: "Before the cultural heritage was established, there were also various commitments. The way is divided into different streams, specializing in both. " The word "liu bie" and that in Zhiyu's "Essay on genre" is a noun, meaning category. In travel, Wang Wei's "the Mansion on the Edge of the South Mountain" is about the cultivation of spirit in addition to the pursuit of the work and profit, while Li Bai's "Farewell to a Friend" tells that "Here is the place to say goodbye; You'll drift like lonely owning down. " "Bie" in this sense means to separate and farewell. In literature, Yan Yu's "Canglang Poetic Discourse──Poetry Discernment" says: "Poetry needs another special talent, which has nothing to do with more reading and learning; poetry needs another kind of interest, which cannot be reached by abstract reasoning. " The word "bie" is an adjective, which means special and extraordinary. Religiously, in the "Five Works Documenting the Transmission of Zen Buddhism", it is emphasized that "The Buddha's teachings are taught by means other than words, i. e. , through the realization of the mind. " And "bie" means something else. The purpose of extracting some relevant phrases from ancient texts is not to present the multiple meanings of "bie" from semantics, but to demonstrate the implicit "bie" cultural thinking and the emerging "bie" doctrines in Chinese cultural traditions through different uses and meanings of "bie" .

Among all the Bie theories in ancient China, Laozi's "*In Tao the only motion is reaction*", Zhuangzi's "*For-non-depending*" *and* "*For-non-distinguishing*" and Zen's "*Does not establish words, but is passed on Bie teaching or outside the teaching*" belong to Bie (distinguishing) theories with great philosophical wisdom and school colors.

3. About the New Bie-Theory: Philosophy, Social and Aesthetic Morphology Waiting for Being Distinguished

i. In Terms of Philosophy

Humans are in the era of waiting for bie (identification) . During the pandemic, the world is waiting to be selected, chosen, differentiated, classified, treated and healed. Bie of the Bie-modern is becoming a philosophical ontology parallel to "meta" of the "meta-philosophy" and the "metaverse". The gatekeeper's questions to the visitor such as "where are you from" and "where are you going" have philosophical significance, while Bie-modernism uses only one character "bie" to summarize the different ontology and different destiny of human beings.

The COVID-19 pandemic brings nucleic acid test and whereabouts tracing, and humanity is in the midst of being identified. The ubiquitous camera carries identification and recording throughout human society and one's life experi- ence. The color identification of identity becomes the gateway to the legitimacy of a human being and determination of his freedom. Yet-for-bie seems to be the destiny of humans. It contains the poetic philosophical expressions. In *A Happy Excursion*, Zhuangzi exclaimed "upon what, then, would such one have need to depend?" Just like *On Levelling all Things*, it changes from Yet-for-bie, Super-bie, to Non-bie, thus creating an aesthetic realm of absolute freedom, and the unity of philosophy and poetry.

Based on the Chinese reality and according to the current social needs, the Bie-modernist theory develops a unique discourse innovation, ideological inno- vation and theoretical innovation, thus forming a brand new bie-theory that dif- fers from traditional Chinese bie-theory. This new bie-theory is established on the first basis, which refers to the initial and final basis of theoretical research, running through the whole process of theoretical research as the basis of the ba- sis. Just like the Christian doctrine of the original sin of man which is the first basis of Christian theory, "bie" in the Bie-modernist theory is the first basis of the initial enlightenment, the separation of man and self and the existence of the world, which has ontological significance. It is also the first basis of philo- sophical epistemology, that is, the initial and final basis of Bie-modern- ism. The theory of Bie-modernism is the study of one word, the doctrine of "bie".

ii. In Terms of Social Form

(i) The Bie-Modern

The Bie-modern refers to the social form composed of a mixture of modern, pre-modern and postmodern. This social form does not have the feature of single era, but boast multiple attributes of the pre-modern, modern and postmodern. Therefore, its modernity is not sufficient or up to the standard, but rather doubtful, which to a large extent is shown as the confusion of true and false, because the non-modernity in substance is concealed by the nominal modernity through the publicity of the modern media. In foreign and domestic academic journals, the Bie-modernity as an academic term is generally translated as a doubtful or pseudo modernity, which indicates an apparently true but really false modernity, instead of alternative modernity. The pseudo modernity points to the right or wrong, have or have-not, without concerning it is complex or simple, new or old, alternative or ordinary, special or general. Just like below the standard of 18K or 24K, it is an alloy rather than gold, when the pre-modern ideas, social systems and material ways still occupy a large proportion of the real society, we cannot call ourselves modern but Bie-modern with doubtful modernity yet for being distinguished of modernity or postmodernity.

The Bie-modern is a common phenomenon in the process of the third world underdeveloped countries marching toward modernization. There are two types of Bie-modern forms: passive and active, and two reasons for their formation. One is that the original traditional culture, social structure and ideology of the states encounter the Western modern and postmodern implanted from outside, thus forming the entangled spatialization of time or times in the process of conflict and integration, i. e. , the passive bie-modern type. The other is that the states realize their underdevelopment and take the initiative to open up to the developed Western countries in order to realize modernization; through attracting investment along with the introduction of other capitalist elements, the Western modern and postmodern enter such underdeveloped countries, thus forming the active type of the bie-modern.

(ii) Temporal Spatialization and Its Way Out

The bie-modern temporal spatialization refers to the hybridization of the modern, pre-modern and postmodern in the third world countries which is a kind of synchronic society, compared to the diachronic society shown in the linear development or period-cut history of the West from pre-modern to modern to postmodern, and to post-postmodern. The temporal spatialization is also called the spatialization of the times, which can only be broken through the period of harmonious conspiracy, the period of antagonistic conflict, the period of intertwined conspiracy and conflict, the period of self-renewal and self-transcendence to enter the diachronic form of modernization.

(iii) Bie-Modernism

Bie-modernism means the distinction between true and false modernity and the establishment of real modernity. It is a reflection and critique of the Bie-modern status quo, and academic proposition and an ideological trend. Bie in Bie-modernism has found the best testimony in the oracle bones, which is to separate the bones from the flesh with a knife, and this constitutes the first meaning of the Bie-modernism, the fundamental meaning which the second meaning like "different", "special" derives from and cannot surpass or replace. To adhere to or deviate from the fundamental meaning decides whether it is Bie-modernist or not.

(iv) Bie-Modernity

Firstly, the modern, pre-modern, and postmodern hybridity in Bie-modern social forms results in a doubtful modernity. That is, it looks modern, but it can be pre-modern. The name does not match the nature. At the very least, modernity is insufficient and does not have qualitative stipulations. This paradoxical modernity leads to the rampant counterfeiting and shoddy, which causes widespread corruption of nouns. It also leads to habitual cross-border and thus brings about systemic disorder. For example, market competition is implemented in social fields including medical care, education, pension, public health, and social welfare, while non-free competition is implemented in the market field, such as administrative control. Besides, unspoken rules are prevailed by the harmonious conspiracy through moral kidnapping instead of the rule of law. Not only is it constantly generating an absurd world, but also produces pseudo-modernity and pseudo-civilization.

Secondly, it is full of randomness in the direction of development of society. Whether to choose the best and collect the good, or to choose the bad and collect the evil, or to maintain the status quo and stagnate, all depend on the individual will of the dominant force, thus giving rise to random changes in the proportions of modern, pre-modern and postmodern social forms. In the case of art and aesthetic, the same kind of random choice is faced: to be Bie-modern or Bie-modernism. The choice of goodness can be compared to the achievements of modern and postmodern civilization; the choice of evilness will transcend the superimposition of feudal dictatorship and the primitive accumulation of capital. This randomness depends on the dominant forces developed by a group or even by individuals and their personal endowment and subjective will.

Thirdly, there is a leapfrogging pause in the mode of development. In other words, it is quite common in the modern transformation of contemporary nation-states, including socialist countries, to suddenly stop in the midst of rapid development on the existing trajectory to achieve a revolutionary transformation.

The reason for the formation of Bie-modernity lies in the whole society of the developing countries which adapt to the phenomenon of temporal-spatial hybridity. Driven by the interests of individuals and groups, they are unwilling to take the road of modernization in earnest and they lack modern rational spirit. The breakthrough to Bie-modernity depends on the whole society, especially the modern awakening of the dominant forces and the choice to select the best and gather the good.

ii. In Terms of Aesthetic Form

The Bie-modern aesthetic form corresponds to the Bie-modern social form, and this aesthetic form is prominently expressed in some contemporary architectural sculptures, art works, and films and dramas. There are also very obvious Bie-modernist hints in literary works. The mixture in Bie-modern society has led to the emergence of various aesthetic forms such as "Jiong" (the *lost*) drama, crazy drama, ridiculous drama and strange art in the new period. The details are as follows.

(i) *Lost* Drama

Lost drama is represented by Xu Zheng's films *Lost on Journey*, *Lost in Thailand*, *Lost in Hong Kong* and *Lost in Russia*, and also includes the super embarrassment of *Dying to Survive*. In addition to the characteristics of the times and cultural connotations, these films also constitute a new aesthetic form due to their distinctive characteristics of "Jiong", which are mainly reflected in three aspects: Firstly, the meaning of "lost" in this kind of films reveals the contradictory structure of harmonious co-conspiracy and tense confrontation in the Bie-modern era, with the characteristic of suspicious neutralization; secondly, the *lost* films contain both Chinese and Western shared comic, and highlight the Chinese cold humor; finally, they feature the characteristics of vulgar pleasure of enjoying vulgarity for fun.

(ii) Crazy Drama

Crazy dramas generally refer to the crazy comedy movies directed by Ning Hao, such as Crazy Race, Crazy Stone and Crazy Alien. In recent years, some TV dramas and web dramas are also named "crazy" and called "melodrama". The whole crazy drama, is mixed with pre-modern, modern and postmodern elements, which pursues funny artistic effect and is thus very comedic.

(iii) Ridiculous drama

Ridiculous drama is not a mythological drama, but a historical deconstruction of "heroes" in Bie-modern era, including both anti-Japanese and online ridiculous drama. For example, the anti-Japanese dramas have been criticized for deifying the heroes under the banner of patriotism and devising some eye-catching plots, such as tearing the Japanese soldiers by hand, hiding mines in the crotch of pants, and turning the bullets around. These works are aesthetic variants of the bie-modern period, which not only obscure the true face of history, but also distort the audience's aesthetic and view of history, and the serious history is recklessly deconstructed, eventually leading to historical nihilism.

(ⅳ) Strange Art

Strange art includes ugly "landmark" buildings in various cities that reflect the pre-modern ideas, such as crab exhibition hall, tortoise hotel, gold ingot building complex, ancient coin building, wine pot building, teapot building, pineapple building, pants building, the building combining Temple of Heaven and the White House, and the building that shapes a person into Buddha, etc. These works are known for their superficial themes, clumsy shapes, large volumes, and amazing costs. In terms of theme and shape, most of them are still for the pre-modern low-level survival, such as food, clothing, housing and transportation. With the help of modern technology, their modern commercial operation is supplemented by the postmodern architecture of bionic and collage, showing the oddities and overflowing with strange flavor. The emergence of these works is the concentrated appearance of the aesthetic form of urban architecture in Bie-modern era, and also the "hybrid" state of agricultural civilization, industrial civilization and postindustrial civilization in the development of urbanization.

Another category of strange art belongs to fine art and decorative art, which uses collage and miscellaneous techniques to express pre-modern ideas, profit-pursuing consciousness and low taste, such as integrating American movie star Monroe with Chinese painter Qi Baishi in the same picture to form a "V. S. ", using business tycoons Pan Shiyi and Ren Zhiqiang as door gods in New Year paintings, and putting the calligraphy of an old Chinese motto and the painting of the Western nude beauty together on the roof ceiling of the library, etc. (See also Bie-Modern: Works And Commentary, compiled by Wang Jianjiang & Keaton Wynn, China Social Press, 2018, Beijing.)

ⅳ. In Terms of Artistic Creation

Unlike the above-mentioned art creations as Bie-modern aesthetic forms, the artworks that also use mixture, collage, and reproduction, but express themes of reflection and criticism of the ills of the Bie-modern era and have a high level of artistic taste and spirituality, are what I called Bie-modernist art. This is reflected in Bie-modern: Works and Commentary co-edited by me and American art historian Keaton Wynn as well as in "Bie-modern and Bie-modernist Art," which I curated and produced. In terms of fine art such as Meng Yan's Crisis Series and Happiness Series, Wang Wangwang's Finding the Way in Empty Mountains, Zhang Xiaogang's Zombie Face Series, Yue Minjun's Giggling Series, Fang Lijun's Yawn Series, Zeng Fanzhi's Mask Series, Wang Guangyi's Great Criticism Series, and Chen Zhen's Installation Series, they all have a clear and strong sense of reflection and critique that coincides with Bie-modernism which have gone beyond the so-called "cynical realism" and "eclecticism" and become authentic Bie-modernist art. In films and dramas, Jia Zhangke's films, Li Yang's "Blind" series (*Blind shaft*, *Blind Mountain*, and *Blind Way*), Feng Xiaogang's *I Am Not Madame Bovary*, and the TV drama *In the Name of the People* are all typical of Bie-modernist art. If we break through the Western concept of not treating literature as art and expand art to literature, the works of Mo Yan, Jia Pingwa, Yan Lianke and other writers are also typical of Bie-modernist literature and art by reflecting on and criticizing the evil of human nature.

The creation of Bie-modernist art is characterized by the same techniques as Bie-modern art, which include Pop technique, parody, mixture and collage, and thus both have or share the characteristics of Bie-modern aesthetic forms. However, in terms of their ideological connotations and values, they belong to different artistic categories, that is the distinction between Bie-modernist art and bie-modern art. In contrast, Bie-modernist art shows its opposition to Bie-modern art, which is determined by the self-reflexive structure formed between Bie-modernism and the Bie-modern, not as a logical contradiction but as a reality.

v. Bie-Modernist Aestheticology

The reason for renaming the Chinese term "meixue" (美学, beautology, the discipline of beauty to "shenmeixue" (审美学, aestheticology, the discipline of appreciation of beauty; aestheticology) is not only the linguistic difference between the two terms, but also the difference in the way of thinking behind them. The former has more traces of object-centered thinking, while the latter belongs to the phylogenetic way of thinking.

Aesthetic is defined as the positive value-emotion response of the subject in multiple qualities and levels, which is generated by the image expression, image discovery, image imitation and inner perception, inner vision and internal illumination of human essence, essential power and ideal. Beauty is defined as a positive value generated in aesthetic that can be both listened to and viewed, and can be reflected and illuminated internally. It also criticizes the so-called aesthetics of pleasure, which limits aesthetics to the sense of beauty, and thus clarifies the essential properties and inner characteristics of aesthetic. In particular, by generalizing the inner aesthetic as a human aesthetic phenomenon, the totality and specificity of the aesthetic forms are simultaneously revealed, correcting the previous bias of neglecting the inner aesthetic.

II. The Way of Thinking of Bie-Modernist Aestheticology and Its Categories

1. The Way of Thinking of Bie-Modernism

Based on reality, the Bie-modernist aestheticology examines contemporary Chinese art and aesthetic in terms of the current status quo and the stage of historical development of Bie-modern society, thus forming its own Bie-modernist aestheticology theory different from aesthetics of the West.

In its examination of social forms and historical development stages, the Bie-modernist aestheticology has developed its own philosophical way of thinking, which is manifested as unique thinking of difference-seeking, leap-forward pause thinking, and "cutting" thinking.

i. Unique Thinking of Difference-seeking

Yet-for-bie refers to not only an ontological distinction between earth and sky, men and apes, the other and I, subject and object but also episte-

mologically everything in the process of being identified. On the basis of be-
ing identified, Bie-modernism advocates a way of thinking of being differen-
tiated, not only to promote difference-seeking thinking in student training,
in order to meet the "innovation point" in the dissertation defense, but also
to put forward the policy of "Sino-West-Marxism-I" in the ideological con-
struction, not only to promote difference-seeking thinking in student train-
ing, in order to meet the "innovation point" in the dissertation defense,
but also to put forward the policy of "Sino-West-Marxism-I" in the ideolog-
ical construction, so as to give full play to the subjective initiative of the re-
searcher and the creative subject, achieve the best state of creation, and to
form independent intellectual property rights and original philosophical and
aesthetic theories.

The unique way of thinking is also expressed in the Bie-modernist aes-
theticology, such as transforming "beautology" (the discipline of beauty)
into aestheticology (the discipline of aesthetic appreciation), and giving a
new definition to the essence and characteristics of aesthetics.

ii. Leap-Forward-Pause Thinking

The leap-forward pause of Bie-modernism as opposed to leap-forward
development, refers to a sudden active stop in the midst of high-level, high-
speed development, rather than a passive brake. The leap-forward pause be-
longs to the inclusive kind of philosophy, which can be found in the wisdom
of life from Laozi's retirement and reclusion with fame and success, Zen
Buddhism's epiphany into Buddhahood, and Confucianism's retreat from the
rapids. The theory which is likely to be inspired by the research, develop-
ment, storage, application, and renewal of technology, can also find its
basis in the disintegration of the Soviet Union and other countries. It can also
be supported by the fact that less developed countries with late-developing
advantages refused to follow up the West, eliminated copycats and strived
for innovation. And the theory can be even more easily recognized from the

birth of literary and artistic schools. Leap-forward pause originates from the thorough understanding of the world's development as well as the recognition of the limited space for development. It does not follow a single path to the end, but stops in the middle for self-reflection, self-renewal, sudden turning, and change of course to achieve a dramatic and revolutionary change. The theory of leap-forward pause has been widely applied to the inheritance and innovation of culture, literature and art, and has given rise to the "cutting" theory.

　　iii. "Cutting" Thinking

　　"Cutting" theory is a new theory born out of the way of thinking of leap-forward pause, which means the cutting elements are wedged into the inheritance-innovation model and the borrowing-innovation model both of which are the universally agreed models of civilization evolution, artistic innovation, and technological progress, thus forming new models of inheritance-cutting-innovation and borrowing-cutting-innovation. The reason is that there is no logical relationship between inheritance and innovation, just as industrial civilization was not innovated by inheriting from agricultural civilization, and artistic schools were not the product of inheritance from their predecessors, but independent creations after cutting from inheritance. Similarly, innovation in science and technology is not achieved by borrowing advanced technology from other countries, but rather by cutting up the borrowed results to form their own independent intellectual property.

　　2. Categories of Bie-modernist Aestheticology

　　Categories are considered to be key concepts with pivotal and pillar roles in the theoretical system. Therefore, from the very beginning of the establishment of the Bie-modernist theory, special attention was paid to the construction of theoretical categories, including philosophical and aestheticological categories.

　　i. Theory of Self-Adjustment Aesthetic Established from Western Psychology and the Aesthetic Practice of the Subject

The so-called self-adjustment aesthetic refers to the unconscious or conscious self-adjustment and correction or that of automatic conversion between the conscious and the unconscious in the psychological structure, mentality and behavior when people are unable to assimilate the external aesthetic object for the purpose of aesthetic domination. This adjustment or correction is essentially a problem on how to use the aesthetic mechanism and mobilize the initiative of the aesthetic subject to achieve the explicit or implicit aesthetic purpose.

Self-adjustment aesthetic includes a wide range. In terms of content, it can be divided into psychological structure, mentality, behavior of self-regulation. From the psychological aspect, it can be divided into conscious and unconscious self-regulation, psychopathic self-regulation, and tragic psychological self-regulation. Morphologically, it can be divided into self-regulation in good and bad conditions, self-regulation in normal and extraordinary conditions (including meditation and sitting forgetfulness), self-regulation in realistic aesthetics and self-regulation in ideal aesthetics, and so on. For these kinds of self-regulation, their frame of reference are affected by the psychological self-regulation, so the overlapping and crossover is inevitable.

Self-adjustment aesthetic has its own historical origin and strong universality. The aesthetic theories in ancient China such as Void and Peace (peace and purity of the soul after dispelling all distractions), *Xuanlan* (pure-minded contemplation), Observance and Enlightenment, Clear the Mind to Savor the Image, Aesthetic Conception Transcends Concrete Objects Described, and Aesthetic Mind [1], all have obvious features of self-adjusting

---

[1]   The ancient Chinese theory of "Aesthetic mind" refers to the mental state that the aesthetic subject should have when conducting aesthetic activities. It is a reflection of the ancient Chinese philosophy (specifically Taoism and Buddhism) on the ultimate understanding of the cosmic essence in the field of aesthetics and art. Influenced by traditional Chinese philosophy,, the main characteristics of aesthetic mind can be summarized as: void and peace,, transcendence,, transformation of things and interaction between the mind and the subject matter.

aesthetics because they emphasize the subject's need to exclude subjective desires and preconceptions and maintain inner stillness in order to see the root of all things. The theories relating to aesthetic attitudes in the history of Western aesthetics, including aesthetic disinterestedness, psychological distance, and theatre of consciousness are all based on the idea of allowing perception, emotion, and imagination to emerge naturally and to run freely with the exclusion of interests and logic interference, thus achieving the purpose of aesthetics, and thus having a clear self-adjusting aesthetic nature. When I was a senior research scholar in the Philosophy Department of the University of Oregon in 2001, Mark Johnson, an analytical philosopher and aesthetician, told me that the aesthetic theory of self-adjustment had not yet been proposed in the United States or Europe, and that this doctrine was therefore innovative.

ii. New Theoretical Categories of Aestheticology Discovered from the History of Pre-Modern Aesthetic Thought

(i) Cultivation Aesthetic

The concept of self-cultivation aesthetic or cultivation aestheticology was proposed by me in the mid-1990s, including the inner aesthetic generated by internal cultivation or kung fu cultivation, as well as the aesthetic of the life realm of self-cultivation, family regulation, state governance and bringing peace to all under heaven, which is a development of the self-adjustment aesthetics and a rethinking and redefinition of the Chinese aesthetic form. The categories of self-cultivation aesthetic are concentrated in my books *Cultivation, Realm and Aesthetic—Interpretation of Self-Cultivation Aesthetic in Confucianism, Taoism and Buddhism* and *Peaceful and Infinite Mind —Aesthetic Generation of the Life Realm in Laozi and Zhuangzi*, etc.

(ii) Inner aesthetic

Inner aesthetic is the inevitable product of life cultivation and life realm, mainly facing the particular phenomenon of appreciating the beauty without involving the object. Only people who are constantly constructing and perfecting the life realm and aesthetic psychology and artistic creation can produce this special and advanced aesthetic experience, which in turn, illustrates the greatness of man's spiritual creation and the inevitability of self-adjustment aesthetic.

The inner aesthetic is supported by a wide and deep aesthetic history. The realm of life in "the happiness of Confucius and Yan Hui" and "Zeng Dian's ambition is to be with nature" is essentially a kind of internal happiness beyond the realm of utilitarianism and morality, which belongs to inner aesthetic. And Xunzi's proposition that "if one's heart remains peaceful and pleasant, one can still feel happy without the beauty of all things" can be said to be a summary of the aesthetic generation of the realm of life in the pre-Qin Confucianism.

Laozi's *cleansing the pure-minded contemplation*, Zhuangzi's "without any distraction, a clear and bright realm is born, and signs of happiness and good things keep appearing" and other kung-fu aesthetics, as well as the "zen-joy" and "dharma-pleasure" scenes shown in Chinese Zen Buddhism since the Tang and Song dynasties, are all inner aesthetic in the realm of life accompanied by internal view, internal vision and internal illumination. The so-called Buddhahood, attainment of the Way, and being sage inside and being kingly outside are not a kind of Christian passive waiting for salvation, but a kind of conscious cultivation and active striving, a kind of life pleasure freely chosen by the sensual life, and therefore belong to the scope of self-adjustment aesthetic.

Inner aesthetic includes three aspects, one is the purely spiritual aesthetic without images, i. e., the internal pleasure, such as "the happiness of Confucius and Yan Hui", "joy without beauty". The second is that the brain presents the internal view, internal vision, internal illumination and internal auditory and internal auditory of the aesthetic, such as the Buddhist and Daoist meditation, silent illumination and a clear and bright realm with no distraction, and the lingering sounds in daily life, etc. generated from dhyana (meditation) and pure state of the mind. The third is the imagination and association in the deep mind of writers and artists when they create.

The theory of inner aesthetic was reputed as "a creation based on the history of aesthetics" by Mr. Zhu Liyuan, and highly praised by Mr. Wang Yuanxiang. In his article "My View on the Chinese Aesthetics in the 20th Century", Mr. Wang commented, "This unified study of aesthetics, art and life, including cultivation aesthetics and inner aesthetic, is not only necessity to promote the all-round development of human beings and the all-round progress of society, but also a truth that the whole history of Chinese and Western aesthetic thought and the merits and demerits of the development of aesthetic research in China in the 20th century have shown us."

"Inner aesthetic" is also the discovery of the Bie-modernist aestheticology in the aesthetic form. It is the inevitable product of self-cultivation and the realm of life, which is primarily concerned with the particular phenomenon of aesthetic apart from object. But this phenomenon is also an indispensable part of the study of aestheticology and the writing of the history of aestheticology.

(ⅲ) Becoming of Artistic Conception

The generation of artistic conception in ancient Chinese poetry is examined with the thinking mode of being differentiated from the change of the relationship between man and nature. The historical process of artistic conception of ancient Chinese poetry goes from the budding in the pre-Qin Dynasty to the emergence in the Wei and Jin Dynasties and then to the prosperity in the Tang Dynasty, which coincides with the metaphysicalization of nature by Laozi and Zhuangzi, the emotionalization of nature by metaphysics in Jin Dynasty, and the etherealization of nature by Buddhism and Zen in the Tang and Song Dynasties. This is the result of the simultaneous development of the aesthetic psychological construction of nature and the manifestation of natural beauty, and is also the concrete expression of the different stages of "humanization of nature" and spiritualization. The process of spiritualization of nature in ancient China is also an evolutionary history of the aesthetic forms of literature and art in ancient China. The traditional Chinese aesthetic forms such as artistic appeal, artistic conception, natural grace and ethereal effect, in the form of styles throughout literature, art, and gardens, are all products of the aesthetic relationship between man and nature.

iii. New Aesthetic Theoretical Categories Refined from the Examination of Bie-Modern Social Forms and Aesthetic Forms

(i) Heroic Space

The heroic space theory of Bie-modernism refers to the deconstruction of the traditional heroic view and the flat existence of the extended heroic space, including the seemingly contradictory but inherently unified contemporal phenomenon of heroic space division and heroic space expansion, formed during the period of modern, pre-modern and postmodern hybridization of multiple heroic views contradicting each other and competing with each other. Heroic space is both the history of heroic transformation and the portrait of the flattened, entertained and consumed heroes brought about by the elimination of the sublime. Heroic space is based on the spatialization of time, which terminates the linear process of heroes and focuses more on the characteristics of heroic times and the transformation of heroes caused by social changes and the future-oriented spatial direction of human heroes.

(ii) The Theory of Consuming Japan

The theory of consuming Japan in Bie-modernism refers to the contradictory psychology of Chinese audiences between worshipping Japanese technology and product quality and hating Japanese invasion, revealing the paradoxical phenomenon of both harmonious conspiracy and antagonistic conflict between their material and spiritual consumption, as well as the contemporary aestheticological problems brought about by the entanglement between the commercial operation and ideological control of film and television industry, which is both contradictory and harmoniously complicit. The anti-Japanese dramas in the consumption of Japan fully embody this paradoxical phenomenon, forming the " self-adrenaline " consumption, satisfaction consumption, and revenge consumption behind the consumption of Japan, which reveals from the root the inherent contradiction and embarrassment of Bie-modern aesthetic forms.

(iii) The Aesthetic Theory of Life Equity—A Theory About the Sources of Happiness and Beauty

The theory of life equity or life stocks means that people are born with quantifiable wealth. The essence of this wealth is the sacred right to dividends and profits from the gross national income, i. e. , GDP, which is reflected in the right to free minimum living standards, free medical care, free education, free retirement, and free housing. The theoretical and legal basis for the existence of life equity/life stocks comes from the self-evident axiom of human equality. However, life equity is the inherent wealth and wealth right of each citizen, which is different from the unequal value of each citizen's acquired wealth formed by labor income and inheritance income. And just as innate wealth cannot be replaced by acquired wealth, acquired wealth cannot be included in innate wealth. Therefore, the rights to innate wealth and acquired wealth are not subordinate to each other, so there, according to Bie-modernism, should be neither absolute poverty caused by the lack of life equity nor the phenomenon of "equal wealth" through violence.

Unlike property inheritance and wealth equity, life equity is not inheritable or tradable, but lives with life and dies with death. Life equity is equal for all.

In ethics, aestheticology and psychology, life equity is the prerequisite and foundation of human happiness and beauty, while its absence is the source of human enslavement, misfortune, injustice, anxiety and pain. When life equity is implemented, one lives carefreely, avoids unnecessary competition, freely chooses one's occupation, and is happy in life and work. Therefore, cashing in on the equity of human life is not only the best response to overcome human anxiety and suffering, but also the material guarantee and prerequisite for human beings to gain a sense of dignity, happiness and beauty. Without this, there will be neither sense of dignity and happiness, nor sense of beauty.

The issue of realistic anxiety and happiness, which is of universal concern to all human beings, is related to the quality of existence and destiny of all people at present, and should undoubtedly become the focus of literary and artistic attention. Where does the sense of beauty and happiness of human beings come from? In addition to the physical satisfaction of life existence, there is also the sense of self-actualization at the social level. And before self-actualization, we will first face the problem of social anxiety, such as medical care and old age in terms of survival and safety, and education in terms of development. Accordingly, we can say that literature and art is the organic unity between the feelings and imagination of human beings entangled in the experience of suffering and happiness, and the art form that expresses these feelings and thoughts. The "experience" here refers to the feelings and experiences gained in social life, which always become an ideology in the tangle of happiness and anxiety. This ideology is neither aesthetic nor ugly, but a blend of sweet, sour, bitter and spicy flavors, a mixture of emotions and an imaginary community full of various shades. Aestheticology, on the other hand, is the study of the origin and development of the human aesthetic sense. The prerequisite for the emergence of aesthetic sense is the breaking of anxiety. In recent years, the Chinese academy has tended to magnify Mr. Li Zehou's "culture of pleasure", ignoring and concealing the real reason for the emergence of the sense of beauty, and forming the beautology of chicken soup for the soul, which has caused widespread disagreement. The theory of life equity examines the generation of beauty from the first need of human beings, and is vigilant against the pseudo-aestheticology of chicken soup for the soul, and will expose and criticize this utopian beautology that is completely detached from the situation of life and social reality.

The aesthetic mechanism of the theory of life equity aesthetics is inner aesthetics, which refers to the existence of spiritual realm aesthetics that is detached from external objects and external senses, and belongs to the category of internal joy.

(ⅳ) Modernity in Art and Aesthetic—A Theory of Transformation of Western Aesthetic Modernity

The theory of Western aesthetic modernity is popular but problematic in the current Chinese academy.

First, it is an issue that is easily misunderstood and can have negative value. Aesthetic modernity seems to be a modern proposition, but since it is used to oppose modernity including instrumental rationality, it is easy to give people the impression that modernity has gone wrong and it is up to aesthetic modernity to clean up and repair it. But in fact, China is still in the era of intermingling of the modern, pre-modern and postmodern, where modernity is not yet sufficient and true modernity does not yet exist, and China urgently needs modernity and modernization, not the other way around. Under such circumstances, if aesthetic modernity is used to regulate, oppose and criticize modernity, it will go against the historical trend and form a negative value against modernity and modernization. The reason is obvious: the concept of aesthetic modernity comes from the West, and it is a description of the historical development trajectory and aesthetic journey of the West, not a revelation of the historical development trajectory and aesthetic journey of China.

According to the theory of Bie-modernism, the aesthetic modernity of China is the enlightenment and criticality expressed in literature and art. Enlightenment, the awakening from the pre-modern ignorance, has been regarded both rational and scientific, as well as democratic and liberal in spirit. Does this aesthetic modernity exist? As long as we look at the strong modern consciousness expressed in the works of famous writers such as Mo Yan, Jia Pingwa, Yan Lianke, etc. , and my books like *Bie-Modern: Works and Commentary* and *Bie-Modern and Bie-Modernist Art*, and the books of the group of writers in Henan who wrote about the pseudo-democratic elections in the good governance of the countryside, then this question is not difficult to answer. The core here is modernity, and this modernity is artfully translated into aestheticity, thus forming a Chinese style of aesthetic modernity, i. e. , modernity in art and in aesthetics, which is already completely different from the Western aesthetic modernity, not in criticizing modernity, but in promoting it.

Therefore, according to the needs of the current Chinese society, I propose the proposition of "modernity in art and aesthetic" as an alternative to the "aesthetic modernity" from the West. Because only in concrete aesthetic, in concrete literary works and art works, can people experience the real modernity. Modernity in art and aesthetic is always present in artistic and aesthetic activities, not in abstract theories.

(v) The Theory of Deep Distinguishing

The theory of Bie-modernist artificial intelligence in deep distinguishing is the latest theory of Bie-modernism. Bie-modernism proposes the theory of Bie-modernist cultural computing and the establishment of authenticity identification system in the field of artificial intelligence research in response to the prevalence of pseudo-modernity and the development of deep fake technology. And by systematically identifying the image of the real and fake Monkey King in the Chinese classical novel *Journey to the West*, we have established an AI authenticity image identification system and algorithm. This theory is known as the Bie-modernist AI deep-distinguishing theory, which has attracted attention in the global AI research field and the International Conference on Human-Computer Interaction (HCI), and has been included in one of the main topics of the 24th HCI Conference held in Ryder Gothenburg in 2022, and I was invited to attend the conference as a member of the conference organizing committee. The HCII held in Copenhagen in 2023 established a special discussion session for Bie-modernism. Associate Professor Chen Haiguang and his team, along with me, have further advanced the deep distinguishing theory in literature and aestheticology by the article " *A Cultural Computing of the Share of Modernity in World Literary Masterpieces by Bie-Modernism*".

III.　"Bie" in the West

As an original Chinese philosophical and aestheticological theory, Bie-modernism has received extensive attention from domestic and foreign scholars since it was first proposed, especially from European and American scholars, and has gone through a process of questioning, debating, and then in-depth discussion in which the research on the issues involved has been deepened and the theory itself has matured.

1. The Overseas Research on the Theory of Bie-Modernism

At present, the research on the theory of Bie-modernism in the Western philosophical and artistic circles mainly focuses on the following aspects and the main part of discussions have been published by Wang Jianjaing & Aleš Erjavec's *Bie-Modern*: *Discourse Innovation and International Academic Dialogue*, China Social Press, 2018, Beijing.

i. Research on the concept of Bie-modernism (*zhuyi*) from the height of world philosophy. Aleš Erjavec has published more than ten articles discussing with me the similarities and differences between Chinese *zhuyi* and Westernism, and he has written the introduction and editorial for the columns of two famous European magazines on the theory of Bie-modernism, which has promoted the study of the theory of Bie-modernism in the West.

ii. Research on the Theoretical Sources and Realistic of Bie-Modernism. Ernest Ženko who has examined in detail the origin of the theory of Bie-modernism and its application, believes that the theory of Bie-modernism belongs to the creation of Chinese scholar, but it is more suitable for the Chinese situation and solves the Chinese problems.

iii. Research on the Bie-modernist temporal spatialization theory. Ernest Ženko and Kerry Wynn in their comparative studies of the Bie-modernist temporal spatialization theory and Western spatial theory, concluded the global significance of the temporal spatialization theory in the dissemination of philosophical ideas and the innovation of art schools.

iv. Research on the necessity and possibility for China to lead the world in the fields of philosophy and humanities including aestheticology in which a study of the "dichotomy of voice and speech" in the Western tradition is also included. After asserting that Bie-modernism and China are one side of the world's philosophical quadrilateral, Aleš Erjavec questions whether it is necessary for Chinese philosophy and humanities including aestheticology to lead the world in the same way as contemporary Chinese art, based on the dichotomy of voice and speech. In the study of the possible impact of the theory of Bie-modernism on world philosophy and the humanities, Rok Benčin proposed an assertion of a "philosophical moment of the world" brought about by Bie-modernism, which is the highest assessment of the international influence of Bie-modernism.

v. Research on the independent identity of Bie-modernist art. Keaton Wynn affirms the unique value and identity of Bie-modernist art from the different meanings of similar art in the Bie-modern period.

vi. Research on the future direction of Bie-modernist art. Keaton Wynn begins with a consideration of the alienation of art brought about by modernization, and warns of the possible commercialization of Bie-modernist art.

vii. A comparative study of Bie-modernist art. Margaret Richardson compares the works and the ideas of Bie-modernist art with those of the modern art in India and Japan, and elaborates the difference of Bie-modernist art from the "eclectic art" at the communication of the West and China.

viii. Research on the disciplinary affiliations and cultural categories of Bie-modernism. Judy Orton examines the cultural significance and disciplinary affiliation of the theory of Bie-modernism from the perspective of cultural psychological identity.

ix. Research on the specificity and world significance of Bie-modernist trends in the comparison of Chinese and Western social trends. Enea Bianchi compares the theories of three famous European sociologists with the theory of Bie-modernism, and clarifies the significance of Bie-modernism in the contrast between gloomy decadence and positive progress.

x. Research on the concept of the Bie-modernist leap-forward pause. David Brubaker specializes in studying the embodiment of Bie-modernist leap-forward pause in ancient and contemporary Chinese art, and seeks to show that China has had a "Bie" culture since ancient times.

It can be seen from the above research that although Western scholars' research is basically only on the 1. 0 version of the theory of Bie-modernism and has not yet dealt with the 2. 0 version of bie-modernism, a particularly noteworthy aspect of Western scholars' research is that they have compared the theory of Bie-modernism with the theories of Western philosophers and art masters. Aleš Erjavec and Ernest Ženko compare Wang Jianjiang's *zhuyi*, yet-for-being, and Sino-West-Marxism-I with Jacques Rancière's philosophy of equality, Wang's theory of temporal spatialization with Foucault's heterotopia. Rok Benčin compares bie-modernism with Alain Badiou's theory of the philosophical moment. Ernest Ženk also compares temporal spatialization of Bie-modernism with Derrida's theory of hauntology; Keaton Wynn compares

Bie-modernist art with the works of artists such as Andy Warhol; Enea Bianchi compares Bie-modernism with European sociological theories. More Western scholars have compared theories of Bie-modernism with those of other Western theorists and artists. There are also comparative studies of Bie-modernist art theories with the "eclectic" art theories of India, all of which have pushed the theory of Bie-modernism to the front of the international historical stage while internationalizing the study of Bie-modernism.

2. The Domestic Research on the Theory of Bie-Modernism

i. Zhou Ren, Guan Yu, Shi Hong, Li Jun, Xu Wei, Hu Benxiong, Zhang Yi, Jiang Yinghong etc. use the theory of Bie-modernism to study the art in the Bie-modern times, including architecture, film, painting, installation art, dance, etc.

ii. Wang Sheng, Yu Fan and others research Bie-modern theory and methodology.

iii. Zhuang Zhimin and others study tourism science and Shanghai tourism program with Bie-modern theories.

iv. Kang Yong, Yang Zengli, Zhuang Huanming, Zhang Shaowei, Lin Jianfeng etc. use Bie-modern theories to study literature and literary theory.

v. Xu Dawei, Wang Weiyu, Yang Zengli, etc. use bie-modern theories to study heroes and heroic spaces.

vi. Xia Zhongyi, Wu Xuan, Liu Fengjie, Xu Dawei, etc. study the problems of *zhuyi* and *zhuyi* of problems.

vii. Wang Hongyue, Zha Changping, Zhang Jianfeng, etc. study the *zhuyi* and theoretical basis in Bie-modern theories.

viii. Chen Bohai uses the theory of Bie-modernism to study civilization forms.

ix. Yu Guangrong uses the theory of Bie-modernism to study the problem of jurisprudence.

x. Jane Shengyu and Peng Zhe study the theory of life equity, which straddles the line between law and economics.

xi. Wang Xiaohua, Guo Yaxiong, Jian Shengyu, Xie Jinliang, Zhao Shihua, and Cui Lushi study the philosophy of Bie-modernism.

xii. Zhang Yuneng, Wang Hongyue, Zhang Gong, and Shao Jinfeng study the aesthetics of Bie-modernism.

xiii. Xiao Minghua, Kang Yong and others research the literary theory of Bie-modernism.

xiv. Xiao Minghua, Li Jun, Lin Jiafeng and others study the cultural criticism of Bie-modernism.

xv. Sun Ruixue and Ji Xiumei study the rhetoric and writing of Bie-modernism.

xvi. Peng Kai, Chen Haiguang, Qi Zifeng, Liu Mingxing, Hu Jieming, Jian Shengyu, and Chang Jun study the theory of bie-modernist artificial intelligence and meta-universe.

xvii. Hu Jieming and Wu Wenzhi study the design science of Bie-modernism.

3. Comparison of the Current Status of Domestic and International Research in General and the Emergence of an International School of Thought

i. Domestic research follows up faster, such as the study of life equity of Bie-modernism, civilization theory of Bie-modernism, artificial intelligence of Bie-modernism, etc. , and partly enters the study of the 2.0 version of Bie-modernist theory.

ii. Foreign countries are still studying in the 1.0 version of the theory of Bie-modernism. However, foreign philosophers, art historians and psychologists have joined, and the depth of their research far exceeds that of the domestic research, and they construct their own theories while studying the theory of Bie-modernism.

In conclusion, theoretical creation and research on Bie-modernism are being carried out globally in a synchronized and orderly manner, covering a wide range of areas, with new perspectives, new methods, new viewpoints, as well as breadth, depth, strength, and gravitas, forming an interaction between originality and research. On the one hand, the theoretical creation brings the source of inspiration to the research; on the other hand, the research also supplements, proofreads, applies and develops the original. The merging of the two manifests the rudiment of international school of Bie-modernism.

4. The Focus and Effects of International Academic Discussions on Bie-Modernism

i. Around the theory of Bie-modernism, the philosophical, art theoretical, aesthetic and literary theoretical circles at home and abroad have launched heated and long-lasting discussions.

The first is the discussion of *zhuyi*. What is *zhuyi*? What are the differences between Chinese *zhuyi* and Western ism? How to solve the problems of *zhuyi* and *zhuyi* of problems?

Secondly, is Bie-modernism a voice or a speech? Can it promote the development of Chinese philosophy and aestheticology to lead the world?

Again, does the temporal spatialization of bie-modernism exist in the same way in the contemporary application of ancient Western philosophies and the hybridization of Western art? What is the connection between Foucault's heterotopia and Derrida's hauntology and the temporal spatialization of Bie-modernism?

Finally, how to distinguish between Bie-modernist art and postmodernist art? This is a phenomenon that is difficult to distinguish among Chinese scholars, but clear and indistinguishable to Western scholars and Western artists.

ii. The result of the argument.

(i) Bie-modernism and the birth of the philosophical quadrilateral.

After several discussions on the important issues related to the connotation of Bie-modernism, Aleš Erjavec, former president of the International Aesthetic Association, confirmed that China will break away from the model of Richard

Shusterman's three empires of philosophy (German philosophy, French philosophy, and Anglo-American philosophy) and become one side of the world's philosophical quadrilateral (Europe, the United States, China, and Russia), a quadrilateral that was formed precisely by the creation of Chinese *zhuyi* which includes Bie-modernism.

(ⅱ) Bie-modernism and the formation of the world philosophical moment.

In his article "Remarks on Philosophical Moments, on the Aesthetics of Emancipation and on the Bie-modern in the films of Jia Zhangke," the aesthetician and philosopher Rok Benčin points out that the "philosophical moment" of the contemporary French philosopher Alain Badiou is very close to the development of Bie-modernism. He also analyzes Jia Zhangke's films in the light of Jacques Rancière's concept of emancipation and its aesthetic dimension, arguing that "the philosophical moment requires a common scheme that will retroactively distinguish itself from its completely different, even often diametrically opposed, reality out."

(ⅲ) Facing the dispute of speech and voice, that is, the question of whether it is necessary for Chinese philosophy and aestheticology to lead the world, Another Napoleon in aestheticology marches on his own path.

The question "is it necessary for Chinese philosophy and aesthetics to lead the world" is derived from Erjavec's question "is it necessary for Chinese aesthetics to lead the world as Chinese art does". The latter is a result of the heated debates on Bie-modernism in European and American academia. Aleš Erjavec used Aristotle's distinction between voice and speech to examine Bie-modernism. However, the theory of Bie-modernism is a local original philosophy and aesthetics rooted in China's specific social and cultural background, which has formed more than 20 theoretical sub-categories and become self-contained. It is a typical practice of China to export its theoretical discourse by creating theories, innovating discourses, and entering the international market of ideas and participating in international academic dialogues, so that it is not only the voice of Chinese ideas but also a systematic philosophical and aestheticological theoretical speech. Thus, Aleš Erjavec had to rethink the question of whether it is necessary and possible for Chinese philosophy to lead the world, and he exclaimed that another Napoleon in aestheticology is marching on his own way.

(ⅳ) "Bie" in the West—centers for the study of Bie-modernism have been established in American and European universities.

The alma mater of the 39th US President Jimmy Carter, Georgia Southwestern State University, established the Center for Chinese Bie-Modern Studies (CCBMS) on its own in 2017. Two years later, the Center for Bie-Modern Studies (CBMS) at the University of Primoska in Slovenia, a member state of the European Union, was officially established. Italy has established the website (www. biemodernism. org), which has been introduced by Wikipedia and has received over 100 million hits on Baidu. More than 170 academic papers and 5 academic books on the theory of bie-modernism have been published in Chinese, English, Italian and Serbian in European and domestic journals respectively.

In summary, the philosophy and aesthetics of Bie-modernism is based on a thinking mode of being differentiated, an in-depth investigation of the current social and aesthetic forms and their relationship on the basis of the oracle, the *I Ching* 64 trigrams (Bie-trigrams), and the Zen's "The Buddha's teachings are taught by means other than words", thus creating a system of bie-modernist philosophy and aesthetics, which has attracted the attention of Western academics and art circles and has led to the establishment of research centers, realizing the goal of local original theories going global and influencing the world. The process of creating and spreading the philosophy and aestheticology of Bie-modernism is also the process of going from Bie to Bie-theory, and then to new Bie-theory, until "Bie" in the West, which manifests original Chinese thought and theory and Bie-culture in the process of practicing the "bie" way of thinking (being differentiated) .

第一章　别现代主义审美学的学科属性

"美学"一词目前在中国还很热，而在西方早就不那么热了，在美国的绝大多数高校里已很难找到独立的美学学科，它早已融入了艺术和哲学之中。也可以说，它已经被边缘化了。中国"美学热"的原因不仅在于大学里的中文系和哲学系大都开设这门课，而且这些与美相关的词在日常生活中经常会用到，甚至"美学地板""美学理发"等很多类似的商品和门店也是司空见惯。但如果将这个词带到学术讨论的领域，或者在学科范围内研究的时候，就发现问题并不像日常生活和文化娱乐所表现得那么简单，尤其在涉及美和审美的时候就更加复杂。到底什么是美？什么是审美？充满了争议。

第一节　"美学"与"审美学"背后的思维方式代差

"美学"一词准确地说应该是"审美学"，来自对德语 *Asthetik*、英语 *Aesthetics* 的翻译。其原创者是被誉为美学之父的 18 世纪德国美学家鲍姆嘉通。鲍姆嘉通在他的博士论文中发现了一种与理性逻辑不同的感性知识。因此，从学术本源和术语本义的角度看，学界将 aesthetics 译为"美学"（beautology），即研究美的学问；有时译为"审美学"（aestheticology），即审美的学问，似乎都还在遵循它的原义，即都是一种（sensual perception）感性的观知，是有关感性的、情感的、想象的学问，只是译法不同而已。但在汉语中"美学"和"审美学"仅在字面上就有所不同。中国古代并没有 aesthetics，只有这方面的思想。因此，当我们今天来讨论是美学还是审美学时，都不应该离开汉语语境。从汉语构词来看，"美学"和"审美学"，前者是个修饰结构，即如许多人理解的那样，是研究美的学问；后者是个动宾结构，是说人在"审"一个作为对象的美，因而是人在审美的学问。前者是把美作为客体对待，后者却把人和对象相联系，将美和审美结合在一起研究，因此，"美学"和"审美学"之间的分歧并引起争议就在所难免。但这种争议并非简单的汉语词义阐释之争和译法之争，而是有更深刻的内涵有待揭示，也就是待别。而在这些待别的内涵的背后却是学术思维上以时代来划分的巨大差别。揭示这种差别，一方面是在践行别现代主义"有别于"的思维方式，另一方面也会揭示美和审美的性质及其特点。

"美学"，只是一个习惯性的表述，但很容易被理解为研究美的学问或研究美的科学，好像有一个孤立的、与人无关的"美"等待我们去研究，但在现实中找不到这个与人无关的"美"。这一疑难早在古希腊柏拉图时代就已出现。柏拉图的《大希庇阿斯》中苏格拉底对希庇阿斯将一系列实体如年轻的姑娘、漂亮的母马、美丽的汤勺等作为"美"的回答的否定，以及对什么是美和什么是"美的"二者之间的区别，对什么是具有普遍概括意义的"美"或"美自身"的追问，却最终都以"美是难的"而结束。"美是难的"这句箴言至今也没有过时。从 20 世纪 80 年代开始（国外更早些），国内外关于美是什么的探讨已被束之高阁了，以维特根斯坦为代表的语义分析学派就认为美是一个说不清楚也没有必要说清楚的问题。但全球范围内冠以"美学"的书却一部接着一部，都在极力地阐释着"美"这一难题。这难道不是一个悖论吗？

如果透过这层悖论，深入地就"美学"所研究的对象和内容进行分析，则发现这里存在名实不符的尴尬。"美学"表面上看起来研究的是美，而非审美，但实际上研究的是审美。"美是难的"，难就难在美是什么很难说清楚，而"美学"之所以又是可以被研究的，就在于审美是可以说清楚的。因此，美学的尴尬就部分地来自这种名实错位。就美学的实际存在而言，确切地说它应该是审美感性学，简称审美学，而不是什么美学。其理由如下。

第一，从辞源上讲，把美学称为审美学有其语义学和学科发展史上的根据。

德国美学家鲍姆嘉通（G. Baumgarten，1714—1762）在1735年的博士学位论文《诗的哲学默想录》中，首次把认识对象分为"可理解的事物"和"可感知的事物"两种，并指出，"'可理解的事物'是通过高级认知能力作为逻辑学体系去把握的；'可感知的事物'（是通过低级的认知能力）作为知觉的科学或'感性学'的对象来感知的"①。显而易见，鲍姆嘉通是把我们今天称为美学的学科归结为与逻辑学相对的感性学范畴。1750年，他根据自己的讲义整理出版了专门研究感性认识的专著，题为 Aesthetica（拉丁文，德语是 Asthetik，英语为 Aesthetics，都是"感性学"的意思）。情趣、情调、趣味、感觉、感悟、体验、爱好、喜乐、激动等，人的艺术品味和审美鉴赏的主观活动，都在这个"感性学"的研究范围。正因为如此，鲍姆嘉通才有了"美学之父"的尊称。

"感性学"在翻译和流布的过程中，出现了不同的汉译和日译。英国来华传教士罗存德1866年所编的《英华词典》（第一册）将 Aesthetics 译为"佳美之理"和"审美之理"。德国来华著名传教士花之安（Ernst Faber）率先创用"美学"一词。1873年，他以中文方式首次提到"美学"一词。1875年，在谭达轩编辑出版的《英汉辞典》里，Aesthetics 则被译为"审辨美恶之法"。1900年，沈翊清在《东游日记》中，提到日本师范学校开设"美学"与"审美学"课程之事。接下来是最早介绍西方美学思想的中国人颜永京，他将 aesthetics 译为"艳丽之学"。1902年，王国维在一篇题为《哲学小辞典》的译文中，较早介绍了"美学"的简单定义："美学者，论事物之美之原理也。"并译 Aesthetics 为"美学""审美学"。1903年，汪荣宝和叶澜编辑出版了近代中国第一部具有现代学术辞典性质的《新尔雅》一书。该书较早以通俗的辞典形式给"审美学"等词下了定义："研究美之性质、及美之要素，不拘在主观客观，引起其感觉者，名曰审美学。"这种定义，由于《新尔雅》一书的多次重版而得到了较为广泛的传播。关于

①　［德］鲍姆嘉通：《诗的哲学默想录》，王旭晓译，滕守尧校，中国社会科学出版社2014年版，第97页。

"审美"一词,《汉语外来词词典》将其列为源于日本的原语借词,但上述罗存德1866年所编的《英华词典》(第一册)将此词译为"审美之理"之"审美",而这部辞典很早就传到日本并对日本创译新名词产生过影响。1879年,它被日本学者改题为《英华和译字典》翻刻发行,后来又在日本出现了几次增订本,流布相当广泛。可见,"审美"一词的语源在中国近代汉语中,而非在日本。日本是"审美"一词的译用国。至于"审美学"一词,则可能是日本学者在"审美"一词基础上的创造,[①]审美学在日本很长时间里是同"美学"一词并用的意义相同的词汇。[②] 总之,Aesthetics 即现在的"美学"一词的拉丁语、德语和英语原意是"感性学"、审美学;其最早的译文(1866)也是"审美",而非美。不应该定"美学"于一尊,而排斥审美学。相反,把美学改为审美学则名正言顺。

第二,从哲学基础上讲。审美学更符合关系本体而非实物本体的思想。

存在有三种,第一种是实体的存在,表征着存在者的物质属性。第二种是思维和意识的存在。第三种是人们不大注意到的主观意识与客观实体之间的关系存在,包括与数字之间的关系的存在,即与对象、信息相关的存在。审美就属于这第三种存在。这种存在是关系的存在;是意识反思的存在;是生成的存在,而非现成的存在;是以人的活动为机制引发的人与对象之间关系的生成的存在。审美学学科的确立是学术研究深入的必然结果。研究者的视域从客观实在转向主观经验的生成,从实物本体转向关系本体,从研究美转向研究审美现象和审美关系,本身就带来了对审美学学科的全新认识。这种全新视域和全新认识符合20世纪以来世界范围内人文学科的研究由实物中心进入系统中心,由现成进入生成的发展趋势,也是前现代思维方式与后现代思维之间的代差所在。尤其是人类进入信息时代,那种坚持眼见为实,只把纸币和硬币当作钱,而把数字不当钱的人,随着微信支付、支付宝支付等数字支付的流行,

---

① 参见〔日〕岛村龙太郎编著《审美学纲要》"目录",东京专门学校出版部藏,1900年版。

② 参见黄兴涛《"美学"一词及西方美学在中国的最早传播——近代中国新名词源流漫考之三》,《文史知识》2000年第1期。

已经不合时宜。而我们的所谓美学家还津津乐道于某某以实物为中心对象的美学，岂不迂阔？从客观实在转向主观经验，从实物本体转向关系本体，就首先意味着审美对象已从现成的客观实体存在变为生成的关系存在。审美学就是充分体现这种关系存在的学科。因此，正是从关系本体而非从实物本体出发，我们主张用"审美学"去代替"美学"。

第三，从思维方式上讲，审美学更符合生成论而非现成论的思想。

所谓"现成"就是已经固定不变了的，而"生成"则与之相反，是指在多维交织、多种关系互动、参数和变量不断更新的过程中正在产生的新的事物，但还没有产出和固定下来。生成论是对现成论和线性思维方式的突破。现成论建立在既成事实和客观存在的实物的基础上，其研究也是从这种静止不变的现象开始的，而且一定要有逻辑起点和逻辑终点的线性发展过程。而现代生成论则研究事物在关系共生和同步发展过程中的从可能向必然的转变过程，揭示这种转变过程中的随机涨落和奇异时刻，预示其将要、将会的未来。就审美而言，马克思指出："从主体方面来看：只有音乐才能激起人的音乐感；对于没有音乐感的耳朵说来，最美的音乐也毫无意义，不是对象，因为我的对象只能是我的一种本质力量的确证，也就是说，它只能像我的本质力量作为一种主体能力自为地存在那样对我存在，因为任何一个对象对我的意义（它只是对那个与它相适应的感觉说来才有意义）都以我的感觉所及的程度为限。所以社会的人的感觉不同于非社会的人的感觉。"① 黄海澄先生进一步指出："美不是造物事先为我们准备好、供我们享受的筵席，美是生成的。它的生成过程与能够欣赏它的主体的系统发育与发展过程有同步性和耦合关系，它是适应主体系统发育与发展过程中的自调节的需要而产生，并在与能够欣赏它的主体系统的相互作用中发展的。美的发生学断不是宇宙的发生学。"② 他还举出生物考古学上关于作为花媒的昆虫和虫媒花的大而鲜艳的花冠，产生于同一个地质年代的例子，指出："我们可以把昆虫与虫媒花植物看作整个有机界这巨大的自调系统中的两个互相耦合的子系统，

---

① 《马克思恩格斯全集》（第四十二卷），人民出版社1979年版，第125—126页。
② 黄海澄：《系统论　控制论　信息论　美学原理》，湖南人民出版社1986年版，第64页。

在相互作用中，因果关系链把它们连接在一起，一个子系统的运行与发展，是另一个子系统的运行与发展的原因，靠它们之间的这种耦合关系实现稳态的发展。"① 朱立元先生在其主编的《美学》中也指出："可以说，美只存在于审美活动中，只有在审美活动中它才现实地生成、真实地显现出来。质言之，所谓美就是审美主体与审美对象在审美活动中相互作用所生成的一种特殊价值。"② 实际上，李泽厚先生《美的历程》所揭示的"心理积淀"与"美的形式"之间的同步耦合生成、共同发展，也在说明一个道理，这就是美是与能够欣赏它的主体一起生成的，美是在审美中生成的。而别现代主义审美学中的"自调节审美""内审美""修养审美""境界审美""意境生成"等理论则从审美经验的生成和境界、意境的生成机制上来论证美是在审美中生成的观点，并将这种观点做了美学史的印证，尤其是将其范畴化，生成了新的审美学理论。因此，别现代主义审美学在思维方式上是西方生成论思想和方法与中国古代的审美实践以及当下的审美实践相结合的产物，是从理论范畴建构上对孤立地、静止地研究美的思维方式的突破，具有别出一路的特点。

从审美生成论的思想出发，更容易理解日趋复杂、变异的当代审美文化和后现代文艺问题。生成，英语 becoming，德语 Werden，表示正在形成而又未完成的状态。审美就是这种有机的生成过程，而不是一成不变的或一劳永逸的现象。"美"就是这种在审美活动中生成的有机动态系统，是一种非实体的关系、价值、效应、经验和形式。就拿身体审美来说，究竟以清瘦为美，还是以肥硕为美，并无一定的现成标准，而是以特定时代、特定人群的特定趣味为转移，是一个不断转换、不断生成的过程。因此，审美学较之传统的美学，不会重蹈"美是难的"覆辙，而是更能把握住生生不已的审美现象。

第四，从学科的统摄性、通约性上讲，审美学更符合学科属性。

中国古代没有关于美是什么的学说，但关于审美的理论却十分丰富。

---

① 黄海澄：《系统论　控制论　信息论　美学原理》，湖南人民出版社 1986 年版，第 48—49 页。

② 朱立元主编：《美学》，高等教育出版社 2006 年版，第 114 页。

不仅很早就有老子讲"涤除玄览（鉴）""致虚守静"，庄子讲"得至美而游乎至乐"，而且后来许许多多的诗论、乐论、文论、画论，也都是讲审美，讲鉴赏的，而没有专门去探讨什么是美这样的问题。因此，用"审美学"就会有更大的包容性或普适性，把中西方审美学统一到相通的学理上来。德国著名汉学家、审美学家卜松山就曾说：

> 自本世纪初中国接受西方美学以来，现代中国美学话语一律换上了西方的概念和范畴。而西方美学从柏拉图到马克思的主要思潮所注意的焦点是"美"，这导致了"美学"这一现代字眼在中国的出现。如果我们将这一中文字眼翻译成英语，就是"beautology"。随着中国把马克思主义接受为基本的和无所不包的全新的西方思想，这一向西方 19 世纪话语靠拢的潮流便达到一个新的高度。但是中国毕竟有着自己悠久的文明，同样也有一个悠久的美学思想演变过程。这种美学所反思的焦点不同于西方：它主要是探索艺术创造的本质和作品的艺术性。当我们检查美学这一学科的英文和中文名称时，我们便会发现，不管是西文名称，还是其中文名称都是容易误解的。这是十分具有讽刺意义的。西文中的"aesthetics"的希腊词源是指一种关于与理性相对的感性观知（sensual perception）的理论，但在实际上它却是一种关于"美"的理论。中文的"美学"这一字眼是合乎将美学看作是一种关于美的理论的西方主流美学的意思的，但是如果我们将这一字眼运用到中国传统的艺术思想中时，事情就不是这样了。①

因此，从学科的统摄性和通约性上讲，将汉语中的"美学"这一译语置换为"审美学"，可能更符合学科属性。

事实上，早在卜松山之前，国内学界就开始了对"美学"一词的更名。刘东就公开声明："Aesthetics 的科学的译语，既不应是'美学'，也不应是'丑学'，而应是'感性学'本身。"② 之后，王世德

---

① ［德］卜松山：《中国美学与康德》，《国外社会科学》1996 年第 3 期。
② 刘东：《西方的丑学 感性的多元取向》，四川人民出版社 1986 年版，第 269 页。

出版了《审美学》(山东文艺出版社 1987 年版)，周长鼎、尤西林出版了《审美学》(陕西人民教育出版社 1991 年版)，王建疆出版了《自调节审美学》(甘肃人民出版社 1993 年版)，胡家祥出版了《审美学》(北京大学出版社 2000 年版)，王建疆又出版了《审美学教程》(复旦大学出版社 2007 年版)。迄今为止，加上本书《别现代主义审美学》，以"审美学"或以"某某审美学"命名的教材、专著和论文有数十种之多。因此，从学科发展的实际来讲，美学被称为审美学或审美感性学，在学界已经形成了一定的共识，是理所当然的。

第五，从审美的本质上讲。

美学把"美"作为研究对象，审美学把"审美"作为研究对象，实质上都体现了不同的存在论或本体论。"审美"更多地体现了关系，体现了实践，体现了活动。以日常生活中的服饰审美为例，对服饰的选择并不是一种与人绝缘的孤立的"美"的对象，而是与特定时代、特定地点、特定时节中的人的存在和与人的穿戴密切相关的审美现象，它是与穿戴者的合体、舒适、装饰、交际、愉悦息息相关，并与旁人的目光、品评等联系在一起的一种被视为有无眼光，有无情趣，有无品位的主观评价活动，但这种主观评价并非没有客观标准的任意行为，而是基于服饰（客体）的形式美因素（款式、色彩、线条、质感）和主体（我，别人，我眼中的别人和别人眼中的我）对服饰的选择这样的主客体关系之上，是一种跟功用连在一起的审美活动。一旦离开了这种主客体关系，那么，对于一套休闲服装跟一套西装革履之间，甚或对于一套长袍马褂跟一套道具服装之间的有关美丑和品位的品评，就会因为没有背景或条件而变得毫无意义。审美自然包括美以及对美的感悟，而传统美学中的"美"却未必就必然包含审美。美是在审美中生成的，而审美却未必是在主观假定的"美"中存在的。所以，就现在通行的个别审美学教材已经开始研究审美现象和审美活动的现实而言，把美学直接界定为审美学，更符合审美现象和审美活动的关联着主客体及其关系的特点。

审美学区别于传统美学的地方还在于，它从人的审美活动出发而不是从物的存在来考察审美现象，把美和美感置于审美活动的现实关系中作为一个有机整体进行研究，而不是从主客分离的立场进行解析。因此，我们认为，审美是人获得审美感受并进而获得精神解放的感性活动过程。美则是在这种感性活动过程中生成的价值关系、人生体验、人生境界和艺术形式的感性凝聚或形象显现。离开了审美活动的美，只是观念中的假设，或概念中的抽象，而非现实中的事实。

第六，再就审美的价值而言，只有审美才能实现价值。

审美有什么用处？人类为什么会出现审美现象？这是任何一个善于思考的人都有可能问到的问题。关于这个问题，历来有审美可以娱乐、消遣、享受的说法，也有审美可以熏陶、陶冶、教育的说法。应该说，这些说法都部分地接触到审美的功能和作用问题，都有一定的道理。但这些道理还只是浅表的，尚未涉及审美功用的根本。最为深刻的是黄海澄先生 20 世纪 80 年代提出的将审美作为一种人类和人类社会的调节机制来对待的理论，即"把审美机制作为起调节作用的一个制导系统来看"。① 这种调节机制就像道德和法律这些调节机制一样须臾不可缺少。但不同于法律机制的强制性和道德机制的半强制性，审美调节机制把人对于人类和人类社会系统生存与发展目标的追求变成了个体自觉的心理倾向，从而对美的事物和美的言行，情喜爱之，心向往之，行效尤之，从而达到审美的似无用而实际上有大用的效果。这种说法无疑是深刻的，也是符合审美的实际的。因此，我们应该从人类和人类社会系统存在与发展的高度来审视审美的意义和价值，从而更自觉地维护审美，进行审美，努力构建一个和谐进步的社会。但审美价值和意义的实现既是实践的过程，也是实践的结果，只有在审美活动中，审美对于社会人生的意义和价值才能最终得到实现，而非靠一个亘古长存的所谓客观的美就可以对社会和人生产生作用。因此，审美学较之美学，更能体现学科的功能。

正是基于以上几点理由，我们把美学称为审美学。审美学就是研

---

① 黄海澄：《系统论　控制论　信息论　美学原理》，湖南人民出版社 1986 年版，第 42 页。

究审美活动、审美生成现象、审美生成规律的人文学科，而不是什么研究美的学问。

值得注意的是，知识界早已注意到由欣赏者主体或审美主体进行的审美的存在。如1993年麦克阿瑟出版公司出版的《牛津英语指南》就写道："（审）美学是哲学的一个分支，它关注的是对美和趣味的理解，以及对艺术、文学和风格的鉴赏。它要回答的问题是：美或丑是内在于所考察的对象之中呢？还是在欣赏者的眼里？在其他一些事物中，（审）美学也力图分析讨论这些问题时所使用的概念和论点，考察心灵的审美状态，评价作为审美陈述的那些对象。"虽然尚未明确提出审美学应研究审美关系，也未能从整体上实现视域的根本转变，审美学尚未完全摆脱美学的遮蔽，但较之把美作为孤立的实在对象研究的方法来，这种顾及审美主客体关系的定义无疑是一种历史的进步。

第二节　别现代主义审美学的第一根据和学科归属

别现代，英译 Bie-modern，是用汉语拼音"别"与英语"现代的"合拼而成的一个新词，是对一种现代、前现代、后现代杂糅的，时间空间化了的社会形态的概括即 a doubtful modernity 或 pseudo modernity。

别现代主义，英译 Bie-modernism，是指对伪现代的反思和批判，旨在具备充分的现代性和实现现代化的思想主张。

别现代主义理论就是别现代社会形态和别现代主义思想主张的统称，英译 the theory of Bie-modernism。

别现代主义审美学则是别现代主义理论的一部分，是一种有关审美的哲学和人文新学说。

一　什么是别现代主义审美学

别现代主义审美学就是在别现代社会形态和别现代主义思想基础

上建构起来的别出一路但又具有普适性的人文学说和审美哲学。

别现代主义审美学秉持有别于的思维方式和生成论思想，从对特定的社会形态与审美形态之间的关系的考察出发，将有别于西方线性发展模式的现代、前现代、后现代杂糅的时间空间化了的社会形态和审美形态，作为审美学理论创新的出发点，也就是以别现代社会现状、审美现象和历史发展阶段为生发审美学理论的基点和基础，进行审美学观念的革新和理论的创造；从后现代之后回望别现代，利用现代和后现代以及后后现代的积极成果，别出一路，进行跨越时空的创造；在跨越式停顿中进行艺术和审美创造中的传承——切割——创新；在中西马我中，以我为主，以中西马为思想资源，进行别开生面的创造；在待别和待有及其对主义的问题和问题的主义的研究中，创建审美学上的新的主义，并以这个新的主义带动和引领审美学的发展；以别现代和别现代主义的划分以及别现代艺术和别现代主义艺术的划分为标志，建立了自反式哲学结构，又通过对自反式结构中交互式共享地带的发现，揭示了在同一审美形态下艺术的价值分裂和价值对立，从而为别现代主义的反思批判与具有充分的现代性，实现现代化提供了审美学的逻辑链条、学科依据和哲学思想支撑。别现代主义的这些审美学主张在已有的研究成果中，特别是在一系列别现代主义审美学的范畴中得到了具体的体现。如自调节审美、内审美、修养审美、境界审美、意境审美、别现代审美形态、英雄空间、消费日本、生命股权、深别等理论范畴就构成了别现代主义审美学的具体内涵，建构起别现代主义审美学。这些创新性的理论范畴既是基于本土社会现状、审美现象和社会实践的，又是具有普适性和哲学高度的，因而无论是对审美学原理的建构还是对人文学科和哲学的建构都具有积极的意义。

二　待别作为别现代主义审美学的第一根据

所谓第一根据，是指理论研究的最初的根据，也是最终的根据，是根据的根据，贯穿在理论研究的全过程中。① 就如基督教的人的原罪说是基督教理论的第一根据一样，别现代主义理论中的"别"是鸿蒙初启、人猿揖别、世界存在的第一根据，是哲学认识论的第一根据，也就是别现代主义的最初根据和最终根据。别现代理论就是一字之学，是"别"的学说。

第一根据，就是思想起始并始终离不开的理论基础或根本理由。这种根据是逻辑的也可以是非逻辑的。犹太教、基督教的第一根据在于原罪说，即原欲导致人的堕落，而人的堕落只有等待神主的拯救，从此，一系列救赎的说教流行于世，成为人们的精神统治。虽然这个被长期普遍接受的根据是无从进行逻辑推论的，就如上帝一样无从见证，但它却是坚不可摧的信仰。别现代主义的别的令人信服的地方就在于，无别就无有，有别创世纪，靠别开天辟地。

当然，思想原创的第一根据并非绝对真理，也必然会有时代的局限。人性原罪说，现在看来只是而且也只能是信仰的一部分，作为信仰无法进行论理深究也不需要深究，这就如上帝本身是不需要证明的一样。但是，无论如何，理论要成为理论就得有这种第一根据，否则就不可能有原创，更遑论作用于现实，影响世界。因此，只要存在，就离不开有别，别是原创之母，别是天地之始，别是人文肇启。笔者曾套用《老子》第一章和第二章说明别现代主义之待别、有别、无别、有别而别、无别而别、无别而无不别：

　　别可别，非常别，名可名，非常名。有别天地之始，无别宇宙鸿蒙。蒙以待其缴，别以观其妙。此二者同立而并存，只因有别。别之又别，众妙之门。

　　天下皆知美之为美，斯恶已；皆知别之为别，斯无别也。

　　有无相生，别同相处，难易相成，长短相形，高下相盈，音

_____

① 王建疆：《国际思想市场与理论创新竞争——讨论中的别现代主义理论》，《江西社会科学》2020 年第 10 期。

声相和，前后相随。

是以圣人处无别之事，行不言之教；万物作而不为别，生而不有，为而不恃，功成而弗居。夫唯不居，是以不去。

旨在说明"别"的本体论意义。正是这种本体论意义，使得别现代主义哲学成为待别的哲学，将人类一切的理论置于待别之中，从而为别现代主义审美学提供了思想观念上的第一根据。

思想和理论的第一根据往往会在国际思想市场中凸显。人类思想史中的主义、学派都要在思想市场中张扬，要在与多种思想的对比、交流、论争中得到确认和承认。现代主义是在与蒙昧主义的斗争中取得胜利的，后现代主义又是在批评理性主义中确立自身的。同样，别现代主义（Bie-modernism）是在与欧美思想家的未完成的现代、第二现代、多元的现代、反思的现代、流动的现代、另类的现代、后现代的现代、晚期资本主义的现代等学说的辨析中获得自己的合法性的，又是在与国内的从西方现代性理论衍生出来的新现代性、混合现代性、复杂现代性的论辩中确立自身的。现代、后现代、别现代都是思想市场的产物。其中，现代主义和后现代主义有着共同的第一根据，这就是理性。与之不同，别现代主义社会形态理论的第一根据是中国现实社会的真实情状待别。这种真实情状在于当下社会形态并非现代社会形态，其理由就在于前现代的存在使得现代性不充分，不合格，未达标，社会仍处于现代、前现代和后现代的杂糅中，因而没有实现现代化，尚在现代与前现代之间徘徊。由于伪现代的存在，所以别现代是一个待别的时代。因此，所有的关于当下中国社会形态是现代形态或者后现代形态的说法或理论都缺乏来自现实的第一根据。这个第一根据就是现实社会中现代性不充分，前现代的存在及其巨大影响，但混淆视听的伪现代却大行其道。因此，以区分真伪现代、具备充分的现代性、实现真正的现代化为己任的别现代主义才会应运而生，别现代主义审美学也随之诞生。

三 别现代主义审美学的审美哲学属性

审美学以什么为研究对象，应该归属于什么样的学科？这是一个尚存歧义的问题。比如在中国，全国哲学社会科学办公室负责管理和执行的国家社科基金项目就将"美学"的项目分别纳入哲学下面的"美学"和文艺学下面的文艺学。中国教育部的学科划分和大学学科设置也是如此。因此，审美学到底属于人文学科还是社会科学，目前还是个待别的问题。国外学术界在这个问题上也有不同的看法。

（一）把审美学定义为学科和科学的不同说法

（1）《美国学术百科全书》说："审美学是哲学的一个分支，其目标在于建立艺术和美的一般原则。"[①] 审美学作为哲学的分支显然不在科学范围之内。

（2）意大利《哲学百科全书》认为审美学是"将美与艺术作为对象的哲学学科"[②]。学科就是学科，不一定属于科学。

（3）法国的《（审）美学辞典》将审美学分别定义为"美的玄思"和"艺术的哲学和科学"[③]。这里的审美学具有学科和科学的双重属性。

（4）德国《哲学史辞典》解释为："'美学'一词已成为哲学分支的代名词，研究的是艺术和美。"[④] 显然，哲学的分支不同于自然科学，也不同于社会科学。

（5）《牛津审美学手册》认为："审美学是哲学的一个分支，致力于对艺术和审美体验进行概念和理论研究。"[⑤]

（6）《布莱克威尔审美学指南》认为："众所周知，美学作为哲学

---

① *Academic American Encyclopedia*, Grolier Incorporated Press, 1985, p. 130.

② *Enciclopedia Filosofica*, Vol. 6 Eson-Fodo, Bompiani Press, 2005, p. 3705.

③ 转引自［德］沃尔夫冈·韦尔施《重构美学》，陆扬、张岩冰译，上海译文出版社2002年版，第103页。

④ Joachim Ritter, "Ästhetik, ästhetisch", in: Historisches Wörterbuch der Philosophie, Vol. 1, Basel: 1971, pp. 555 – 580.

⑤ Levinson, Jerrold ed., *The Oxford Handbook of Aesthetics*, Oxford University Press, 2010, p. 3.

学术实践中公认的和习惯性的学科，于 1735 年得名。"①

以上定义的共同点在于，一是认为审美学的研究对象是艺术和美，二是认为审美学是哲学的一个分支。但在审美学究竟属于人文学科还是属于科学这个问题上，并未达成统一的看法。

国内以教科书为例，也相应地存在把审美学界定为学科和科学的两种不同说法。

（二）审美学作为人文学科的几点根据

人文学科，英语为 humanities，按 1978 年出版的朗文《现代英语词典》的解释，指对无关科学研究范畴的哲学、文学、语言、历史的研究。别现代主义审美学认为，审美学是不同于自然科学和社会科学的人文学科。

首先，在研究过程中，审美学跟人文学科一样，具有强烈的主观介入。人文学科在对事物的本质、规律的探讨的同时，始终关注人的生存、价值、意义，这与自然科学只关心研究对象的本质和规律而不关心人的问题是不同的。同时，人文学科在研究过程中在某种程度上表现出价值理想和价值判断，具有明显的情感倾向。也就是说，在人文学科的研究过程中，主体强烈地卷入其中。如对现代艺术、民族艺术的看法，就不可避免地打上了研究者的是非好恶的主观色彩，因此，目前在世界范围内，学者对现代艺术、现代性、民族艺术、民族传统的研究是没有也很难有统一的认识的。

其次，在研究对象上，审美学的研究对象不同于自然科学的研究物质、研究物质结构和力与能量之间的转换，也不同于社会科学如经济学、管理学等的研究社会结构、社会生产力变化、经济指标和管理指标等硬件和软件，它本身不具有实体性。像文学和艺术中的情景、形象、风格、意象、意境、神妙、气韵等，本身都不是实体，而是文学和艺术在接受者大脑中的情感反应及其效应，往往因人而别，因时而

---

① Peter Kivy ed. , *The Blackwell Guide to Aesthetics*, Blackwell Publishing Ltd Press, 2004, p. 15.

宜，"一千个读者就有一千个哈姆雷特"，没有一个严格统一的标准。

再次，在研究结果上，审美学与人文学科一样，不同于自然科学和社会科学的研究成果和研究结论的可反复验证性，主要表现为基于一定主张和一定事实的主观判断，这种主观判断是无法在科学意义上进行验证的。像美是主观的还是客观的这些问题一直争论不休，就在于它们虽然可以论证、推演，但始终无法验证。研究结论往往随研究者与对象间关系的变化而变化。

最后，审美学与人文学科一样，在研究方法上虽然也注重方法的科学性，但并不追求自然科学和社会科学在研究中的定量分析、反复实验、数据验算，也不一定注重自然科学和社会科学的绝对客观性、精准性，而是注重论证逻辑的自洽性和对象发展的历史性，力争达到历史与逻辑的统一。因此，在某种意义上说，正是在这样的方法主导下，同样一部审美学史，往往会有很大的不同。同样一本审美学教程，其中的体系往往五花八门。而且，人们始终无法用一种统一的方法来进行体系的统一，因此，"重写（审）美学史"的呼吁总是不绝于耳。

根据以上四点理由，我们认为，审美学是一门人文学科而不是社会科学，更不是自然科学。

第三节　别现代主义审美学的研究对象和方法

一般流行的美学研究是先假定美学研究的对象是美，美学研究美似乎具有先天的不容置疑的合法性。

（1）《大英百科全书》说："它是关于美及其在艺术和自然领域中的表现的认识。"[①] ——审美学是关于美的研究。

（2）《美国学术百科全书》说："审美学是哲学的一个分支，其目标在于建立艺术和美的一般原则。"[②] ——审美学是要建立美的原则。

---

① Printed from aesthetics——Britannica Online Encyclope https：//www. britannica. com/print/article/7484.

② *Academic American encyclopedia*, Grolier Incorporated Press, 1985, p. 130.

（3）意大利《哲学百科全书》认为审美学是"将美与艺术作为对象的哲学学科"①。——审美学的对象是美和艺术。

（4）法国的《（审）美学辞典》将审美学分别定义为"美的玄思"。②——美学的对象是美。

（5）德国《哲学史辞典》解释为："'美学'一词已成为哲学分支的代名词，研究的是艺术和美。"③——审美学研究美和艺术。

（6）日本《広辞苑》说："阐明自然和艺术中美之本质与结构的学问，它以美的一般现象为规定，对其内外条件和基础发展进行阐明规定。"④——审美学研究美的本质与结构。

以上关于审美学研究对象的定义共同点在于认为，审美学研究艺术美和自然美。与此不同，别现代主义审美学认为，除了自然美和艺术美外，审美对象还有社会审美或社会美的范畴，不可忽视。另外，别现代主义审美学特别关注研究对象是关系对象还是实体对象，是生成对象还是现成对象。这是因为审美本身面对的是活动的，然而又是不确定的对象；是关系的对象即意识参与其中的对象，而非与主体意识无关的实物对象；是生成的对象而非现成的对象。这些研究对象的不同构成了审美学既不同于自然科学，又不同于一般的社会科学和人文学科的性质，也有别于传统的汉语语境中的"美学"。因此，审美学的研究对象应该形成一个系统层次，在这个系统的第一级次上是研究整个的审美现象，包括艺术审美、自然审美、社会审美三个方面的整体现象。在这个系统的第二个级次上是研究构成整个审美现象的主客体关系。在这个系统的第三个级次上是研究构成这种主客体关系的审美活动。美是在审美活动中生成的。审美活动是构成整个审美关系，进而构成整个审美现象的核心。恰如一幅太极图，第一级次构成了整个

---

① *Enciclopedia Filosofica*, Vol. 6 Eson – Fodo, Bompiani Press, 2005, p. 3705.

② 转引自［德］沃尔夫冈·韦尔施《重构美学》，陆扬、张岩冰译，上海译文出版社2002年版，第103页。

③ Joachim Ritter, "Ästhetik, ästhetisch", in: Historisches Wörterbuch der Philosophie, Vol. 1, Basel：1971，pp. 555 –580.

④ 《広辞苑》，上海外语教育出版社2012年版，第2337页。

图形，第二级次构成了阴阳两面，第三级次构成了阴阳两面的界线，这个界线就是关系互动的交会处，是阴阳变化运动的生成点。整个太极的运行就是围绕这个界线展开的，它是整个审美现象变化发展的轴心。

别现代主义审美学的研究对象还包括从现成中生成的审美对象。审美学是不同于社会科学的人文学科，它的研究对象应该是关系存在而非实物存在，因而是生成的存在，而非现成的实在。但是，由于生成的存在总会变成现成的存在，而现成的存在也会随着新的元素的介入和新的关系的产生而成为新的生成的存在。敦煌艺术再生就是凝固在莫高窟中墙壁上和穹顶上的造型艺术如何转化为现代舞台艺术、雕塑艺术、建筑艺术、装饰艺术的过程;① 而古典文学的再生则是通过不断地改编及其影视化、虚拟化、动漫化等途径实现经典的新的生成的。② 因此，审美学主要研究生成的存在，但也研究具有生成性的作为现成存在的审美现象，原因就在于艺术现成也处于生成变化中。这一点，从法国艺术大师、"现成艺术"创始人杜夏提供的小便器的展出史中可以看得很清楚。从 20 世纪初《夜壶》的首展被拒，到现在成为巴黎蓬皮杜艺术中心的镇馆之宝;从它引发的有关艺术是什么的一个多世纪的争议即现成品能否成为艺术，到杜夏被认定为"现成艺术"之父，展示了一个艺术悖论:

正题:如果艺术是现成的工业品，那么，手工原创的艺术是否还是艺术?

反题:如果艺术不是现成的工业品，那么，杜夏又何来"现成艺术"之父之称?

这个悖论的背后实质上展示了现成品是如何生成为艺术的。事实上，在杜夏之后，20 世纪首先在美国兴起的装置艺术，以及后来的大地艺术等，无不都是利用现成艺术去生成新的艺术。因此，审美生成就如艺术生成一样，也可以从现成中生成。有关审美对象包括从现成对象中

---

① 王建疆:《反弹琵琶——全球化背景下的敦煌文化艺术研究》，中国社会科学出版社 2013 年版，第 59 页。

② 王建疆:《文学经典的死去活来》，《文学评论》2008 年第 4 期。

生成的认识，进一步扩大了别现代主义审美学的研究范围和研究维度。从敦煌壁画到现代敦煌乐舞等舞台艺术，从中国传统的诗歌意境到美国的意象派诗歌，都证明审美对象由于生成要素的加入而成为一个活的机体，而非一个固定不变的对象，更不是博物馆里的老古董。

既然审美学是一门人文学科，以研究审美活动和审美关系构成的审美现象为自己的研究对象，那么，它的研究方法就必然具有综合性特点。既有哲学、人文学科的体验、感悟的方法，如对诗歌和艺术的鉴赏，对人生境界的感悟；又有一般社会科学的分析、判断、归纳、演绎的方法，如对艺术文本的分析；而且还不排除自然科学观察和实验的方法，如对颜色、形状的观察和对心理的分析等。事实上，审美学诞生之日起就在同时使用这些方法，只是有所侧重而已。因而，审美学的研究方法应该是以哲学方法为基础的综合性方法。从审美学方法论的演变历史来讲，表现在从哲学方法到心理学方法，又从心理学方法到哲学方法的自上而下与自下而上方法的有机统一。

同时，审美学的研究方法又是个性化的方法。也就是每个审美学研究者在综合的方法中根据自己的知识结构、情趣爱好而形成自主的、独立选择的方法。例如我国著名美学家朱光潜与宗白华就各自有各自的研究方法。虽然二位大师都有很深的西学造诣，都有留学欧洲的经历，但朱光潜先生善于把西方的哲学和逻辑结合中西审美实例进行深入浅出的分析，娓娓道来，既使人明白豁朗，又使人感到亲切生动。宗白华先生则善于用中国古代道家的思想和禅宗的智慧阐述中国古今的审美实例，不用西方式的逻辑推理，把中国的审美精神言简意赅地表达净尽，给人一种"神遇"之感。因此，对于研究审美学的人来说，富有个性的、有别于他人的研究方法是特别值得提倡的。

总之，所谓美学的科学的、符合实际的称谓应该是审美学，这不仅具有历史的根据，更具有学理的依据和思维方式的依据，特别是具有来自现实的支撑。审美学作为一门人文学科，有着自己独特的研究对象和研究方法。从这些对象和方法入手，更容易获得对于审美现象和审美活动的了解和把握。

第二章　审美的性质、特点、生成

第一节　审美与人的本质和本质力量

黑格尔在《美学》中说："美是人的本质力量的感性显现"。他举了这样一个例子："一个小男孩把石头抛在水里，以惊奇的神色去看水中所现的圆圈，觉得这是一个作品，在这作品中他看出他自己活动的结果。"① 这种在自己的"作品"中看出自己活动的过程和体验就叫作审美体验或者审美经验。这种审美体验或者审美经验是人的身心获得了由于受到来自对象的对自我的肯定而具有的暂时摆脱功利羁绊和逻辑推理的参与的自由和解放。当然，这里黑格尔的这种体验还是日常生活审美的，所谓作品也还是个比喻。而将对艺术作品的审美与对大自然的审美和日常生活中的审美相比，则更能体现人的本质、本质力量和理想，它是对于自然审美和日常审美的超越和升华。

马克思受黑格尔的影响，提出了被后来学者加以概括的"人的本质力量对象化"的命题。这一命题可以用来说明美的本原问题。即美虽然在对象身上表现出来，但其本原在于人自身，是人自己的本质和本质力量的感性显现。

当然，随着别现代主义内审美理论的出现，一种脱离了外在感官也不依赖外在对象的内景型、内视型、内照型、内听型和心灵感悟型、

① ［德］黑格尔:《美学》第一卷，朱光潜译，商务印书馆1979年版，第39页。

内在感知型的审美形态在整体和系统的意义上得到了揭示，作为现象逐渐得到学界的承认，而美国脑神经学家塞米尔·泽基的《内视》（Inner Vision）一书的出版也为内审美的存在提供了一种大脑内视神经学的科学根据。这样一来，如果承认内审美的存在，那么，"人的本质力量对象化"的命题就会因为无对象内审美的出现而面临考验，整个人类审美学史也得关注这种内审美现象。当然，无论是对象化的感官型审美，还是无对象的内审美，都离不开人的本质和本质力量。

据此，我们可以认为，审美的本质在于人自身，审美的本质就是对人的本质、本质力量和理想的外在形象观赏和内在心理感悟，以及内视和内照。所谓人的本质，就是人不同于其他动物的根本属性。马克思把人的本质称为"人的社会关系的总和"，而形态学则认为人的本质就在于它与其他动物在形态上的区别。别现代主义审美学认为，除了社会关系的总和，人的形态也表征着人的本质，所谓"风骨""风韵""风格"就是人的形态特征，但同时也是人的本质和本质力量的表现，更适合于表达审美的本质特征。所谓人的本质力量，就是指属于人的热情、勇气、信念、力量、技巧、智慧等。所谓理想，就是人的本质和本质力量在想象中的延伸，是对现实中人由于自身本质力量的限制而产生的缺憾的精神性弥补。所谓内景、内视、内照、内听，就是在直觉中的对视听现象的反应和感悟，以及对来自道家和佛家的心斋坐忘、止观内照的深层心理体验。

审美是感官型审美与内审美构成的有机整体，具有以下四种类型，三种模式或三种形态。

第一，审美主体的本质和本质力量及其理想的形象化表现。如在表演艺术中剧情、思想、情感、理想等通过演员的动作、台词和表演展现开来，是人的本质、本质力量和理想的艺术表达或形象显现，属于外在形象表现。

第二，审美主体对审美对象中的人的本质力量或理想的发现。如观众对剧情、思想、情感、理想、形象、演技、动作、表情、声调、布景等的欣赏，就是对人的创造中所表现出来的人的本质、本质力量和理想的发现，属于外在形象观赏。正是这种发现和观赏，才会产生台上与台下的呼应和共鸣。

第三，审美主体对审美对象的模仿、再现。由于观众在艺术欣赏中产生的强烈共鸣，使他们产生冲动，进而模仿演员的动作、语言、表情等，于是就有了模仿再现，有了新一轮的艺术创造活动。观众包括其中潜在的未来的艺术家对于审美对象和艺术的模仿，实质上仍是人的本质、本质力量和理想的再现。

第四，审美主体在无对象面临也无须外在感官参与的情况下出现心灵感悟、内在感知和包括内景、内视、内照、内听的内审美。内审美是人的深层审美心理体验。

从审美活动这四种类型来看，审美就是人的本质、本质力量或理想的形象表现、形象发现、形象模现和心灵感悟、内在感知、内景、内视、内照和内听，其中表现之中有发现，发现之中也有模现，模现包含着发现和表现，感官型审美与内审美并行，内外统一、紧密联系，形成互动，构成了人类完整的审美经验。

除了审美的以上四种类型外，依据不同标准，审美还有以下三种模式或三种形态。

第一，主动型审美与被动型审美。前者指有意识地进行审美活动，如参加音乐会、参观画展、借阅文学作品等。后者指无意之间获得审美享受，即所谓一见钟情。主动型审美更多地表现在艺术的审美活动中，而被动型审美则主要表现在日常生活的审美中。

第二，单纯型审美（康德所谓"纯粹美""自由美"）与关系中的审美（康德所谓"依存美""附庸美"）类型。前者指审美跟功利毫无关系，如自然中的审美。后者指审美可能与一定的社会观念联系在一起，如对社会美中的国旗、国徽、大阅兵等的欣赏。

第三，有别的审美与无别的审美。前者指对审美对象、审美活动的选择，要听哪首歌，看哪幅画，在同一个时段就需要进行选择。而在生活中不期而遇的审美则属于无别的亦即无选择的审美。在诗歌鉴赏中有别的审美与王国维所说的"有我之境"相近，而无别的审美则与王国维所说的"无我之境"类似，表现为"我的"主观色彩淡化或我的有意识的分别与选择缺失。

如果从审美的接受方式和层次深浅上来分，又有三种审美形态。

第一，感官型审美。指日常审美中离不开对象和外在感官参与的审美，也就是一种最为普通的大众化审美。大众化审美包括王国维所说的"眩惑"或入俗的审美。日常生活审美化就是眩惑或者入俗的审美占上风的表现。人们被商业广告和商业包装占据了视听感官，被充满购物煽情的艺术所诱惑。因此，我们现在的社会不是没有审美，而是审美中充斥着过多的世俗特点和功利成分，从而降低了审美的品位，其实也是人的本质和本质力量的降格或衰退的表现。

第二，内审美。指在暂时脱离对象，外在感官不参与其中的心灵感悟型、内在感知型、内景型、内视型、内照型、内听型的审美。这在中国古代儒释道的修养型审美活动中尤为突出。过去的审美学研究者按照西方的审美学框架进行研究，对中国古代审美实践研究不够，因而没有引起对于中国传统审美文化中的内审美的关注。①

第三，递进型审美。指从感官型审美的悦耳悦目经由内在的悦心悦意，最后达到精神境界的悦志悦神②的审美。是一个从感官型审美到内审美的过程。这种审美形态具有过程性特点，比较典型地体现在文学鉴赏尤其是诗歌审美鉴赏从声律音韵之美到内容之美再到境界之美——言外之意、象外之象、味外之旨、境外之境的欣赏过程中。这种欣赏的过程就是审美生成包括美的生成的过程，是人的本质和本质力量逐步增益、提升的过程。

虽然依据不同的标准从不同的角度可以对审美活动进行多种分类，但以上类型和模式都说明审美的本质就在于人的本质、本质力量和理

---

① 审美学界关于内审美的说法，最早见于王建疆《修养·境界·审美　儒道释修养美学解读》，中国社会科学出版社 2003 年版第一编第二章；又见王建疆《审美的另一世界探秘——对"内审美"新概念的再思考》，《西北师大学报》（社会科学版）2004 年第 3 期。

② 李泽厚：《李泽厚十年集　美的历程　附：华夏美学　美学四讲》（第一卷），安徽文艺出版社 1994 年版，第 527—531 页。

想的形象表现、形象发现、形象模现和心灵感悟、内在感知、内景、内视、内照、内听的生成过程。内审美与普通审美的关系应该是特殊与一般、个别与普通的关系，但其本质属性具有一致性。

第二节　审美与人的多质多层次的交互式正价值—感情反应

一　审美是人的多质多层次的交互式正价值—感情反应

审美作为人的本质、本质力量和理想的形象表现、形象发现、形象模现和心灵感悟、内在感知、内景、内视、内照、内听，都离不开感情的作用，是感情反应，这种感情反应总是对应着一定的价值。黄海澄在他的著作《艺术价值论》中提出"艺术属于'价值—感情'系统"。[①]"要为文艺学寻找新的哲学基础—价值论。"[②] 又在《艺术的哲学》中进一步强调"艺术属于价值—感情领域"。他对审美和艺术都是价值—感情反应这一点有过详细而又系统的论述，其宗旨在于把艺术的哲学基座建立在价值论上，而不再是认识论上。黄海澄的价值—感情理论对别现代主义审美学有着很大的启示，值得传承和发展。

所谓价值即客观事物与人的需要紧密相关的属性。凡是符合人的生存发展需要的就具有正价值，凡是与人的生存和发展相违背的就具有负价值，而与人的生存发展无关的则无价值。因此，价值与感情（包括情感和情绪），感情与价值之间总是紧密相关，严格对应的。

审美具有多种多样的价值—感情色调。这些色调的不同来自人的本质、本质力量和理想的不同，表现为不同层次的感情反应。就现实生活审美与文学审美和艺术审美而言，价值—感情的色调大不相同。一般而言，现实生活审美以快乐、愉悦为主色调；而文学和艺术审美

[①]　黄海澄：《艺术价值论》，人民文学出版社 1993 年版，第 37—40 页。

[②]　黄海澄：《艺术价值论》，人民文学出版社 1993 年版，第 29—31 页。

则比较复杂，主色调不甚分明。悲喜愁怨，感愤兴怒在艺术作品中往往一应俱全。《红楼梦》第二十三回中林黛玉听《牡丹亭》唱词出现的情感反应过程就是一个很好的例证。

> 这里林黛玉见宝玉去了，又听见众姊妹也不在房，自己闷闷的。正欲回房，刚走到梨香院墙角上，只听墙内笛韵悠扬，歌声婉转。林黛玉便知是那十二个女孩子演习戏文呢。只是林黛玉素习不大喜看戏文，便不留心，只管往前走。偶然两句吹到耳内，明明白白，一字不落，唱道是："原来姹紫嫣红开遍，似这般都付与断井颓垣。"林黛玉听了，倒也十分感慨缠绵，便止住步侧耳细听，又听唱道是："良辰美景奈何天，赏心乐事谁家院。"听了这两句，不觉点头自叹，心下自思道："原来戏上也有好文章。可惜世人只知看戏，未必能领略这其中的趣味。"想毕，又后悔不该胡想，耽误了听曲子。又侧耳时，只听唱道："则为你如花美眷，似水流年……"林黛玉听了这两句，不觉心动神摇。又听道："你在幽闺自怜"等句，亦发如醉如痴，站立不住，便一蹲身坐在一块山子石上，细嚼"如花美眷，似水流年"八个字的滋味。忽又想起前日见古人诗中有"水流花谢两无情"之句，再又有词中有"流水落花春去也，天上人间"之句，又兼方才所见《西厢记》中"花落水流红，闲愁万种"之句，都一时想起来，凑聚在一处。仔细忖度，不觉心痛神痴，眼中落泪。正没个开交，忽觉背上击了一下，及回头看时，原来是……①

在这种由"十分感慨缠绵""心动神摇"到"亦发如醉如痴"，再到"心痛神痴"，这种"没个开交"也就是酸甜苦辣交织在一起的审美过程，充分展现了林黛玉这位杰出的美貌女诗人的文学审美经验，说明审美绝非单一的美感或乐感，有时会伴随痛感以及美感和痛感交织

① （清）曹雪芹：《红楼梦》，人民文学出版社 2008 年版，第 316—317 页。

在一起的多质多层次的、复杂的交互式正价值—感情反应。

所谓交互式正价值—感情反应，是说不仅有不同质之间的交互，包括主体与对象间的交互，主体与主体间的交互，而且还有着不同质和不同层次间的分别和对立，不同质和不同层次之间相互作用，从而导致审美经验生成的多种可能性，体现出审美共通性与审美差异性之间的全息状态。林黛玉听到《牡丹亭》唱词后，产生的非常复杂的感情纠葛，斩不断理还乱，没完没了，也就是"没个开交"，说明审美中的感情反应不仅是多质多层次性的、色彩斑斓的、五味杂陈的，而且是悲喜交加、喜怒哀乐交替互动的。

这种交互式反应形成的原因在于，第一，与审美心理要素感知、感情、想象、理性之间的共生与互动有关。（详见本章第四节之三审美的当下性生成）第二，除了审美本身带有的令人自由和解放的前提外，各种各样的喜怒哀乐爱欲恨之间形成了交叉地带。无论审美中的情感色调多么复杂，却都离不开对于形式美因素如色形音的共享。这种共享实质上就是以生存和发展为深层目的的正价值感应或反应。这种共享很重要，它既为审美的沟通提供了共通感基础，又为审美的差异性甚至感情对立提供保障。张艺谋的电影具有"中国红"的风格特征，形成了审美的共享，但其前后期电影在主题和意义上的分歧，引起了巨大的争议。以《红高粱》《秋菊打官司》《大红灯笼高高挂》为代表的前期作品，与以《英雄》为代表的后期作品之间形成了强烈的反差。前者是对人的尊严和正义的讴歌，是对弱小和贫穷的同情，是对戕害人性的行为的挞伐，而后者却将秦始皇作为英雄，刺秦英雄反倒成了暴君的陪衬。在这种颠倒的英雄观未被揭露之前，人们都在共享《英雄》的视觉盛宴，但当这种颠倒的英雄观受到猛烈批判后，审美的价值分野立显。但是，这些分歧和对立都不会影响对张艺谋电影的欣赏。张艺谋电影之所以有着很多的观众，就在于其很强的共享性。在这种共享性中，其形式美所对应的正价值，是其主要的根据。而其"形式大于内容"的后期作品特点，是说正价值占比在内容和形式两个方面出现了不平衡。这种不平衡一方面影响到作品的思想内容的表达,另一方面也在某种程度上淡化和稀释了由其错误的历史观带来的负价值影响。因此,虽然价值—感情反应的形式是多种多样的,是多质多层次间互动的,但是其互动性背后的可以共享的交叉地带,却都在拱卫着正价值。正因为正价值的被拱卫,就使得多质多层次的交互式价值—感情反应具有了审美的可能性。但是,在正价值被拱卫的同时,负价值也会借着审美形态的共享地带存活下来,对鉴赏潜移默化,培养负价值认同感。因此,注重文学、艺术和审美中的现代性观念培养,识别披着审美形态外衣的伪现代,在别现代社会刻不容缓。

就别现代艺术和别现代主义艺术而言,也存在对立与交叉共享并置的状态。具有别现代杂糅并置特征的当代艺术明显地分为前现代价值倾向与现代价值倾向的对立,那些前现代的门阀等级观念、封建宗法传统、帝王将相思想、才子佳人情调、威权崇拜心理、道德绑架文化等往往借助后现代的戏仿、拼贴等手法和前现代的、现代的艺术形式表现出来,具有杂糅错乱的审美特点。而以反思和批判别现代中前现代流毒及其当代弊端为使命的别现代主义艺术,同样借用了前现代和现代的艺术形式,采取了后现代的表现手法,但却在"相似艺术"中表现出"不同意义"。① 这种相似,就是交叉共享地带的存在,是同一种审美形态的体现;这种不同,就是价值分野和正负价值间的对立。就张艺谋前后期电影的审美形态而言,都具有别现代杂糅的特点,也就是审美形态的共享地带。但就作品的思想内容而言,其前期的优秀影片具有别现代主义艺术反思和批判的性质,而以《英雄》为代表的后期影片具有反现代甚至反人类普世价值和民族传统正能量的倾向。可见在张艺谋那里已经形成了自反式运动,一种不是前进而是倒退的自反式审美运动。但令人遗憾的是,张艺谋这种自反与从现代反前现代的历史潮流不同,是从现代和后现代返回前现代甚至前现代之前或曰前前现代。

---

① 〔美〕基顿·韦恩:《别现代时期相似艺术的不同意义》,李隽译,《西北师大学报》(社会科学版)2017年第5期。

　　别现代主义审美学建立在自反式哲学基础上。自反式哲学源自老子的"反者，道之动"，在后现代的现代自反过程中得到了突出的表现。别现代主义审美学的自反式思想及其理论表达，通过以上对多质多层次的交互式价值—感情反应模式的揭示，通过对这种模式中的交互共享地带的揭示和共享审美形态的揭示，以及对文学和艺术中的别现代和别现代主义的分类，确立了自己的审美哲学地位。

　　人们在现实生活中取得的美感经验往往要比在文学和艺术欣赏中取得的审美经验单纯一些、分散一些。即便是现实中的沉浸式审美、休闲式审美、刺激型审美、眩惑型审美，其主色调仍然分明，其愉悦的特点没有改变。这是因为现实生活中的趋利避害原则，导致审美只能来自感情与对象的契合，如邂逅、一见钟情、随遇而安、欢乐场景、喜庆气氛等引起的满足、惬意、愉悦、欢快等，较少联想和想象的成分。而艺术欣赏，尤其是文学欣赏和艺术欣赏，则是在脱离现实生活的不安、威胁之后，主要建立在感知、联想、想象、感悟、同情、理解基础上的心理活动，因而其感知和情感的色调就丰富得多、复杂得多、深刻得多。德国哲学家卡西尔就说："在每一首伟大的诗篇中——在莎士比亚的喜剧，但丁的《神曲》，歌德的《浮士德》中——我们确实都一定要经历人类情感的全域。如果我们不能够领会各种感情的微妙的细微差别，不能够领会韵律和音调的不断变化，对突然的有生气的变化无动于衷，那我们就不可能理解和体会诗。"[1]　"贝多芬根据席勒的《欢乐颂》而作的乐曲表达了极度的狂喜，但是在听这首乐曲时我们一刻也不会忘掉《第九交响曲》的悲怆音调。所有这些截然对立的东西都必须存在，并且必然以其全部力量而被我们感受：在我们的审美经验中它们全都结合成一个个别的整体。""最伟大的喜剧诗人们绝非给我们一种悠闲的美（easy bueaty），他们的作品常常充满了极大的辛辣感。"[2]　这就足以说明文学和艺术活动中的审美要比现实生活

---

[1]　［德］恩斯特·卡西尔：《人论》，甘阳译，上海译文出版社1985年版，第190页。

[2]　［德］恩斯特·卡西尔：《人论》，甘阳译，上海译文出版社1985年版，第191页。

中的审美丰富得多、复杂得多，很难用悦乐或乐感一言以蔽之。

文学和艺术审美的价值—感情色调之所以多彩，而现实生活审美的价值—感情色调之所以相对单调，就在于现实中人遵循快乐原则，不愿承受快乐之外的东西，而在文学和艺术审美活动中，人却能够也愿意随着文学和艺术作品去感受各种非愉悦、非快乐的东西，这就是文学和艺术接受超越现实的地方。文学和艺术作品中的人物身遭不幸，但毕竟不是我们自己遭受不幸，因而我们可以同情，但未必感到不幸。这也就是说，文学和艺术使我们与真实的现实之间保持了审美的距离，因此，不管是什么样的感情，我们都可以感受、体验、欣赏，这与现实中的审美趋喜乐而避悲哀是不同的。同样是戍边将士思念亲人，在共享了"设身处地""以己度人"手法的《诗经·东山》、杜甫《月夜》、现代歌曲《十五的月亮》中，其所蕴含的情感丰富性和复杂性是与那些真正驻守在边关的军人孤独、枯寂的感受不同的。我们在新年到来、春节喜庆里之所以不会忘记驻守边关的官兵将士，并献上我们的爱意和敬意，就在于他们为了祖国和人民的安全，自己承受着艰辛、苦难、乏味等心理上的负价值压力，而非审美的正价值体验，需要关怀和抚慰。

文学和艺术审美的色彩丰富及其价值—感情的多质多层次性也有其体制或形式方面的原因。就体裁而言，有悲剧的沉重、喜剧的轻松；有诗歌的耐人回味；散文的情深隽永；小说的曲折生动；戏剧的悬念与冲突等。就内容而言，则情感色调更为丰富，如《离骚》《悲回风》等令人叹息，《祥林嫂》令人压抑，《俄狄浦斯王》令人震撼，《水浒传》令人亢奋，《红楼梦》令人悒郁等。在同一部作品中，往往是各种色调并存，悲喜哀乐、苦辣酸甜，一应俱全。可以说，人生百态、人生百味，都在文学和艺术的审美体验范围之内。正因为如此，人们在欣赏文艺作品时，就不单纯地表现为喜悦，烦躁、焦虑、激动、流泪、愤怒、发泄等也时常伴随着审美主体。那种把审美活动尤其是文学和艺术的审美活动简单地视为美感或乐感的说法显然不符合审美事实。

文学和艺术审美与单一乐感或美感的区别还可以在审美发生史和审美发展史中找到。达尔文在《人类的由来及性选择》一书中对人与动物都存在的美感现象有过一个比较：

> 然而，当我们说到低于人类的动物具有美的感觉时，绝不可设想它可以和同一个具有多种多样复杂联想的文明人的这种感觉相比拟。把动物的审美力同最低等未开化人的审美力加以比较，是较为恰当的，这等未开化人赞美任何灿烂发光的或奇特的东西并用来装饰自己。①

显然，人类与动物的区别不在于人类有美感或乐感，而动物没有美感和乐感，也不在于人类的美感具有正价值，动物的美感没有正价值，而是说，人类的美感或乐感是多质多层次的正价值—感情反应，而动物的美感或乐感只是单一正价值（为繁衍后代而进行的性选择）的情绪反应。人类的这种多质多层次的交互式正价值—感情（包括情绪和情感）反应是人类进化的结果，更是人类社会发展的产物。正是人类社会提供的物质基础、技术手段、意识形态和精神文明，包括文学和艺术，才使人类的美感具有高于动物的多质多层次性。也就是说，人类审美的特征就在于对于单一美感的突破，就在于多质多层次性。

明白审美是人的多质多层次性的交互式正价值—感情反应，不仅对于审美的本质特征有了正确的认识，而且诸多审美学观点的对立以及引出的各种难题也会迎刃而解。如生命审美学与实践审美学、修养审美学、超越审美学之间的对立，就一方面来自命本体（相对于李泽厚"情本体"，详见本书第七章"生命股权与人的幸福感和美感生成"）与内在超越之间的张力，另一方面来自这种审美的多质多层次

---

① ［英］达尔文：《人类的由来及性选择》，叶笃庄、杨习之译，科学出版社1982年版，第256页。

性的价值—感情反应。坚守命本体之与审美关联的立场，则可以深入价值—感情（包括人和动物都有的情绪）之间的对应关系的研究；弘扬内在超越之与审美必要性的主张，则可以摒弃价值—感情（包括情绪）模式，而坚守价值—情感（不包括情绪）的立场。原因在于，感情包括了情绪和情感两大部分。情绪是人和动物都有的，而情感只属于人类。但作为一个完整的人，应该兼具情感和情绪。只是在情感性审美与情绪性审美之间有着高低层次之间的区别以及占比的不同。当然，如果从系统生成的思想和方法看问题，则可以把生命审美与内在超越审美有机地统一在一起，形成一个有机的理论框架。本书中的自调节审美、内审美、修养审美以及人生审美论，就属于内在实践和内在超越的审美范畴，而命本体、生命股权的审美理论则属于涵盖了生命审美的审美学理论，但由于将生命与超越有机地结合为一个系统整体，因此，审美是人的多质多层次的交互式正价值—感情反应这一概括，其涵盖性和普适性是显而易见的。

二　审美大于美感，美大于优美

现实生活的审美，几乎就是美感或乐感。但在文学和艺术作品中审美不等于美感，审美大于美感。美感只是这种体验过程中积极的、暖色的价值—感情色调，是一种愉悦的心理体验。除了美感之外，审美还有许多其他色调的体验，如崇高感、悲剧感、丑感等混合了悲、壮、苦、丑等价值—感情色调的审美。

文学和艺术的审美大于美感的原因在于：

第一，审美是人的价值—感情的表现。人的感情多种多样，因而审美经验就有多种感情色彩。中国古代把人的感情分为喜、怒、哀、乐、爱、恶、欲七种。17世纪法国的笛卡尔认为人的原始情绪包括惊奇、爱悦、憎恶、欲望、欢乐和悲哀六种。现代心理学对人的原始感情的划分更细，有十几种之多。但这些情绪大致可以分为愉快—不愉快；注意—拒绝；激活水平三类。这就构成了审美体验或审美经验的复杂性。单从愉快—不愉快这一维度来看审美，是无法解释人在审美时的感情的复杂性的。

第二，审美对象也有类型之分。类型包括自然景观审美、社会人生审美、艺术审美。有内审美和感官型审美之分；有悲剧、喜剧、崇高、优美之别；有无目的而合目的的审美，也有有目的的合目的的审美；有有别而别的审美如有选择的审美，有我之境的审美，也有无别的审美如无选择的审美和无我之境的审美。类型不同，审美感受的效果也就不同。如崇高使人压抑，同时又使人升华；优美使人爱怜，使人恬静。自然景观审美一般产生或优美或崇高两种情感色调，其中的感知和情感成分占主要地位。而文学和艺术审美则使人产生更多观念联想，情感、想象、认知等心理因素往往纠结在一起。这一点，大家读读《战争与和平》《约翰·克里斯朵夫》就会明白一个人的心灵世界是如何广阔、深邃和复杂，犹如浩渺的宇宙一样。

第三，感情层次有高雅与低俗的不同激活水平，即所谓阳春白雪和下里巴人的区别。对于文化修养很高的人来说，原始、粗俗的山歌或衣饰是很难激活其情感的，在他们身上往往表现为好奇、轻慢等情感反应。同样，对于文化层次很低的人来说，古典诗词、高雅艺术对他们的情感激活水平也是很低的，在很大程度上表现为疑虑、烦闷、低沉、肉欲的情感反应。设若给《阿Q正传》中的阿Q、王胡、小D们讲《红楼梦》，大概都会进入想入非非的色欲之境的。阿Q"闹革命"那阵子想的就是革命成功后想要哪个女人就要哪个女人。既然审美涉及如此众多情感色调和审美的类型，又有层次高低的区别，那么，审美的情感反应就很难是单一的悦乐或"乐感"。

三　美是在审美中生成的多质多层次的交互式正价值—感情对应体

祁志祥先生近年来提出"乐感美学"，还以主编的身份亲自把自己和"乐感美学"以突出的篇幅写入了美学史，造成了一定的影响。但这种把审美活动尤其是文学和艺术的审美活动简单地视为"乐感"，并由此得出结论，"美是有价值的乐感对象"① 的说法却是经不起推敲的。

首先，这里的"有价值的"到底是什么价值，语焉不详，考虑到价值有正价值、负价值的区别，就不能笼而统之地讲"有价值"。

其次，如按祁志祥所说，其"乐感"具有"普遍有效性"，并成为"'美'的客观标准"，② 那么，他所列的"美的范畴"中的悲剧、崇高等显然就不是乐感的，而是悲剧感的和崇高感的。悲剧感中的悲惨感、悲壮感不属于乐感。康德把崇高感归结为"消极的愉快"。③ 鲍桑葵认为，"在康德的理论中，崇高感的一种主要情况是由恐怖产生的"④。他还转述了黑格尔的说法："崇高要求在人的方面感觉到他自己的有限以及他同上帝之间的不可逾越的疏远。"⑤ 这里的恐怖感和疏远感显然也都不是乐感。至于作为审美形态之一的文学和艺术中描绘的丑态和丑感，虽然有时也会带来深刻的情、思和警醒，但如罗丹的《欧米埃儿》、波德莱尔的《恶之花》等形象所引起的观众和读者的感情反应，就跟乐感毫无关联。因此，祁志祥先生显然是在用审美形态中的优美去统括所有的审美形态，用美感去替代审美，这也就是下面将要介绍的古希腊早已有之的快乐派的说法，难免以偏概全。其失误就在于他们并不真正了解审美是多质多层次性的正价值—感情反应，也可能没有意识到文学和艺术中的审美与生活中的审美是有所不同的。审美是包括人生百态和人生百味的交互式正价值—感情反应，而绝非简单的快乐或乐感。

最后，按照所谓乐感美学的说法，其作者所讲的"美"，这个不同于具体的"美的"事物而具有普遍抽象意义和概括功能的美，或作为学科范畴而非形容词的美，也只能是审美形态中的优美，而非可以

---

① 祁志祥：《乐感美学》，北京大学出版社 2016 年版，第 53 页。
② 祁志祥：《乐感美学》，北京大学出版社 2016 年版，第 80 页。
③ ［德］康德：《判断力批判》，邓晓芒译，杨祖陶校，人民出版社 2002 年版，第 83 页。
④ ［英］鲍桑葵：《美学史》，张今译，商务印书馆 1985 年版，第 357 页。
⑤ ［英］鲍桑葵：《美学史》，张今译，商务印书馆 1985 年版，第 459 页。

统摄所有审美形态范畴，包括该作者列举的涵盖悲剧、喜剧、优美、崇高的美，其"美学"也只能是"优美学"，是一种狭义的并无普遍学科意义的"美学"（beautology）。

按照当代美国审美学家托马斯·门罗《走向科学的美学》一书的说法，"'美'这个词已经不时兴，并为老练的批评家所摈弃，这不仅是由于'美'这个词会造成理论上的困难，还因为它使人联想到多愁善感的艺术爱好者们所具有的天真和狂热的感情"①。事实上，"美""乐"这类词在现实生活实践中，在很多时间和很多场合也是被"酷""靓""阳光""帅""刺激""爽""醉""萌"等所代替，而非什么"乐感"的独尊，也不是"美啊美"的让人感到迂腐的赞叹。也就是说，审美已从愉悦走向惊异、刺激、兴奋、光炫等更加广阔也更加复杂的情感领域，而美也越来越趋于平易、浅显、个性化、特征化的表达。"酷""靓""阳光""帅""刺激""爽""醉""萌"这些平易浅显而又生动形象且个性化的表达，就会使人一下子明白，因而不胫而走，流传开来。相反，那种人们习以为常、平庸无奇的"美"，反倒成了被揶揄的对象。如将所有成年女性称为美女的说法，也就是套近乎的俗语，与美本身无关。明白这一点很重要，就会避免将美感等于审美，用优美代替具有学科普适意义上的美。但是，托马斯·门罗在否定了"美"这个术语的被滥用之后给出的理由在今天看来还不够充分，还有待于补充。在别现代主义审美学看来，审美大于美感，它是人生百味、人生百态的生动体现，而美感也只是这种人生百味中的一味，人生百态中的一态而已。至于美，作为涵盖性概念，必然大于优美，因此，不能也无法用优美去概括或替代美，就如不能用美感去概括或替代审美一样。

在指出以上有关美这个具有涵盖性的概念的不当定义之后，别现代主义审美学关于美的定义是什么呢？

别现代主义审美学认为，美是在审美中生成的多质多层次的交互

---

① ［美］托马斯·门罗：《走向科学的美学》，石天曙、滕守尧译，中国文联出版公司1985年版，第400—401页。

式正价值—感情对应体。这种对应体可以是实体，也可以是虚体，或虚实结合体。自然景观和社会景观属于实体，内景、内视、内照、内听和心灵感悟、内在感知的审美属于虚体，由文学和艺术产生的审美对象属于虚实结合体，但都是交互式正价值—感情的对应体。

其中，美是在审美中生成的，说明美不是现成的固定不变的客观对象，而是在审美中，在与能够欣赏它的主体的同步耦合中生成的价值—感情反应、主客互动；多质多层次性概括了审美中的各种各样的审美形态及其背后的价值—感情反应；交互式是指在价值—感情共享基础上的互动、对立与融合；正价值从有利于人和人类社会的生存和发展的性质上规定了审美的价值属性；价值—感情对应体是说在审美生成的过程中生成了美，美是在审美中生成的，是一种可以视听观赏，也可以内视、内照的具有正面性的价值体。

第三节　审美的特点

一　审美学史上关于审美特点的论述

关于审美的感受与情感色调，历来有不同的说法。大致可以分为快乐派、混同派、以苦说乐派和忧虑不幸派。这些说法都与文学和艺术的审美心理有关。

第一，快乐派。

西方和中国都有审美即快乐的说法。

古希腊的德莫克利特认为："大的快乐来自对于美的作品的瞻仰。"[1]伊壁鸠鲁派认为，美即美感，"你说的美便是快感，因为如果美不是最令人愉快的事物，它就不成其为美"[2]。亚里士多德在他的《伦理学》

---

[1]　北京大学哲学系美学教研室编：《西方美学家论美和美感》，商务印书馆1980年版，第18页。

[2]　［波兰］塔塔尔凯维奇：《西方美学史1　古代美学》，理然译，广西人民出版社1990年版，第171页。

中从六个方面总结了审美感受的特点，这就是，（1）在观看和倾听中获得的"极其愉快的经验"。（2）使人专注于美色而使意志中断。（3）美感有时会过于强烈，但也不会像其他过量的经验那样令人厌倦。（4）这种美感经验为人所独有。（5）不能把美感仅仅归因于人的生理感官。（6）审美愉快直接来自对对象感觉本身，而非来自它所引起的联想。

接着鲍桑葵写近代美学史的李斯托威尔伯爵在其《近代美学史评述》一书中专列第二章《快乐论》，对西方近现代美学史上产生了重大影响的美感即快乐的"快乐派"予以评述。

中国古代《论语·述而》中记载孔子听《韶》乐而三月不知肉味，说："不图为乐之至于斯也"。《庄子·田子方》有"得至美而游乎至乐"的说法。《荀子·乐论》认为"乐（yue）者，乐（le）也，人情之所必不免也，故人不能无乐。"也都是属于美感快乐一派的。

美学家李泽厚也认为，美感的实质是悦乐，包括悦耳悦目、悦心悦意和悦志悦神这样三个层次。[1] 但他也通过崇高这一审美形态在中国的缺乏，间接地说明有的审美形态并非纯粹快乐的对象。他在《试谈中国的智慧》中说："鲁迅说，读中国书常常使人沉静下来。我认为，包括上述中国传统思想中的人生最高境界的审美也具有这方面的严重缺陷。它缺乏足够的冲突、惨厉和崇高（Sublime），一切都被消融在静观平宁的超越之中。"[2]

第二，混同说。

审美是否就是单一的快感或单纯的乐呢？否。柏拉图在他的《菲列布斯篇》中以苏格拉底的名义说："我们的论证所达到的结论就是这样：在哀悼里，在悲剧和喜剧里，不仅是在剧场里而且在人生中一切悲剧和喜剧里，还有在无数其他场合里痛感都是和快感混合在一起的。"[3]

---

① 李泽厚：《李泽厚十年集 美的历程 附：华夏美学 美学四讲》（第一卷），安徽文艺出版社1994年版，第520—542页。

② 李泽厚：《李泽厚十年集 中国古代思想史论》（第三卷），安徽文艺出版社1994年版，第318页。

③ 伍蠡甫等编：《西方文论选》（上卷），上海译文出版社1979年版，第43页。

德国哲学家卡西尔在其《人论》一书中指出：我们在对一部伟大作品的感受中很难说是感受到了哪种单纯的或单一的情感性质，而是感受到了生命本身的动态过程，是在相反的两极——快乐与悲伤、希望与恐惧、狂喜与绝望之间的持续摆动过程。前引他的"在每一首伟大的诗篇中——在莎士比亚戏剧，但丁的《神曲》，歌德的《浮士德》中——我们确实都一定要经历人类情感的全域"的说法，就是这种混同说的体现。

第三，以悲痛表达悦乐之说。

钱锺书曾引述古今中外诗人艺术家关于审美感受的论述，认为"文词之美令人心痛"，正应了李白"寒山一带伤心碧"中的"伤心"一词。在北方方言中，"心痛"或"心疼"可以用来表达对可爱并且长得漂亮的小孩的赞美，也可用于表示令人痛苦、惋惜之意。因此，古诗中"可肠断""伤心碧"等，往往说明景色的美好引起人的情感波动，达到了一个很高的阈值。这是以反说正，反而突出了景色的优美和审美感受的深度。因此，钱锺书引述心理学原理，指出："人感受美物，辄觉胸隐然痛，心怦然跃，背如冷水浇，眶有热泪滋等种种反应。"[1] 说明了审美的复杂性和深刻性，是乐感与痛感的交织，绝非所谓乐感可以涵盖。

第四，忧郁和不幸说。

现代主义诗歌鼻祖、法国象征派诗人波德莱尔在《随笔》中写道："我并不主张欢乐不能与美结合，但我的确认为欢乐是美的装饰品中最庸俗的一种，而忧郁却似乎是美的灿烂出色的伴侣。我几乎不能想象任何一种美会没有'不幸'存在其中。"这段话，可以为像《恶之花》中的爱情诗《魂》（Le ReYenant）作注解。这个"魂"是从阴世回到生前住处来的萦绕不散的魂。在波德莱尔的爱情诗中，我们看到的是"像蛇一样紧紧缠绕，像魂一样牢牢执着。苦难吞噬了一切，幸福不属于我们，让幸福者凭借一片温存去主宰你吧，而我主宰

---

[1] 钱锺书：《管锥编》（第三册），中华书局1979年版，第946—951页。

你，却情愿凭借恐怖！"——这种与苦难甚至与恐怖融合为一的一往情深，也是以往的诗歌语言从未表现过的将苦难与深情融为一体的混杂的审美观。

总之，上述关于审美的几种不同说法，反映了人类审美感情的丰富多样性和多质多层次性，是"人类感情的全域"，而非单一的乐感或快感。正是这种人类感情的全域在文学和艺术鉴赏中的全息能呈现，使得审美成为人类永远的丰富无比的精神食粮。

二　别现代主义审美学对审美特点的概括

以上四种说法都从不同感情效应上揭示了审美心理的不同特点，但都缺乏全面概括性，只具有片面的真理性。如果对审美心理进行全面的考察，则会发现审美心理具有以下三个特点。

（一）复杂性

审美心理是一个多质多层次的具有交互性的有机系统，是一种复杂的包容性很强的感情反应过程。其审美心理效果既有悦乐的一面，又有悲苦忧虑的一面，而在更多的情况下是苦乐混同，悲壮与卑下同在，兴奋与忧愁共生。因此，一般的审美心理研究应该涵盖了以上四种说法，而非简单地排除某一说法，独树某一种说法，缺乏包容性。

（二）超越性

文学和艺术审美心理不同于日常生活中的普通审美心理之处在于其超越了快乐——与痛苦、崇高与卑下、优美与丑陋的简单划分，而具有统合作用和综合效果。因此，生活中的丑陋也成了文学和文艺中的审美对象；生活中的痛苦成了悲剧的净化力量；生活中卑鄙的人物成了喜剧的嘲讽对象。因而文学艺术审美心理具有很强的超越性。这种超越性使得审美主体摆脱了功利目的的羁绊，又超越了认知快感对于感性和形象的背离，具有让人的本质、本质力量和理想自由发挥和自由驰骋的空间，从而体现黑格尔所说的审美带有令人解放的性质，也就是审美的超越给人带来真正的自由。

（三）目的性

文学和艺术的审美不同于生活审美的地方在于，生活中的审美是趋美而避丑，而在文学和艺术鉴赏中，在复杂的感情体验中，人们却愿意带着眼泪欢笑，受着压抑欣赏。但值得注意的是，不管是欢乐还是痛苦，也不管是沉郁还是昂扬，都离不开审美目的的制约。这就是，审美中的痛苦是为了摆脱痛苦，而不是为了得到痛苦；审美中的沉郁是为了打破沉郁而非寻求沉郁。如果人们是为了痛苦才去鉴赏艺术，那么，人的整个世界的存在都将失去意义，审美也将不再具有调节社会的作用。因此，虽然审美并非单一的美感或者乐感，但是在审美心理中确实存在审美目的的制约性。

总之，审美是由对人的本质、本质力量和理想的有外在感官和无外在感官、有对象与无对象相统一的观赏和内照、内视、感悟所引起的多质多层次的大于美感的感情反应。而任何感情反应都是交互式正价值—感情的表现，因此，也可以说，审美是有利于个人的身心健康和社会和谐进步的正价值—感情活动。这个正价值就体现在无论审美中的感情多么复杂，色彩多么斑斓，色调多么不同，但由于审美调节的目的制约，决定了审美只能是多质多层次的交互式正价值—感情反应，而非负价值—感情反应。

第四节　审美的生成

美不是孤立的、先在的、现成的，而是生成的，是在与能够欣赏它的主体的审美心理结构和审美能力一起同步耦合生成的。因此，美的发生史也就是审美的发生史，是审美的生成史。

在审美的生成问题上首先应该明确以下三个方面。

第一，美和审美的发生史并不是大自然的发生史，而是人与自然的关系建构史。大自然的日月星辰、山河湖海，远远早于人类的出现并亘古长存，但如果没有人对它们的欣赏，那么，它们就只有物理空间、物质属性、运动状态的意义，而不具有审美的意义。

第二，美和审美的发生史并非社会的发生史，而是包括了自然史和社会史的全部成果的生成史。审美的历程起步于达尔文所说人与动物共享的对于简单的色形音的感觉阶段。

第三，在历史上生成的审美对象，尤其是一件考古发现物，如何在当时和当下成为审美对象，就都离不开美与审美的同步耦合生成。因此，审美的生成具有历史性和当下性以及历史性与当下性的统一。只有在美与审美的同步耦合中，才有美的生成和审美的生成。

一　审美的历史性生成

有关审美的历史性生成，说法很多。

第一种说法是带有普遍性的"美的起源"说。用美的起源来代替审美的历史性生成命题，从而遮蔽了美在审美中生成、美与审美同步耦合的事实，将美和审美的生成看成了随人类物质生产自然而然产生的物理现象，而忽视了人类审美心理结构建构和审美能力习得所起的关键作用，以及人与自然的关系、人与对象的关系的同步耦合，从而将审美的生成史，变成了物质的生成史，或者是考古史。如从新石器时期人类打磨的骨头、石头上来证明美的起源等，就是排除了人的审美心理建构和审美能力习得的"只见物不见人"的"美学"。这种"美学"显然具有实物中心论的思维特点，遮蔽了审美发生的真实历史。

第二种说法也是普遍的用美的社会发生学代替审美的自然生成说。李泽厚先生产生国际影响的《美的历程》较之"美的起源说"，具有历史性的进步，这就是用"审美心理积淀"与"有意味的形式"之间的同步耦合，阐明了美的起源与审美心理建构同步展开的历史，并用其富有历史感的如诗般的妙笔，描述了中国古代社会历朝历代所走过的"美的历程"。但这一说法值得商榷的地方在于，首先，它排除人类自然史或动物史阶段，而将人类审美生成历史定位于人类社会阶段，这与人类审美发生于动物阶段的说法相抵牾。审美的社会起源说较早见于席勒和斯宾塞的游戏说、弗雷泽的巫术说、马克思和恩格斯的劳动说以及普列汉诺夫的社会功利说。李泽厚继承了这些说法，但未见其排除动物起源说的详细理由。其次，从进化论原理看，高级的本质建立在低级的本质之上，但永远脱离不开低级的本质，原因就在于低级的本质永远包含在高级的本质中，这就如人性具有社会性，但永远也脱离不了动物性一样。人类社会阶段的审美心理结构的发生并不在社会阶段，而是在人类动物阶段。这一点，达尔文的《人类的由来及其性选择》一书予以大量说明。格罗塞的《艺术的起源》一书中对纯粹美感，即与功利活动无关的美感有过大量记载。国内黄海澄、刘骁纯、汪济生、肖世敏等也都有同类看法。因此，这是一个需要回答的审美发生学问题。

从别现代主义审美学看审美的发生，人类的审美感官应该在人类的动物阶段就已经形成。美和审美是在人类的动物阶段开始萌芽的，是受达尔文所说的性选择规律制约而生成的。这种生成以人和动物都有的对于简单的色形音的天然爱好和愉悦为标志，实质上是人的自然发育史的一个必要环节。正是有了这个必要环节，人类社会阶段才会有审美的心理积淀的基础，才会有李泽厚举证的新石器时期考古器物的美的形式。如果只是固守人与动物截然不同的观念，而忽略了人来自动物，人与动物有着共同的对于简单色形音的愉悦性直觉反应这一事实，那么人类是怎么来的，人类的审美心理结构的生理基础是如何奠定的，就会面临无根之说的困境。因此，审美的历史性生成或审美的发生史的起点，只能在人类的动物性阶段寻找。人类社会的审美生成属于审美的发展阶段，但这个发展阶段无法排除其动物性的生成阶段。人类社会性审美阶段永远建立在人类动物性审美阶段之上，是人类动物性审美的延续、变异、升华、发展。这就是审美的历史性生成的动物性和社会性两个不同的历史阶段的统一。

二　审美能力的提高与人类审美的发展

审美发生之后就进入发展阶段。这个发展阶段是历史性的。第一阶段属于生理感官由遗传和变异规律所决定的进化过程。第二阶段属于人类社会中人的审美感官不断完善和人的审美能力不断提高的过程。其中，美的发现和创造与人的审美器官的完善和审美能力的提高具有同步耦合性。表现为通过心理图式或审美心理结构的无意识建构，不断地接受和同化新的、更高级的审美对象，从而推动了审美的发展。

李泽厚《美的历程》虽然将审美的历程的起点定在了旧石器时代，而否认了审美起源于人类动物阶段，但是，该书以"龙飞凤舞""青铜饕餮""先秦理性精神""楚汉浪漫主义""魏晋风度""佛陀世容""盛唐之音""韵外之致""宋元山水意境""明清文艺思潮"的章节，生动形象地展示了中国审美学的发生发展过程，是一部中国古代审美学简史。其中贯穿了审美心理积淀与有意味的形式的有机对应和同步耦合的主线，是新时期以来中国审美学研究的重要收获，也得到了国际学界的充分肯定。《美的历程》堪称审美能力提高与审美发展史的典型案例。

笔者发表过《自然的玄化、情化、空灵化与中国诗歌意境的生成》一文，引起过讨论，被多家刊物转载，该文主要揭示了作为审美形态的中国古代诗歌意境在人与自然关系的嬗变中生成的路径和方式，证明了美在审美中生成、审美形态在审美中历史性地生成的观点。

诗歌意境生成过程中的玄化，是指自然作为"道"的有无虚实、有为无为的喻体，以工具化的形式在先秦两汉阶段构成了先秦的理性审美，形成了中国诗歌意境的精神骨架。

所谓情化，是指魏晋时期，自然作为客观对象，成为人们情感的对象，而非先秦理性的工具对象，成为独立的审美对象，并构成了中国诗歌意境的情感本体。

所谓空灵化，是指随着佛教空观和禅宗顿悟的深入人心，大自然成为与人对话的主体，而不再是工具化的道的喻体，也不再是独立于人的对象，而是形成了人与大自然之间的主体间性，即以拟人化形式表现的景物的人情化及其情景交融。而"色不异空，空不异色"和"以禅喻诗"的文化氛围导致了大自然在这种主体化的同时，能够超越自身的有限而进入无限，从而产生"真空妙有"的空灵的审美形态。

中国古代诗歌意境就是在长期的人与自然关系的嬗变过程中，在自然的玄化、情化、空灵化的过程中不断生成和不断发展的产物，是这三种要素的有机的历史性凝聚，是审美的历史性生成的见证，因而也是中国古人多质多层次的交互式正价值—感情的反应的不断积累、突创、变异、发展的历史，是中国古代意境审美形态的生成史和发展史，是审美的历程中的另一个有代表性的个案。①

三　审美的当下性生成

（一）审美的当下性生成是感性整合理性的共生与互动

审美活动主要是心理活动。虽然艺术创作、艺术表演、文学阅读、影视观赏、视听觉享受等也具有一定的身体活动，但其审美经验的生成都离不开心理活动。这种审美的心理活动是由感知、想象、感情、理性四大要素及它们之间的相互关系构成的，并一起构成了审美心理结构。

感知、想象、感情、理性这四大要素又可以简约为感性与理性的系统结构。其中，感知、想象、感情属于感性领域，与理性相对。

感知是感觉的统合，来自感觉，但相较于感觉的个别性，感知具有将所有感觉统合起来的功能。同时，感觉是对当下刺激的反应，而知觉除了对于当下刺激的反应外，还有对于感觉的原因和结果的朦胧的意识。感知是审美生成的基础，也是想象、感情、理性发挥作用的

---

① 参见王建疆《自然的空灵——中国诗歌意境的生成和流变》，光明日报出版社 2009 年版，第1—64 页。

前提。如果没有感知，审美就无从发生。

　　想象是在自觉表象运动基础上，对于事物发展的方向和多种可能性的主观选择和延伸，是人的本质和本质力量的形象化展开。表象与感觉和知觉的面对对象不同，属于往日经验和记忆中的残留的、模糊的、零散的片段。想象和联想都是通过对表象的激活和重组而形成的表象运动。但想象和联想既有联系也有区别。联系在于，二者都要借助自觉的表象运动。区别在于，想象是在自觉的表象运动基础上对于新的表象系统和形象系统的创造，而联想则是对既有表象和既有形象之间的关联。联想虽然可以作为想象的基础，但尚未达到想象的夸张性、跳跃性、超越性。想象和联想是审美的当下生成的活性因子，正是想象和联想，才使得零散的、朦胧的、陌生化的印象、符号、概念等构成了一个形象的共同体，从而促成了审美经验的当下生成。

　　感情包括情感和情绪。情感是人所独有的。情绪是人与动物都有的。感情具有与价值体的直接对应性，表现为对于美丑、善恶的直接心理反应与判断。感情反应是审美的本质所在，也是文艺创作的动力。

　　理性与感性相对，是用概念和逻辑对具体感性事物进行抽象和概括。在这个由四大心理要素构成的审美心理结构中，审美的当下生成所依靠的是感性对于理性的整合，而非理性对于感性的整合。

　　感性是审美心理活动的前提，也是整个审美心理结构的基础。因此，审美心理中的理性是在感性制约下的理性，而非凌驾于感性之上的理性。在审美活动中，感性将理性感性化，整合理性。理性也叫知性，趋向于从具体的对象中抽绎出概念性的意义，因此，在认知活动和科学活动中，理性整合感性。但在审美活动中，由于感官直接面对具体的对象，因而省略了理性的抽象，并将理性纳入了感性的系统中，从而被感性所整合，产生朦胧的、多义的、不确定的内涵。如张若虚的《春江花月夜》和李白的《月下独酌》以及苏轼的《水调歌头·明月几时有》都是千古传唱的问月诗词，其中充满了对宇宙人生的思考。但这种思考都是在月夜的形象化、感性化系统中随着感情的起伏波动，在对月亮亘古长存而又日新月异的想象中，自然而然地流露出来的，而不是以抽象的思辨形式表现出来的。这些作品也不以回答月是什么和月何时来何时去以及为什么如此为目的，而且根本就没有这个目的，有的只是由月引起的思绪、情绪、联想、想象和感悟，并无逻辑的因果链条。这种自然而然的流露，就是感性整合理性的结果。巴尔扎克曾说要做法国社会的秘书，记录社会的变化，但他不是以数据和数据间的逻辑关联来表述现实生活的，而是在人物与环境一起构成的故事中形象地再现法国社会如何从贵族社会向资本家社会转型的，以及随着这种转型而带来的巨大心理变化。这样一来，感性形象和感情起伏就把"记录法国社会历史"的理性过程感性化了，从而创生了世界名著。

感知、想象、感情、理性这四大审美心理要素，和谐地共生，形成审美的心理场。同时它们之间也有关联和互动。如感知触发感情和想象，感知将理性感性化；想象一方面是对感知的延展和放大，另一方面又是对感情的激发和对理性的形象化；感情是在感知基础上的价值反应和价值倾向，感情可以强化感知，助推想象，并将理性情绪化、思绪化。理性一方面与感性相对，具有明确的目的、分辨和判断，对感知、想象和感情具有规范和制约作用，另一方面又受感知的制约，始终不能脱离形象和想象，始终处于感情的笼罩和渗透中，被感性所整合。这就是审美心理场的共生与互动。

（二）审美的当下生成具有价值—感情的多质多层次选择性

审美心理结构中的感知、想象、感情和理性既是互动共生的，又是具有不同组合的。这种不同组合取决于主体的审美能力与审美对象之间的契合。

首先，审美能力有强弱之分，审美对象有难易雅俗之别，因此面对不同的审美对象，不同的审美主体会产生不同层次的价值感情反应。比如，面对极简艺术的一个几何图形，或一片色彩呈现，主体的审美心理只需要感知的参与即可实现审美，而不需要想象、理性的参与。而若面对新的、高级的、复杂的审美对象，主体仅靠感知是无法生成审美经验的，除了感知，还需要感情、想象、理解等参与才能实现。

而在文学鉴赏中，理解先行，理性参与更为重要。这是因为文学形象的生成是对文本语言文字的理解之后的间接联想和想象的结果。在有的情况下，即使所有的心理要素都参与其中也无法很好地实现审美目的，这就可能在于对象的层次高出了主体接受的能力水平，主体现有的审美心理结构没有能力去同化对象，因而需要主体通过无意识的心理自我调节，在接受能力与对象匹配后方可实现审美目的，这也就是后面我要讲的自调节审美问题。

其次，由于审美对象在生活中与在文学和艺术中的接受方式不同，接受效果不同，在文学和艺术中的体裁和类别不同，而且体裁和类别往往比较丰富，因此，主体在审美时，需要多种价值—感情的对应或反应。如除了美感或乐感、悦乐感之外的悲剧的悲壮感，崇高的惨厉感，荒诞剧的荒诞感，丑的丑感等；神妙的超越感，中和的和谐感，气韵的生动感，意境的空灵感等，审美对象有多少类型，其审美的心理反应就有多少种情感色调，从而构成了审美心理的对于价值—感情的多质多层次性的选择性。这种选择性体现在审美主体对于特定体裁和类别的偏好上，也体现在不自觉地对于某种风格在某一时期的情有独钟上。

最后，不仅审美心理结构与对象之间的契合度如何，直接决定着审美经验的质量，而且审美心理结构中感性与理性的组合优化程度如何，也决定着审美经验的质量和丰富程度。如层次较高的感性与较高的理性的组合，就会生成层次较高的审美体验，而层次较低的感性与层次较低的理性的组合，就会生成层次较低的审美经验。但是，过强的感性与过弱的理性的组合会导致文学鉴赏和文学批评中的非理性偏激；而过强的理性与过弱的感性的组合会导致无趣味、无感性、抽象的非审美倾向。因此，审美的当下生成是个体审美心理结构中感性与理性恰当组合的结果。

（三）审美的当下生成具有多种审美形态交织的复杂性

审美的当下生成不仅具有交互式正价值—感情的多质多层次的选择性，而且表现为多种审美形态相互交织的复杂性。

这种复杂性体现在感官型审美与内审美在感知和内在感知基础上的共生和区别中。

其共生在于无论是内审美还是感官型审美，都离不开感知和内在感知，也都离不开想象。所不同处在于：

首先，内审美不同于感官型审美那种需要视听向大脑皮层神经系统的传导，然后才能形成印象、感知、形象、反应等，而是直接在大脑内部形成由大脑松果体激活带来的直接的心灵感悟和内在感知、内景、内视、内照、内听（详后内审美章），从而省略了感官型审美的经由视听传导的过程。

其次，与感官型审美的感情反应不同，内审美，尤其是精神境界型和内视型、内景型审美，无须感情的介入，是感情的净化，表现为道家的"澹然无极"，佛家的"空诸一切"、儒家的"仁者无忧"，感情的色调极其平淡。

再次，与感官型审美中感性整合理性不同，内审美中理性消弭，无须整合。

最后，内审美几乎是在无意识过程中突然呈现的内景、内视、内照、内听、内在感知和心灵感悟，因而绕开了感官型审美过程中的视听感官追随对象的意识活动过程，具有当下内在心理体验的生成性。

总之，审美的当下生成是知觉、想象、感情、理性共生互动的过程，也是感官型审美与内审美交织的意识与无意识并行过程。

第三章　别现代主义审美学的哲学基础和方法论原则

第一节　时间空间化和发展四阶段中的审美与艺术

一　别现代理论的来源

别现代是关于特定历史阶段和社会形态的新的表述，起始于中国1978年对外开放，构成于我们这个时代的既有现代因素，又有前现代因素，也有后现代因素，但同时既不是现代，也不是后现代，更不是前现代的混合杂糅的社会现状。在这种混合杂糅的社会形态中，前现代的东西会冒充现代，并以现代的名义行前现代之实，因而导致伪现代盛行。这种伪现代不仅在现实中大行其道，而且会模糊学者的视线，比如把这种伪现代称为"混合现代"、"复杂现代"、"新现代"、"特色现代"、"另类现代"（alternative modernity）、"特殊现代"等，从而干扰和影响了人们对于现代、现代性、现代化的正确认识。为此，别现代主义选用"别"字的原始本义，即用一把刀把骨头和肉剔开，从而明辨是非。

社会形态和历史阶段，已有多种表达方式。马克思主义从社会生产力与社会生产的辩证关系及其发达程度来表示，西方现代主义从现代性来加以界定，文化人类学用文明形态来说明，但哪种表达方式更容易被接受，就要看这种表达方式是否最适合中国的历史和现状。

随着对外开放的程度不断加深，资本主义生产关系、市场经济在中国的社会经济中成为一个重要的现代性表现。这种现代性包括对于资本主义生产方式、资本、市场、贸易、经营等的全面开放和接纳，对资本主义科学技术、知识和理性的学习模仿等。更重要的是，这种来自西方的现代性不仅未能对中国前现代的宗法制思想、门阀等级观念、人身依附观念、两性观念、人情社会惯性、封建迷信思想展开批判、划清界限，反而借助搞活经济，现代性与前现代性和谐相处。同时，西方后现代艺术作品和艺术手法受到中国前卫艺术家、知识精英、青少年的青睐，具有后现代色彩的由大众随意界定的网络语言层出不穷，搞笑、恶搞成风。这种现代、前现代和后现代和谐相处的现状很难用是社会主义还是资本主义的意识形态类概念来表达。用现代、后现代、前现代来表达似乎更加符合当前社会现实。但由于现代、后现代和前现代混杂在一起，亟待甄别。因此，用涵盖了现代、后现代和前现代但同时有强烈的区别意识的别现代这一术语，就不仅是对时代特征的揭示，也是对时代属性的概括，是一个具有涵盖性的理论。

二　时间空间化哲学和历史阶段论与审美形态和别现代主义艺术

（一）时间空间化理论视野中的别现代审美形态和别现代主义艺术

时间的空间化是相对于时间的序列化而言的。前者指现代、前现代、后现代的并置或共时态，后者指从前现代到现代再到后现代以及后后现代的时间序列或历时态。

当下习惯于为西方学说背书的中国学界总要追索任何一种学说的西方渊源。但事实上，别现代的时间空间化与来自物理学的和西方马克思主义的、后现代的空间理论并无直接的联系，它只是对当前中国社会现状和历史发展阶段的概括，因而是一种本土原创的理论。

时间的空间化或时代的空间化的最为直观的镜像是现代、前现代、后现代的和谐共谋。这种"共谋"包括现代、后现代与前现代在同一个社会中的彼此适应、和平共处；有法不依、放弃原则、达成媾和与共赢；不断更改规矩、实行潜规则；有选择地遗忘和遮蔽历史；利益共同体的知法犯法、监守自盗等。前现代的思想观念和行为方式因现代制度的缺位而由后现代的跨越边界、解构中心、消解政策和法规来加以表现，形成共谋利益的和谐或和谐式共谋。

在这种和谐共谋背景下，审美现象呈现出别现代的时间空间化特点，形成别现代审美形态与别现代主义艺术两种对立的现象。

所谓别现代审美现象就是利用现代素材和后现代拼贴杂糅手法，表现前现代的思想和观念。中国各地兴起的表现吃喝主题的大型城市雕塑，如大闸蟹仿生展览馆、大王八仿生饭店、五粮液酒瓶建筑、大茶壶建筑、大菠萝酒店建筑，以及表现福禄寿观念的天子酒店、表现王权意识的红顶子建筑等，无非借助后现代手法表现"民以食为天"的"吃货"文化和封建帝王思想。"民以食为天"作为苦难民族饥荒史记忆的箴言，被演变为口舌之福大于天，流露出缺乏现代意识和崇高信仰的低端欲望。还有将自己塑造成佛和菩萨的仿生巨幅雕塑，将资本巨鳄画成门神，将西方的裸体油画与中国的耕读古训并置于一室的书店装饰，将天坛公园与白宫合二为一的影视城建筑等，这些都是时间空间杂糅化的社会形态的表现，属于别现代审美形态或别现代艺术。别现代艺术与别现代主义艺术不同，别现代艺术在这里是一个带有贬义的术语。

别现代主义艺术与别现代审美形态或别现代艺术不同，表现出对别现代的反思和批判。别现代主义艺术家旺忘望的《钱山》和《肉山》，采用了计算机仿真、摄影、水墨、拼贴等后现代手法表现中国古代山水意象，但近看则完全是钱币堆叠的山峦，是用女人的下半身串联堆叠起来的巉岩飞瀑，表现出对于金钱崇拜和钱色交易的讽刺和批判。别现代主义艺术家孟岩的"危机"系列和"幸福"系列通过对西方宗教故事和人物形象的描绘，揭示了人的精神分裂、灵魂危机，是对人性的反思和批判。再如张晓刚的"僵尸脸"系列、岳敏君的"傻笑"系列、方力钧的"哈欠"系列，这些曾被认为是"玩世现实主义"的作品，都具有明显的别现代主义的反思和批判意味。[①] 当然，那些为人民群众喜闻乐见的影视、小品、相声、清口等，对别现代现状的反讽和批判就更是家喻户晓了，理当属于别现代主义艺术。那些敢于直面中国的历史和现实的，关心民间疾苦，批判前现代的文学作品，也具有别现代主义艺术的属性。

（二）历史阶段论视野中的别现代主义审美学

在别现代主义理论初创之时就提出了别现代时期的四个历史阶段，这就是和谐共谋期、对立冲突期、和谐共谋与对立冲突交织期、自我更新和自我超越期。

1. 和谐共谋期

西方历史上从未出现过现代、前现代、后现代共时并置的现象，而是呈现出中断式的社会发展阶段，如现代替代前现代，后现代替代现代，后后现代又在准备替代后现代。而中国也包括广大的第三世界欠发达国家，在延续了数千年的封建社会遭遇资本主义现代性强行植入之后，突然进入社会主义阶段，这种跨越了资本主义历史阶段的社会形态，反而为前现代封建制度和封建意识的延续提供了机会，从而造成现代与前现代的并置。同时，由于全球化背景和改革开放，为西方的后现代思潮进入中国提供了方便。如此一来，在西方本来是一个历史阶段替代另一个历史阶段，一种社会形态替代另一种社会形态的社会发展过程，在中国和一些第三世界国家却变成了现代、前现代、后现代的和谐共谋。

在和谐共谋期出现了前述别现代审美形态和别现代主义艺术，同时，在审美学研究方面，也出现了呼唤反映时代、弘扬正能量的主张，

---

① 以上案例见王建疆、〔美〕基顿·韦恩主编《别现代：作品与评论》，中国社会科学出版社 2018 年版。又见王建疆策划录制的《别现代与别现代主义艺术》，别现代主义网站、百度、B 站均可见到。www. biemodernism. org；www. bilibili. com/video/av840。

并在国家社科基金项目立项和省部级社科基金项目立项以及学者的自发研究中表现出来。别现代主义审美学的最重要功能就在于提倡区别真伪现代，揭穿"和谐共谋"假象，倡导以幽默讽刺的艺术手法批判社会丑恶现象，以审美的方式维护社会的健康发展。

2. 对立冲突期

别现代作为现代、前现代、后现代并置的社会形态，其内部矛盾和冲突必然产生，从而进入对立冲突期。这种内部冲突通过对生产资料占有和利益分配上的不公表现出来，通过生产力与生产关系之间的不和谐表现出来，通过上层建筑和意识形态与经济基础之间的不匹配表现出来，通过人民群众不断增长的物质文化需求与这种需求的满足之间的矛盾表现出来，通过行业竞争、私权保护以及各种社会矛盾表现出来，有时甚至还通过文艺评论表现出来，使得重大文艺活动也往往成为各种矛盾对立的焦点。

在对立冲突期，文学和艺术作品必然会反映这种对立冲突，以便纾解社会矛盾，减少对立冲突。热播剧《人民的名义》《我不是潘金莲》、莫言的《蛙》、阎连科的《炸裂志》等就都是敢于直面社会矛盾、表现对立冲突的著名作品。

别现代主义审美学认为，在对立冲突期，审美学的责任在于伸张正义，弘扬正气，批判丑恶，抚慰心灵，化解矛盾冲突，维系社会的稳态发展。而且，这个时期是最容易产生崇高、悲剧、喜剧、荒诞剧，且必定产生这类审美形态的历史阶段。

3. 和谐共谋与对立冲突交织期

在对立冲突期，和谐共谋非但没有停止，而且作为对立冲突的起因和摆脱困境的步骤存在。由于利益冲突的不可调和，撕下和谐共谋的面纱而对簿公堂或以暴力解决，自然进入对立冲突阶段。但在"先礼后兵"文化观念影响下，和谐共谋将以"私了"的方式一直作为首选而存在；也会在对立冲突两败俱伤的情况下重新回到谈判桌上和谐共谋，从而形成和谐共谋与对立冲突的交织期。

在这一交织期，除了国家智库提出的警惕在冷漠与暴力之间的非此即彼的预警外，从别现代主义审美学的角度看，这里还有第三种途径——冷幽默的发泄。幽默和冷幽默都是一种高级智慧，非常有利于化解矛盾和危机。冯小刚导演的《我不是潘金莲》，用冷幽默打消了李雪莲要寻短见的念头。但也有不懂冷幽默的官员在听了李雪莲"我问牛了，牛说了不告"这句实话后，反而把无事变成有事，把有事变成大事。可见，审美学中的冷幽默既是一种艺术审美的端口，也是冷漠与暴力之间的缓冲剂。因此，不应该因为玫瑰带刺就要剪去，正是这种刺才成就了玫瑰的芬芳和魅力。

4. 自我更新和自我超越期

别现代时期的内在矛盾和内在冲突，必然寻求走出矛盾冲突的自我解脱之路。这种自我解脱来自别现代主义的自我更新和自我超越的主张。

别现代主义主张区别真伪现代，在自我反思和批判的基础上不断自我更新，自我超越。但别现代主义与伪现代主义不同，它是表里如一的本真主义，是实现期许和允诺的兑现主义，而不是表里不一的虚饰主义和心灵鸡汤的空想主义。为此，别现代主义审美学不仅反思和批判当代审美学问题，也在反思和批判以往的中国古代审美学研究和西方审美学研究，如用别现代主义的生命股权理论，对于"孔颜乐处"所昭示的"内圣"情结中的"心灵鸡汤"因素的缺乏警惕等提出批判，用别现代主义的"艺术和审美中的现代性"取代西方"审美现代性"，用"中西马我"取代"中西马"，用传承—切割—创新和借鉴—切割—创新取代传承—创新和借鉴—创新，拎清审美与美、审美与美感、审美学与美学的关系等。

总之，如果说别现代是多和杂，那么，别现代主义则是一与纯；如果说别现代是虚与假，那么，别现代主义则是真与实。别现代主义审美学就是本真主义，就是自我更新主义，是自我超越主义。

第二节　有别而别与无别而别

——"别"的哲学意义与自反式结构

秉持"有别于"的思维方式和待别的哲学方法论的别现代主义理论（the theory of Bie-modernism）引起国内外学术界、艺术界的关注和讨论，被西方哲学家誉为创造了"哲学四边形"之一边和"哲学时刻"。别现代主义已经形成了系统的理论范畴和方法论，这些范畴和方法论具有层次之别。如别现代主义的占比分析法、审美随机论方法、内省内视方法就是具体的审美学研究的方法。而待别、有别而别与无别而别、跨越式停顿、切割、待有、中西马我则属于涵盖性、横向性的哲学方法，属于思想方式范畴，但更能体现别现代主义审美学方法论的普适性。

作为别现代主义审美学思维方式的有别而别与无别而别既体现在别现代主义理论中，也体现在中国和西方悠久的传统文化中。

就别现代主义而言，其理论之别在于：

（1）提出真实的现代而与伪现代和后真相相别。

（2）提出别现代而与前现代、现代、后现代的时代划分相别。

（3）提出时间的空间化理论以有别于西方的空间理论，从中派生出英雄空间理论和消费日本理论。

（4）提出别现代时期的四阶段论以展示其社会结构与功能、审美结构与功能，而与西方的社会形态理论和审美形态理论进行深别。

（5）提出在别现代时期从后现代之后回望反观现状的新视野而与西方的后现代之后相别。

（6）提出跨越式停顿以有别于跨越式发展。

（7）主张在文化和艺术发展中的传承—切割—创新之别和借鉴—切割—创新之别。

（8）提出中西马我以"我"为主，有别于中西马，从而体现创造主体的主观能动性。

（9）提出生命股权美感论，以别于"生命美学""身体美学""生活美学""生态美学"和"生生美学"。

（10）提出别现代主义的"在艺术和审美中的现代性"，以别于西方的审美现代性。

就中西文化上的"别"的思维方式而言，《易经》与亚里士多德具有明显的区别。《易经》采用意象思维，设立卦别，每一卦别都具有独特的含义，是在随机的形象感应中的启示或吉凶预判。亚里士多德用逻辑思维和逻辑分类的方法创立了逻辑学、形而上学、物理学、气象学、伦理学、政治学、经济学、修辞学、诗学等十几门学科类别，用于研究对象的整体恒定性，影响和规范着人类数千年的学科发展，人类的学科建立都无法摆脱其制约。《易经》的分门别类演化成八八六十四卦的形象类别，也叫类卦或别卦，研究随机出现的图像及其征兆，然后给予主观的解读——爻辞，并用于趋利避凶。因而它研究的是个别现象中随机变化的规律，与西方的对于客观对象的整体恒定性研究有所不同。虽然中西之别始于文化之初，但不同的文化是以别为基点的，没有别就没有文化。就如个体的文化始于对文字的识别，不能识别文字就没有文化，就是文盲，西方的学科创建和《易经》的卦别分类都是从别开始的。

"别"源自人类认识事物的需要，从鸿蒙初启到人猿揖别，都是人从对象中分离出来，开始认识自己、区别物我、区别人我的历史过程。在人类社会发展中，社会需要"别"的存在，别的存在也维护和促进着社会发展。政治、经济、科学、技术、文化、艺术等都是社会需要的产物，也是分门别类的结果，又都带来社会历史的进步。同理，正是由于伪现代的盛行，以区别真伪现代为己任的别现代主义才会横空出世。正因为高考的求同性思维与研究生教育的求异性思维的严重对立，我们才需要大力推行求异性思维，以有别于严重影响学生独立思考的同质化教育和求同性思维，进行思维革命，激发民族的原创力。也正因为跨越式发展遇到了困境，才需要在超越意义上的跨越式停顿。

　　别现代主义的别既是有别于的方法论，又是确立我与世界同时存在的本体论。如果没有主与客、本与末、体与用的区别，本体的存在将无从谈起。别现代主义的别是差异性哲学，属于认识论范畴。人们的认知就始于区别，来自对差异性和共同性的把握。同时，别现代主义的别也要在差异中和比较中确立自我的主体价值，因而也属于哲学价值论。就审美学而言，别是在人类审美共通感和审美差异性之间的普遍存在，是审美学理论中不可或缺的思维方式。现当代中国被西方学界认为没有审美学，也没有哲学，只有"审美学在中国""哲学在中国"，也就是西方审美学在中国，西方哲学在中国。如果没有能够区别于西方审美学的中国审美学、中国哲学，中国在哲学和人文学科方面的国际学术地位就很难确立，所谓的中国现当代审美学和现当代哲学就只能是西方审美学和西方哲学的翻版而已。因此，秉持有别于的思维方式，建立真正的中国审美学和中国哲学，义不容辞，也具有迫切性。

　　就别的类型而言，无非有别而别与无别而别两种。

　　有别而别是有目的有意识地去识别、去分别，以达到区别真伪、去伪存真的目的。但是，有别而别是在事物的发展进入混乱状态后才不得不为的一种方式。正如老子所说："上德不德，是以有德；下德不失德，是以无德。上德无为而无以为，下德为之而有以为。上仁为之而无以为，上义为之而有以为。上礼为之而莫之应，则攘臂而扔之。"意思是说，不讲仁德是因为有仁德，大讲特讲仁德，恰恰说明无仁无德。因此，从无别而别到有别而别，是道的"每况愈下"和社会的堕落而不得不为的无奈之举。当别到深处时，就是悲剧的幕启。当人们连自己呼吸的空气、饮用的水源、餐桌上的食品都要担心，都要有别的时候，当无处不在的安检、体检、疫检日常化的时候，有别而别无以复加，人的心理焦虑、社会的危机和人类的灾难也就如影随形了。在伪现代盛行的后真相时代，有别而别看似必要，实则是不得不为之。别现代主义的"别"，是区别真伪，具备真正的、充分的现代性。真正的现代性离我们还很遥远，伪现代仍在大行其道，因而实现现代化任重而道远。

时下有关中国的现代性的讨论中，出现了新现代性、混合现代性、复杂现代性、另类现代性等，力图从不同的角度去发现并界定中国的现代性。虽然这些努力是值得肯定的，但大多绕过了是不是现代的问题而谈是什么样的现代，因而颠倒因果，舍本求末，把一个本来很简单的问题复杂化了。作为现代性基本范畴和核心价值的人的尊严、社会契约、科学理性、人权保障、博爱精神、社会福利制度、议会民主、三权分立、司法独立、言论自由等都来自西方文艺复兴、启蒙运动和工业革命、后工业革命。第三世界后发国家的现代性是从西方强行植入但又不得不践行的人类文明成果，因此，中国是否具有这种西方意义上的现代性，或者在多大程度上具有这种现代性，就是一个需要从第三世界后发国家的现实出发而非从西方理论出发进行考量的问题。与西方的断代式发展不同，第三世界国家是一个现代跟前现代、后现代杂糅在一起的社会形态，因此，很难有明确的、纯粹的和充分的现代性。发生在这些国家的许多社会腐败现象、重大安全事故和种族对立、民族矛盾的背后都有前现代的宗法制度、独裁惯性、威权意识、迷信思想、裙带关系、人情世道、行潜规则等在作祟。因此，不管如何修饰"现代性"，如用"新""混合""另类""复杂"等形容词来修饰，但被修饰者是否就是如修饰者所认定的它自身，却成了问题。当前现代性和后现代性与现代性同时存在时，无视前两者而只言后者，就难免有违现实，有违常识，逻辑上也讲不通。从思想史和文化史来看，来自西方的现代性至今一点也不新、不混杂、不另类、不复杂，相反，西方的现代性概念非常清晰、简明。所谓复杂、另类、混同、陈旧等，是一些专事修饰的中国学者忽视了现代、前现代、后现代并置的现实及其不同占比，而刻意与西方现代性作区别时的修饰语所导致的把不是说成是，把不是说成不同、说成特别。因此，别现代主义的"别"就是要与这种不充分的、不可靠的有关现代性的修饰语进行区别，揭示真实的社会形态。

别现代主义的有别而别通向无别而别，体现了别现代主义之别的二重性。老庄哲学认为天道自然，主张无为而无不为。庄子的齐物论思想更是认为"故为是举莛与楹，厉与西施，恢诡谲怪，道通为一"。虽然在大道自然的无所别之前，首先必须有别，要不然，庄子为什么还要齐物（去掉差别）呢？但是在道的终极层面上，已无所别。老庄的无为思想是道家哲学的精华，具有辩证法智慧，是有别之别与无别之别的辩证统一。别现代主义的别看起来是有为之别，但是，当我们真正进入别现代主义的研究对象，也就是时间空间化的现实时就会发现，别现代主义之别，实质上是现实之别，是时空之别，是本然之别。在现实之别和本然之别面前，任何理论的有为而别都是有意而别，都不再具有第一义的地位。只有当这种来自现实的时空的和本然的无别而别时，就如无为而无不为，才具有第一义，成为一种哲学，一种别哲学。同理，当有别而别与无别而别有机统一时，才是道的自然而然，也同时构成别文化。

别现代主义的社会形态之别通向中西审美形态之别，同样具有有别而别和无别而别的二重性。在中国被动开启现代化大门之前，中国的审美形态与西方的审美形态完全分属于不同的领域。中国的神妙、中和、阴柔与阳刚、气韵、意境等与西方的悲剧、喜剧、崇高等判若两仪。但随着中国民族独立和救亡运动的开展，西方的悲剧、喜剧、崇高等被移植、应用，形成了中西方审美形态的交织。中国改革开放以来，重新回到世界大家庭，西方的悲剧、喜剧、崇高再加上20世纪出现的荒诞、丑、黑色幽默等又被中国广泛移植、应用，出现了第二次中西方审美形态的交织。但与前两次的交织有所不同，2000年后出现了囧剧、疯剧、抗日神剧、别现代主义美术、奇葩造型、冷幽默等被概括为"别现代"的疑似审美形态，面对这种别现代疑似审美形态的出现，以反思和批判为标志的别现代主义审美学和别现代主义文艺批评也就应运而生。拙著《别现代：作品与评论》、音像制品《别现代与别现代主义艺术》（百度、B站、意大利网站）等都记录了这些与别现代社会形态相伴而生的别现代艺术、别现代主义艺术、别现代主义美学和别现代主义文艺批评。其中，别现代主义审美学和别现代主义文艺批评具有明显的有别而别，而别现代艺术与别现代主义艺术的并存，具有无别而别的特点。别现代艺术和别现代主义艺术都具有杂糅了现代、前现代、后现代艺术手法的特点，但前者往往表现出前现代意识和拙劣的手法及其较差的、消极的审美效果，后者具有对前现代意识和现代危机的反思和批判，又在手法上有所创新，审美效果颇佳。它们作为同一种审美形态出现，自然相处，无别而别，但在理论家和批评家眼中，却呈现出有别而别。

别现代主义艺术与别现代艺术之间的无别而别和有别而别是跟别现代主义是对别现代的反思和批判这种自反式结构相吻合的。所谓自反式，是一个如老子所说"反者道之动"的动力结构，这个动力结构在后来道教的阴阳图中得到了生动的体现，说明阴阳相生相克，内在的对立构成事物运动的根本动力。这种动力结构除了在别现代—别现代主义、别现代艺术—别现代主义艺术的对立模式中看得清楚外，我们还可以在后现代主义针对现代主义的一系列思想和行为中包括艺术行为中看到，因而具有普遍性。

有别而别与有目的的审美相关，而无别而别则与无目的的合目的审美相关。

总之，别现代主义的有别而别和无别而别自然地统一在了一起，来自别现代主义思维方式的自反式或悖论式结构，构成了别现代主义哲学方法论。

第三节　跨越式停顿与切割
——别现代主义的发展理论

跨越式停顿是别现代主义的一个原创性理论，指的是在高度发达、高速发展时的突然停顿，是一种主动行为，而非被动所为，但终止了高度发达和高速发展的惯性，从而或者中止，或者转向，或者解体。这在人类社会发展的历史中屡屡可见。20世纪末苏联及其东欧社会主义阵营的突然自行解体、眼下越南的改制等都历历在目。人生旅途中的跨越式停顿可用老子的"功成名遂，身退，天之道"（第九章）来概括，表现为急流勇退，功成身隐。其反例是"鸟尽弓藏""兔死狗烹"。高科技发展中的随时淘汰和多代储备，就是在某项技术尚处于独领风骚之时，及时终止其发展，用新一代技术更新代替之，从而永远保持在整体上的技术领先地位。跨越式停顿不是为了停顿而停顿，而是为了安全而停顿，是为了更大的发展而停顿，因而它是具有超前意识的谋略，是对线性发展和极限发展的超越，也是应对来自自然、社会和人的制约而不得不采取的主动的提前行动，而非被动的临时应付。它看似踩急刹车，实际上却是有计划的制动。这种有计划的制动不仅无数次地出现在时代变革、社会转型、科技创新等方面，还被联合国设置诸多节日如"无水日""无电日"来预演，以便警醒人们或将面对的灾难，从而在心理上做好跨越式停顿的准备。因此，可以说，跨越式停顿是一种之前尚未有理论概括和哲学总结的熟视无睹的普遍现象。

跨越式停顿是与跨越式发展相对的发展观。所谓跨越式发展也被称为经济上的蛙跳现象，是指后发的现代性不充分的国家在经济发展中可以通过学习先发国家的成功经验，避免实验和试错带来的成本，从而在发展的速度上大大超过先发国家。跨越式停顿理论与之不同，认为后发既有成本优势，也有短视劣势，极容易被眼下的发展速度所迷惑，自以为已经超越了先发国家，但实际上成本优势是有阶段性的，跟着别人走可以省去实验和试错的成本，但要自己走，就要进行实验和试错，就要偿还专利成本，因而其成本优势就会化为乌有。同时，跨越式发展的线性思维的速度主义往往忽视了发展的极限和发展的弊端，因而会造成生态环境的危机、人的安全危机、人与社会关系的危机。因而跨越式停顿的实质是一种正确对待竞争、具备充分的现代性的发展模式，是在跨越式发展的红利有限的情况下的理性思考和预先布局，是一种发展战略和策略。

审美学上也特别适用跨越式停顿。对当代中国审美学成就的自我感觉超好的"跨越式发展"模式，表现为脱离世界审美学背景的自我陶醉于审美学文章和著作的批量生产和美学（审美学）名称的快速繁殖，甚至自载入史，而在学术的独创、原创、创新方面却十分贫乏。对此现象就应该以跨越式停顿的思维方式加以提醒、加以警醒、加以棒喝、加以中止。而对来自西方的"是中国审美学还是审美学在中国"的诘难，来一个跨越式停顿的对于惯性的中止和对路线的反转，这就是针对"西方审美学在中国"而提出"有无中国审美学在西方"的问题。这并非痴人说梦，而是现实已然。随着别现代主义理论在西方的传播，别现代主义的一系列审美学范畴如"zhuyi（主义）""别现代主义审美学""别现代主义艺术""跨越式停顿""深别"等开始在西方引起讨论。还有，针对目前在中国流行的西方的"审美现代性"理论，用跨越式停顿的思维方式，将西方的"审美现代性"改造为中国的"艺术和审美中的现代性"，从而为现当代中国文学和中国艺术中的审美学研究打开了一扇窗口，避免了套用西方审美现代性概念带来的反对和批判现代性的尴尬，也可以用来矫正把中国审美学史写成西方审美现代性演变史的不符合中国历史的写法。

跨越式停顿并非时下走俏的西方的减速主义。减速主义，针对无休止的发展欲望和速度主义带来的对于劳动者的加码、加压而造成的身体劳损、生命透支以及对生态环境的破坏认为，无论是福利资本主义的速度主义，还是市场资本主义的速度主义，都是不利于人本身的健康和长寿的。而集权主义以国家和民族利益为幌子的极速主义更是对劳动者的伤害。因此，减速主义赢得了人们广泛的认同。但别现代主义的跨越式停顿并不仅仅是要社会发展的速度降下来，如实行五小时工作制，实行低碳生活等，而是要对不合理的、有危险的、有隐患的发展实行诀别、进行决裂。因此，跨越式停顿既是思维革命，又是行为革命。

跨越式停顿在不同的领域会有不同的表现。在技术领域、军事领域最容易同时实现跨越式发展和跨越式停顿。某个相对落后的国家可能会由于杰出的引智工作和谍报工作而将别国的技术变为己方的技术，从而在技术上和军事上同时实现跨越式发展。但是，当核武器和生化武器的超级危险性和人类技术的负面效应日益增大，人类将面临被自己的技术所毁灭的时候，销毁核生化武器的共识就会形成跨越式停顿。在经济上和政治上，实现跨越式停顿的益处远远大于跨越式发展。人类社会的历史已经证明，多数处于前现代却通过暴力革命跨越资本主义阶段而建立起来的国家，虽然在政治制度和经济制度方面实现了跨越式发展，但最终还是由于这种跨越式发展带来了解体。相反，那些在福利资本主义基础上发展而来的国家如北欧的国家却取得了成功。但那些因跨越式发展而解体的国家又因为实行跨越式停顿而避免了由于政局动荡而带来的更深的民族危机和国家危机。在文化领域，跨越式发展会对民族文化传统带来破坏。如果用跨越式停顿的方式，将文化遗产以化石的方式保护起来，就可以使文化遗产服务当代并造福后世。同理，对前现代那些过时的、保守的、反动的制度、思想、精神、文化实行跨越式停顿是十分必要的，这是实现现代化过程中在制度建设和思想意识形态建设方面必不可少的一环。在生态方面讲发展是不符合自然规律的。自然就是生态，生态就是自然，不需要发展，更无关跨越式发展。如果要搞跨越式生态发展，就只会揠苗助长，破坏生态。但当生态受到人为破坏时，就需要跨越式停顿来终止以破坏生态为代价的发展。作为人文学科和社会意识形态的审美学，应该具有跨越式停顿的思维方式，审视现实中由于错误的发展观造成的非审美现象，甚至反审美现象，自觉维护审美中的现代性和现代性中的审美性。

跨越式停顿理论在文化发展、技术创新、艺术生产、文学创作中的直接应用是切割理论的诞生。所谓切割理论，是指在文化发展和艺术生产、文学创作方面，在传统与现代之间处理好传承与创新的关系；在中国与西方之间处理好借鉴与创新的关系。

别现代主义的跨越式停顿理论认为，流行的传承—创新说法缺乏二者之间的必然逻辑，也不符合现代文明发展史。就逻辑而言，传承与创新之间并无必然的因果关系，并非传承了就一定创新，不传承就无创新。就人类文明史而言，表面上看似乎传承了古代文明就可以创建现代文明，但实际上并非如此。现代文明的生成并非在对古代文明尤其是游牧文明和农耕文明的传承基础上才发展起来的，而是由工业文明的横空出世带来的。工业文明的横空出世不仅是对传统农牧业的划时代切割，而且还改造了传统农牧业，促成了传统农牧业的现代化转型。因此，传承不一定创新，而且永无终了的代代相传只有可能将历史永远捆绑在古老的传统文明的小舟上，不可能出现划时代的工业文明、信息文明。就文化而言，虽然创新离不开对于传统的了解和把握，但继承传统并不意味着一定能够创新。前现代的许多秘法、秘方、秘籍被传承下来，但也只是作为知识的碎片而成为冷门绝学，跟大面积的整体文化创新并无太大的关联。真正构成文化创新的是具有强大创造力的个体（近代）或群体（当代）创造了不同于传统的思想、理念、工具、设备、方法，从而与传统判若两仪，开拓了新的文化时代。五四新文化运动与传统儒家思想和文化的切割，白话文跟文言文的切割，新诗与古体诗的切割，个性解放、妇女解放与传统礼教的切割等，开创了一个全新的时代。只有这些切割，才有新文化的诞生和发展，否则就不可能有新文化的诞生，更遑论创新。因此，在传承与创新之间必须正视一个长期被忽视的要素，这就是切割。要在传承—创新模式之中楔入切割，从而形成传承—切割—创新的模式。值得注意的是五四新文化运动的主将和干将们都是饱读诗书，深受中国传统文化浸泡的人物，他们之所以能够担当起社会革命和文化创新的历史使命，就在于他们的人文素质、思想觉悟、社会担当、文艺才华，正是这些综合素质构成了他们既继承传统又与传统相切割的思想和能力，从而实现了文化创新。他们所走过的路并非传承然后创新，而是在传承的基础上切割然后创新。这里的切割就是跨越式停顿，即带着传统文化的惯性但又及时地"刹车"，与传统文化诀别，创造新的文化，推动文化的转型和巨变。

同样，在借鉴—创新模式中也存在相似的误区，以为只要学习别人先进的东西，横向移植别人的东西，跨国引进别人的东西就可以创新了。但是，并不存在借鉴就一定创新的逻辑。学习了很多西方的东西，甚至山寨了很多他国的先进技术，并不一定就有自己的发明和创造。尤其是现代文明对于知识产权的保护，使得"拿来主义"受到法律的限制，试图通过借鉴来创新尚有一间之未达，而且这一间是最为关键也最为重要的一间，这就是在充分借鉴的基础上与被借鉴者切割开来，具体讲就是与人家的专利和商标切割开来。如果没有切割只有借鉴，就不可能创造出属于自己的东西，也不可能获得独立的知识产权，所谓的创新也只能是纸上谈兵。因此，强调借鉴后的切割，实乃创造和创新的秘籍。只有切割才有创新，只有切割才有出路。将借鉴—创新模式改造为借鉴—切割—创新模式，就是在文化和科技创新中跨越式停顿思想方法的应用。

　　就艺术和文学创新而言，跨越式停顿和切割的范例更是数不胜数。人类历史上任何风格和流派的形成都是与传统和师承切割的结果，唯有这种跨越式停顿和切割才有风格和流派的彰显，如果混同于前人和同辈人的作品，这样的创作就不会有什么价值。而且，这种切割也不是只有一次，而是可能有多次。当代有的艺术大师如法国的杜夏，就不仅进行过一次切割，而是至少有两次成功的切割。第一次是他的《下楼梯的裸女》系列，与油画的平面无法表现动态动作的传统理念和画法的切割，着力表现平面上的人物的运动感，取得频闪运动的效果，从而开创了在二维平面呈现运动感的新时代。第二次是他的曾经饱受争议的《泉》，即一个签了名的小便器，从而开创了现成品生成为艺术的又一个新时代。第一次的切割和创新使得杜夏被归入"超现实主义"行列，第二次的切割和创新使得他独享"现成主义"的桂冠，并引领了现成主义的装置艺术潮流。至今，杜夏的切割所造成的震荡仍然在艺术哲学、审美学中延续，哲学家、文艺理论家、审美学家、艺术理论家都还在为"什么是艺术"而争论不休，起因就在于至今作为法国蓬皮杜艺术馆的镇馆之宝的那个签了名的小便器。但是理论家们在理论上的有别而别并未影响艺术作品本身的无别而别，即一个现成品所造成的偶然性艺术事件对于人类艺术观念和审美学观念的颠覆。回顾杜夏的创作史，可以看到，在他之后的现代艺术甚至后现代艺术中似乎都有他的影响因子，诸如跨界、行为、现成、合成、集成、装置等。

值得注意的是，我们讲的切割跟在 20 世纪初形成并曾在欧洲广泛流行的未来主义的否定一切文化遗产和传统的做法是完全不同的两回事。未来主义认为，人类既往的文学艺术和现存的文化都已腐朽、僵死，无法反映当今飞跃发展的时代，提出"摒弃全部艺术遗产和现存文化""摧毁一切博物馆、图书馆和科学院"的口号。但切割理论恰恰与之相反，是在继承传统文化的基础上才进行切割，这种切割不是为了与传统文化断裂而切割，而是要形成与传统文化完全不同的属性和功能。因此，切割理论不会像未来主义那样陷入历史虚无主义，而是在历史主义基础上的创新主义。

总之，作为跨越式停顿哲学在文化、科技、艺术、文学方面体现的切割理论，不仅对跨越式停顿做了生动的阐释，而且具有指导创新、创造、创作的启示作用。

第四节　待有

——中西方哲学的交锋处

一　待有理论的来源

2015 年笔者在《学术月刊》上发表了《中国美学和文论上的"崇无""尚有"与"待有"》一文。针对认为中国没有自己的文论和审美学的崇无论和中国有着独立的文论和审美学体系的尚有论指出，要超越这种崇无与尚有之间的对立，从中国审美学和文论的实际出发，寻找当代中国审美学和文论的问题，在诸多问题中首先确立缺少什么的问题，也就是待有的问题，即等待有的问题。笔者自 2012 年在《探索与争鸣》上发表《中国美学：主义的喧嚣与缺位——百年中国美学批判》一文以来，一直认为，当代中国审美学缺乏主义，也就是独立原创的审美学思想和理论主张，缺乏独立的本土原创的审美学流派。因此，待有，就是等待中国审美学和文论具有类似于西方审美学和西方文论上的诸多的原创的主义。待有是待别的升华。事实上，西方审美学和文论成就的一个主要标志就是旗帜鲜明的主义，如现实主义、自然主义、浪漫主义、古典主义、现代主义、后现代主义、结构主义、解构主义等。因此，待有既是一种期盼，更是一种方法，它要求在等待中实现自己的目标，建立自己的主义。通俗一点讲，就是琢之磨之的方法。在琢磨中找问题、找方向、想办法、出主意。

待有理论于 2016 年在欧盟的《哲学通报》（*Filosovesti Vestnik*）第一期上以 The Bustle and the Absence of Zhuyi—The Example of Chinese Aesthetics 的题目发表，很快产生了影响。首先，著名审美学家、前国际美协主席阿列西·艾尔雅维茨作出回应，在国内《探索与争鸣》《湖南社会科学》和国外《艺术与媒体》《哲学通报》上连续发表了 10 篇文章与笔者讨论主义的问题。被誉为欧洲第六大媒体的《艺术与媒体》（*Art + Media*）于 2017 年开辟专栏讨论"中国的主义（zhuyi）与西方的主义（-ism）"，欧盟著名杂志《哲学通报》于 2018 年开辟专栏讨论别现代（Bie-modernity）。在讨论中，笔者认为，一些思想欠发达的第三世界国家，其人文社会科学方面的落后主要是受其经济、政治、科技方面的欠发达制约。但是，在一些经济高度发达而学术思想依然欠发达的国家，造成这种现象的主要原因则是缺乏独立的、原创的主义。主义是思想的凝聚，是理论的升华，是行动的纲领，是流派的旗帜。阿列西·艾尔雅维茨认为，与中国的对于主义（zhuyi）的理解和界定有所不同，西方的主义更多的具有风格、流派、方法、运动的意思，而非指导整个社会的思想、理论和行动纲领。中西方哲学和审美学在主义上的对话和沟通是必要的，也是可行的。

二　待有理论生发出来的西方新理论

待有理论在西方引起的最为重要的话题是"哲学四边形"和"哲学时刻"理论的诞生和应用。"哲学四边形"是阿列西·艾尔雅维茨在与我的讨论中提出的学说。针对著名美学家、哲学家理查德·舒斯特曼提出的"哲学三帝国",即德国哲学、法国哲学、英美哲学,提出了中国作为一边参加的"哲学四边形"概念。阿列西认为,随着中国哲学界对主义的讨论,中国将有可能成为世界"哲学四边形"中之一边。无疑,这个学说颠覆了建立在西方中心论基础上的"哲学三帝国论"以及"中国无哲学"论,给予中国哲学以空前的地位。而阿列西这个"哲学四边形"理论是基于对我的"The Bustle and the Absence of *Zhuyi*——The Example of Chinese Aesthetics"即《中国美学:主义的喧嚣与缺位——百年中国美学批判》一文提出的。① 待有理论在西方引起的最为重要的第二个话题是罗克·本茨有关别现代主义与世界"哲学时刻"的观点。"哲学时刻"来自法国著名思想家阿兰·巴迪乌。他认为,人类在某一个无法预知的时刻,在某一个国家或地区会突然出现一大批伟大的哲学家,从而形成了哲学时刻。阿兰·巴迪乌说,人类的哲学时刻截至他的时代只发生过三次,这就是古希腊哲学、德国古典哲学、当代法国哲学。罗克·本茨在研究贾樟柯电影的别现代特征时用阿兰·巴迪乌的哲学时刻概念来形容别现代主义在国际上产生的影响。他说:"我认为'哲学时刻'的概念,非常接近于王建疆所讨论的主义。"②

如果说,阿列西·艾尔雅维茨的"哲学四边形"理论还只是说明中国当代哲学尤其是别现代主义哲学已经改变了世界哲学格局的话,那么,罗克·本茨将别现代主义界定为哲学时刻的说法,则将当代中国哲学推上了世界哲学的最高峰。而所有这些高度评价的前提都是别现代主义理论所产生的世界影响。如果没有别现代主义的横空出世和

---

① [斯洛文尼亚]阿列西·艾尔雅维茨:《主义:从缺位到喧嚣?——与王建疆教授商榷》,徐薇译,《探索与争鸣》2016 年第 9 期;[斯洛文尼亚]阿列西·艾尔雅维茨:《再评王建疆的"别现代主义"》,徐薇译,《湖南社会科学》2017 年第 5 期;Aleš Erjavec, Zhuyi From Absence to Bustle Some Comments on WangJianjiang's Article "The Bustle and the Absence of Zhuyi", ART + MEDIA, 13/2017. Aleš Erjavec, Some Additional Remarks Concerning Issues Opened by Prof. Wang Jian-jiang; Ales Erjavec, ART + MEDIA, 13/2017。

② [斯洛文尼亚]罗克·本茨:《论"哲学时刻"、解放美学及贾樟柯电影中的"别现代"》,李隽译,《贵州社会科学》2019 年第 2 期。

世界影响，世界"哲学四边形"将无从谈起，将哲学时刻给予中国哲学也是不可想象的。如果说，别现代主义所引起的国际讨论填补了"待有"的真空，在当代中国哲学乃至世界哲学上实现了突破，那么，这个突破点就是主义，就是以原创的中国本土的别现代主义与西方的主义进行交锋和对垒，通过交锋和对垒最终凸显了自己的主义的价值，得到了西方哲学家的广泛认可和高度评价。

三　待有理论在国内的反响

待有理论在国内也引起了热烈的讨论。王洪岳、夏中义、吴炫、刘锋杰、张玉能、张弓、陈伯海、邵金峰、查常平与我在《探索与争鸣》《学术月刊》《上海师范大学学报》《江西社会科学》《社会科学战线》《都市文化研究》上展开讨论。他们的观点或者主张是，"主义"应该用现代西方哲学观念武装（王洪岳），或者认为应该多谈些问题少谈些主义或者不要谈主义（夏中义、刘锋杰），或者中国的人文学科已经很发达（张玉能、张弓），认为别现代主义没有问题意识（吴炫），认为别现代是别样的现代化（陈伯海）等。笔者在举出实例予以辩驳之外，从中国当代学术现状和国际学术背景出发反复陈述主义之与哲学和审美学的重要性，并对长期被误读的胡适的"少谈些主义多谈些问题"进行了考证，强调了主义建构之与中国哲学/审美学和世界哲学/审美学发展的重要性。

如果说，与西方哲学家就主义——待有而展开的讨论，涉及"主义"这一概念的中西方不同含义和不同用法以及主义之与中国哲学、人文学科包括审美学的重要性的话，那么，国内学者就主义的问题而展开的讨论则涉及是否需要原创以及如何原创的问题。而原创的问题也就是自己讲然后让别人接着你讲，还是你听别人讲然后跟着别人讲、接着别人讲的问题。曾经一段时间，习惯于接着别人讲的中国学界，鲜有原创的意识，有的只是接着讲、还原话题、回归古典、致力于朴学的兴趣。与之不同，别现代主义秉持有别于的思维方式和待别的哲学方法论，提出新主义，开创新领域，提出新主张，建设新理论，让原创的主义引领学术研究。

第五节 "中西马我"主张与"我"的独创

2014 年冬笔者参加了在复旦大学举办的《全国中国哲学、西方哲学、马克思主义哲学专题研讨会》，大会主席在开幕式和闭幕式上都盛赞这次大会所取得的最主要的成就就是将中西马并列为哲学研究的方向，从而突破了长期以来将三者分别对待的思维方式，而且得到了官方的认可。但在笔者看来，这是一个没有问题的问题。说没有问题是因为当代中国哲学研究正是以中西马为方向和对象的，而且早就有了中国哲学、西方哲学、马克思主义哲学的专门研究机构和学术专刊，现在特意提出这个问题多多少少有点多此一举。说有问题是因为，在专门的中西马哲学研究机构和学术专刊之外，怎么就没有一个"我的哲学"这样的机构和专刊呢？要知道，中国哲学也好，西方哲学也好，都是由无数个"我"创造的，而非由抽象的中国哲学或西方哲学创造的。正是"我"的创造，才有了中国哲学和西方哲学。至于马克思主义哲学就更不用说了，它是马克思和恩格斯个人的创造。既然如此，我们讲中西马，却为什么不能讲"我"呢？当然，这里特别需要说明的是，"我"不是专指某个人，而是指无数个在不同地点和不同历史时期的具有创造性的哲学家群体。他们是哲学创造的主体，是中西马哲学史的重要组成部分，也是中西马思想资源中的要素。这个由哲学家群体构成的大我，与中西马之间形成了互动、共生的关系。一方面，如果没有这个哲学家共同构成的大我，中西马就会因失去创造主体而显得空洞；另一方面，没有中西马的思想资源和思想启迪，新的哲学家的产生也会面临无本之木和无源之水的困境。因此，正确的说法是，以"中西马我"主张代替"中西马"论，给个人创造保留合法地位，留出必要的空间。为此，笔者在与阿列西商榷的文章中首次提出了中西马我主张，① 认为，在中西马三个哲学方向外应加上"我"的创造。但是在"我"的创造进入这个中西马我结构时，"我"的地位将具有主导性，这就如马克思还有恩格斯在马克思主义中的主导地位一样，都在说明作为创造主体的人的重要性。

首先，在中西马我之间，将生成一种以"我"为主导的主客体关系。中西马我中的我是创造主体，中西马只是创造客体。只有通过"我"，中西马的思想资源才会被激活，才有可能在我的思想意识、行为目的的统摄下产生新的思想，离开了作为创造主体的"我"，中西马将只以文献的方式存在，不可能自动产生新的思想。因此，中、西、马、我之间不仅是平行关系，而且是主客体关系，是以"我"为主导的主客体关系。

其次，中西马我格局将生成独立创造的我。纵观中国哲学史和西方哲学史，伟大的哲学家和审美学家都是在充分继承和借鉴他所处时代的最为优秀的哲学和审美学成果的基础上才取得辉煌成就的。但是，中西马我中的"我"与中西马是平起平坐的，不可能去崇拜中、崇拜西、崇拜马，只是利用中西马的思想资源为我所用。利用中西马的方式无非继承和借鉴两种。但是，继承和借鉴之后必须要有切割，只有切割才有创新，才有原创，才有辉煌。所谓切割，就是结束对前人的依赖和对他者的借用，而形成完全独立的自我。这个完全独立的自我可以独树一帜，开山开河，甚至可以开天辟地，创造一个属于他的时代。一方面，中西马是他成就的阶梯，另一方面，他又舍梯登云，飞龙在天，从而创造了哲学时刻和审美学时刻。亚里士多德之与柏拉图如此，庄子之与老子如此，孟子之与孔子如此，马克思之与黑格尔如此，法兰克福学派之与马克思亦如此。但历史的发展是以前行和对当下的自觉为标志的，中西马我的价值倾向和前行目标并非回归中西马，而是要立足当下走向未来，因此，在中西马我结构中，最终所要成就

① 王建疆：《哲学、美学、人文学科四边形与别现代主义——回应阿列西·艾尔雅维茨教授》，《探索与争鸣》2016 年第 9 期。

的就只能是生成独立创造的自我，然后通过独立创造的自我反哺中西马思想资源，丰富中西马资源，从而推进人文社会科学包括审美学的发展。

再次，中西马我格局将生成自由创造的"我"。中西马我是一个高度概括的思想结构，在这个结构中，"我"的独立创造是与"我"的自由创造紧密相关的。由于个人文化背景和国际交流的程度不同，独立创造的主体需要在中、西、马中进行自由的选择，有所侧重，这样一来就会生成中国审美学研究专家、西方审美学研究专家、马克思主义审美学研究专家。大家可以平行发展，独立存在，也可以自由交往，和谐相处，更期望出现中西马研究全能大家。在科学高度发展和学科高度分化的今天，在中西马之间进行完全自由的选择，有侧重地发展，是顺理成章的事。但是在这种顺理成章中，创造主体会进行完全独立的、自由的创造，而不是被研究对象牵着走，更不会受制于研究对象。

最后，中西马我一起生成"哲学四边形"和哲学时刻。前述西方哲学家所言"哲学四边形"和哲学时刻是已然还是未然，是应然还是必然，完全取决于"我"的独立自由的创造所达到的高度。而"我"的独立创造并非无根无源的天马行空，而是在充分继承和借鉴中西马思想资源的基础上的个人原创。因此，中西马我作为结构要素，一个也不能少。不仅不能少，而且中西马我之间的最佳配置也是至关重要的。所谓最佳配置就是创造主体能够在与自己成长背景、教育背景、文化背景的紧密结合中生成新的思想和新的主义。如西方创造主体之与两希文明之间的最佳配置，中国创造主体之与中华文明间的最佳配置。但是，在最佳配置的外围，其他要素作为重要参照同时并存。全球化时代的哲学人文学科包括审美学要有大的发展几乎离不开中西马我的全力支持。国际视野越广，中西马的根基越深，就越有可能产生新的思想甚或伟大的思想。从这个意义上讲，中国若将成为世界"哲学四边形"中之一边，进入哲学时刻，就需要形成以"我"为主的中西马我的通力合作和最佳配置。"哲学四边形"和哲学时刻将在以"我"

为主导的中西马我的通力合作和最佳配置中应运而生。

正如阿列西·艾尔雅维茨在为《别现代：话语创新与国际学术对话》所做的序"具有中国性的新思想和新方法"中所说，"别"作为具有中国性的方法论，启发了中国学者，也启发了西方学者，"别"作为哲学思想方法，创造了中西方学者共同讨论的思想空间。因此，我想，首先把别现代主义作为本土产生的一种哲学方法论和审美学方法论，也许更具有推动哲学和审美学发展的意义。

第四章 别现代主义审美学范畴

  范畴是指在学术史上和理论体系中起中枢和支柱作用的大的核心概念，也是衡量和评价某一理论是否具有独创性的标准之一。理论的创新往往体现在学科类别下面的具体的范畴创新上。达尔文的生物进化论就建立在遗传、变异、性选择等具体范畴的基础上；资本原罪、剩余价值、历史唯物主义和辩证唯物主义等范畴，构成了马克思主义的基本理论框架和核心内容；弗洛伊德如果没有本我、自我、超我等具体范畴，其理论体系就很难建立起来。正因为如此，范畴也是概念史研究和关键词研究的重中之重，无论是以昆汀·斯金纳为代表的概念修辞学派，还是以考斯莱克为代表的概念社会学派，都离不开对范畴的重点研究。现代中国审美学伊始，王国维就主张要"造新语"，也就是创造新的概念和新的范畴。他所发掘与创构的古雅、眩惑等审美形态范畴，对现代中国审美学的建立具有一定的示范作用。虽然学术史上的范畴相较于一般性概念屈指可数，但正是这种屈指可数的范畴构筑起理论发展的里程碑。审美学史上，有些审美学家并没有宏大的体系，仅靠一个独创的范畴如移情、距离等就可以永垂史册。而很多审美学理论由于缺乏具体的范畴，无法深入下去，只能停留在某某美学这样的学科概念上做平面延展。因此，无论是研究审美学史，还是研究审美学理论，或者创构审美学理论，都离不开对于范畴的研究。

  从新冠疫情开始，别现代主义理论又有了新的发展，产生了待别理论、第一根据说、人类文明整体提升理论、艺术和审美中的现代性理论、深别理论，将别现代主义推向新的发展阶段。

第一节　1.0 版的别现代主义审美学范畴

范畴是指涵盖面较大的概念，具有类别的特点和功能。用苏联著名审美学家列·斯托洛维奇的说法，范畴就是一些大的具有枢纽作用的概念。2014 年以来的别现代主义在发展过程中已经形成了 20 多个理论范畴，这些范畴横跨哲学、审美学、艺术学、文艺学、法学、经济学、文化学、计算机学等领域，共同构成了别现代主义理论体系，成为真正意义上的"涵盖性理论"。

一　作为别现代主义审美学哲学基础和思想方法的范畴

（1）别现代指现代、前现代、后现代的杂糅体所构成的社会形态。这种社会形态不具有单一的时代属性，而是兼具前现代、后现代、现代的多重属性，因而其现代性不充分、不达标，是可疑的，在很大程度上表现为真伪难辨，原因就在于借助现代媒体宣传以名义上的现代掩盖了实质上的非现代。这种似是而非的现代直指现代本身的是与非、有与无，而不是纠缠于它是混合的、复杂的还是单一的、纯粹的，也不纠缠于是新的还是旧的，是另类的还是普通的，是特殊的还是一般的之争。这是因为，就如黄金是以 24K 和 18K 来衡量的，低于 18K 的就只能是合金而非黄金，当前现代的思想观念、社会制度和生产力仍在现实社会中占有很大比例时，在现代化未实现之前，我们不能自封为现代的，只好称之为别现代，一种似是而非有待于区别的现代，而非真正的现代，亦非真正的后现代。

别现代是第三世界国家在迈向现代化的过程中普遍存在的现象。别现代包括被动形成和主动生成两种模式。其形成的原因也各有所别。一个是指民族国家原有的传统文化、社会结构和思想意识形态遭遇外来植入的西方现代和后现代，从而在冲突、融合的过程中形成了杂糅交织的时间空间化或时代空间化现象，即别现代现状；另一个是民族国家意识到自己的欠发达，为了实现现代化而主动向西方发达国家开放，伴随资本主义要素的被引进，西方现代和后现代进入这类国家，并与这类国家存在的前现代因素和谐相处，从而形成了具有主动性的别现代。

（2）别现代主义（the theory of Bie-modernism）① 指区别真伪现代，使其具备充分的现代性。它是对别现代现状的反思和批判，是一种学术主张，也是一种思想倾向。别现代主义的"别"，在甲骨文中得到了最好的见证，即用刀将骨头从肉中剔除，从而构成了别现代主义理论的第一义，是它之后的第二义即引申义如别样、特别等无法超越更无法替代的第一义，亦即根本义。坚持这个根本义和第一义，就是别现代主义的，背离这个根本义和第一义，就不是别现代主义的。

（3）别现代性②指别现代社会形态中现代、前现代、后现代的杂糅性；多重价值选择性，即或择优集善，或择劣趋恶，或二者并行不悖、和谐共谋；发展方向的随机性，即社会发展的方向取决于一个集团甚至个人所形成的主导性力量，因而发展方向往往随着主观意志和个人禀赋而具有随机性；发展模式的跨越式停顿性，即在现有轨道上高速发展的过程中突然停顿，实现革命性转型，这在当代民族国家包括社会主义国家的现代化转型中颇为多见。

（4）别现代的时间空间化③指相较于西方社会从前现代到现代再到后现代的线性发展或断代史，第三世界国家出现了现代、前现代、后现代的杂糅并生现象，与西方的历时态社会相比是一种共时态社会。时间的空间化也称为时代的空间化。

（5）别现代的和谐共谋④指现代、前现代、后现代的杂糅带来的边界不清以及相互亲和、彼此包庇、相互利用，从而导致在利益共同体面前法律、政策、原则的失效，潜规则大行其道。但利益归属最终

---

① 王建疆：《别现代：主义的诉求与建构》，《探索与争鸣》2014年第12期。
② 王建疆：《"别现代"：话语创新的背后》，《上海文化》（文化研究）2015年第6期。
③ 王建疆：《别现代：时间的空间化与美学的功能》，《当代文坛》2016年第6期。
④ 王建疆：《别现代：时间的空间化与美学的功能》，《当代文坛》2016年第6期。

导致利益冲突，从而废弃和谐共谋。经过对立冲突，再通过自我更新和自我超越，可以通向真正的现代民主和法治。

（6）别现代主义的发展四阶段论①是指和谐共谋期、对立冲突期、和谐共谋与对立冲突交织期、自我更新超越期。别现代主义的发展四阶段论走出了时间空间化这一"没有历史"的死结，通向新的历史阶段，从而终结了时间空间化的停滞状态，展示了一个新的现代化社会。

（7）别现代主义的跨越式停顿②相较跨越式发展是指在高度、高速的发展中突然主动停下来，而非被动刹车。跨越式停顿属于涵盖性哲学，可以从老子的功成名遂身隐、佛禅的顿悟成佛、儒家的急流勇退中发现这种人生智慧，从技术的研发、储存、应用、更新中得到启示，也可以从苏联等国家的解体中找到根据，还可以从具有后发优势的欠发达国家从跟进的红利中觉醒从而杜绝山寨、发奋创新中得到支持，更容易从文学艺术流派的诞生中获得认可。跨越式停顿源自对成住坏空的极限的彻悟和对发展空间的认识，不会沿着一条道走到黑，而是停下来自我反思、自我更新，然后突然转向、改弦易辙，实现革命性的突变。跨越式停顿理论被广泛地应用在了文化的传承创新、文学艺术的传承创新上，并产生了切割理论。

（8）别现代主义的中西马我主张③完整的表达是中西马我以"我"为主，即以"我"为创造主体吸收和应用中国传统、西方传统、马克思主义的思想资源，创造新的理论。

（9）别现代主义的主义的问题与问题的主义理论④是在考证还原胡适原论后对中国哲学和审美学根本问题的诊断，认为中国当代学术要从对主义的缺乏和对主义的期盼的思考中入手，从问题中研究并形

① 王建疆：《别现代：时间的空间化与美学的功能》，《当代文坛》2016 年第 6 期。
② 王建疆：《别现代：跨越式停顿》，《探索与争鸣》2015 年第 12 期。
③ 王建疆：《哲学、美学、人文学科的四边形与别现代主义——回应阿列西·艾尔雅维茨教授》，《探索与争鸣》2016 年第 9 期。
④ 王建疆：《别现代：主义的问题与问题的主义——对夏中义先生及其学案派倾向的批评》，《上海师范大学学报》（哲学社会科学版）2017 年第 1 期。

成自己的主义。

（10）别现代主义的后现代之后回望说①指在现代性尚未实现的别现代时期需要从跨时空视域来反观别现代社会，不是亦步亦趋于西方的现代和后现代，而是同时吸收西方现代和后现代的优长之后实现中国的现代化。从时态上看，现代对于中国来说尚属于未来时态或将来时态，而非西方的过去时态，也非一些学者所说的现在时态。后现代之后回望就是一种把未来时态变成现在时态的努力，是精神创造和思想革命中的乾坤大挪移。

二　别现代主义审美学范畴

（1）别现代主义的切割理论②指在传承与创新之间、借鉴与创新之间楔入切割的环节，形成传承—切割—创新或借鉴—切割—创新的新模式；是指在充分继承和充分借鉴的基础上与被继承者和被借鉴者进行切割，从而形成自己的风格和独立的知识产权，形成一个流派。如果不能切割，个人的原创性和个性特点就得不到彰显，风格、流派、独立的知识产权也就不可能形成。因此，切割是文化发展、文艺繁荣的一个必要环节。

（2）别现代主义的待有理论③超越中国审美学和文论上的崇无论和尚有论，提出中国缺什么的问题和等待什么的问题，并明确指出中国当代审美学和文论缺乏主义，需要建构主义。别现代主义认为，一国之哲学和审美学的领先世界在于主义的有无和主义的实力。别现代主义就是这种待有的产物。

---

① 王建疆：《别现代：美学之外与后现代之后：对一种国际美学潮流的反动》，《上海师范大学学报》（哲学社会科学版）2015 年第 1 期。

② 王建疆：《别现代：跨越式停顿与跨越式发展及文化艺术创新——兼回应王洪岳教授》，《甘肃社会科学》2017 年第 6 期。

③ 王建疆：《中国美学和文论上的"崇无""尚有"与"待有"》，《学术月刊》2015 年第 10 期。

（3）别现代主义审美形态论①建立在对当代审美形态嬗变史的考察上，对囧剧、疯剧、抗日神剧、别现代主义美术、奇葩造型、冷幽默等别现代审美形态范畴进行了揭示和阐发，从而使别现代主义理论扎根于文艺批评。

（4）别现代主义英雄空间理论②指在现代、前现代、后现代杂糅时期多元英雄观相互抵牾、争奇斗艳而形成的对传统英雄观的解构以及广延式英雄空间的平面建构，既是英雄转型的历史，也是崇高消弭带来的英雄扁平化、娱乐化、被消费化的别现代现状。

（5）别现代主义的消费日本理论③指中国观众在崇拜日本技术、产品质量与仇恨日本侵略之间的矛盾心理，揭示了其物质消费与精神消费之间的悖论现象以及影视商业运营与意识形态管控之间的既背反又和谐共谋的奇葩现象。

（6）囧剧等审美形态理论。主要对徐峥和他主演、导演的囧剧进行审美形态的提炼，并进行了理论的阐释，使之成为别现代主义审美形态的生动写照或典型案例。

这些范畴都是在别现代社会形态和历史发展阶段与审美形态的紧密关联中建构起来的，并在时间空间化的哲学基础上从审美现象中生发出来的新的理论。这些新的理论范畴为 2.0 版的别现代主义审美学理论范畴奠定了基础。

第二节　2.0 版的别现代主义哲学和审美学范畴

2018 年以来，别现代主义理论又有了新的发展，产生了生命股权、第一根据、命赋人权和命本体、人类文明整体提升、艺术和审美中的现代性、深别等新的哲学和审美学范畴。

① 王建疆：《别现代：从社会形态到审美形态》，《甘肃社会科学》2019 年第 1 期。
② 王建疆：《后现代语境中的英雄空间与英雄再生》，《文学评论》2014 年第 3 期。
③ 王建疆：《"消费日本"与英雄空间的解构》，《中国文学批评》2017 年第 2 期。

一　生命股权理论

别现代主义的生命股权理论①（the theory of life equity/life stocks②）及其之后的理论创构属于别现代理论的 2.0 版，指国民生来就带有可以被量化的财富。这种财富的实质就是从国民经济总收入中即 GDP 中的分红分利的神圣权利，体现在免费享受最低生活、医疗、教育、养老和居住保障上，属于社会福利原则范畴，也是法学上的应然—实然和哲学上的理想—现实的历史进程标志。

生命股权不以是否劳动而获得基本生活保障为底线，不能突破这个底线。原因在于随着生产力水平的普遍提高尤其是 AI 技术的发展，原有的劳动阶级已沦为无用阶级，找不到工作将是常态，以至保护劳动权利成了保护人权的一项新的内容。不劳动或没有劳动但要生活，而且要好好地活着，这就是一种新的权利诉求。如果还固守不劳不得的陈旧观念，将会导致人道主义灾难。因此，生命股权是生命和生活的基本保障，无此保障不劳动者和无法劳动者都无法生存，个体的生命权也就无法兑现。长期以来，"不劳而获"成了剥削阶级的代名词，对其展开道德上的挞伐理所当然，但是，忽略了"不劳而获"的非道德因素，尤其是法权因素，以及生命存活底线，从而导致借批判不劳而获而忽视人的生命股权的错误做法，在生产力水平高度发达的今天不得不引起我们的注意和修正。

生命股权的学理依据和法理根据都在于人生而平等的不证自明的公理上。这种生而平等包括与生俱来的财富平等。但是这种与生俱来

---

① 王建疆：《别现代：生命股权与城市焦虑症对策》，《京师文化评论》2019 年秋季号总第 5 期。

② Wang Jianjiang（Shanghai Normal University）：Is it Possible for China to Go Ahead of the World in Philosophy and Aesthetics? —A Response to Aleš Erjavec's, Ernest Ž+enko's, and Rok Bencin's Comments on Zhuyi and Bie-modern Theories, Filozofski vestnik（A&HCI），01/2018. 生命股权，英译 life equity/life stocks，由我于 2018 年首次在微信公众号上推出，曾引起全国性讨论。欧盟的哲学杂志《哲学通报》《Filozofski vestinik》2018 年第 1 期发表，国内杂志都有专文、专节发表跟进。

的财富平等并不意味着后天的财富平等，并不意味着要均贫富。相反，二者互不隶属，互不干扰。也就是说，先天的财富平等不意味着后天的财富均等，后天的财富不均等也不能取代先天的财富平等。

生命股权是人类幸福感和美感的前提和基础，而它的缺失则是人类不幸、不公、焦虑、痛苦的根源。因此，生命股权理论有可能在对生命的权利、价值、特性、本质的认识和涵养方面起到推动作用，进而推进人文社会科学的创新性发展。因此，树立生命股权观念，落实和兑现人的生命股权，就不仅仅是法学和经济学的任务，而且应该是伦理学和审美学关注的问题。

生命股权理论促成了生命股权美感论的产生与发展。生命股权作为人类幸福感和美感起源的前提和基础，不仅捍卫着每个个体生而有之的审美权利，而且由于生命股权美感论建立在内审美理论的基础上，从而在心灵感悟和内在感知的基础上建构着别现代主义审美学的"审美是人的本质、本质力量和理想的多质多层次的交互式正价值—感情反应"的基本原理，将情绪与情感、价值与情感、生命与境界、生命与超越有机地统一在了一起。

二　第一根据

别现代主义的第一根据说①指理论研究的最初的根据，也是最终的根据，是根据的根据，贯穿在理论研究的全过程中。就如基督教的原罪说是基督教理论的第一根据一样，别现代主义理论中的"别"是鸿蒙初启、人猿揖别、世界存在的第一根据，是哲学认识论的第一根据，也就是别现代主义的最初根据和最终根据。别现代理论就是一字之学，是"别"的学说。别现代主义中的命赋人权也是生命股权学说的基础，因而是关于生命理论的理论，是根据的根据，是第一根据。第一根据具有

---

① 王建疆：《国际思想市场与理论创新竞争——讨论中的别现代主义理论》，《江西社会科学》2020 年第 10 期。

唯一性，不允许并置和平行。李泽厚先生将人类与世界交往的三大基本心理结构即知情意中的情单独抽出来作为本体，提出情本体，就是忽略了第一根据的唯一性，忽略了本体的第一性。将平行平等的三个要素中的一个拎出来驾驭其他两个等量级概念，也是说不通的。

原创的概念可以"凭空起楼"而且应该"凭空起楼"，但原创的思想是有着能为人们认同甚至信服的根据。这个根据就是第一根据。原创的思想能否产生影响，关键也在于这种思想是否有其第一根据。第一根据，就是思想起始并始终离不开的理论基础或根本理由。这种根据是逻辑的也可以是非逻辑的。犹太教、基督教的第一根据在于原罪说，即原罪导致人的堕落，而人的堕落只有等待神主的拯救，从此，一系列救赎的说教流行于世，成为人们的精神统治。虽然这个被长期普遍接受的根据是无从进行逻辑推论的，就如上帝一样无从见证，但它却是坚不可摧的信仰。别现代主义的"别"的令人信服的地方就在于，无别就无有，有别创世纪。

当然，思想原创的第一根据并非绝对真理，也会受到时代的局限。人性原罪说，现在看来只是而且也只能是信仰的一部分，作为信仰无法进行论理深究也不需要论理深究，这就如上帝本身是不需要证明的一样。还有资本原罪说，当中国人民和世界人民一样都忙于发家致富奔小康甚至还要奔大康时，在实践中都已成了资本原罪的崇拜者，谁还愿意怀着资本原罪的心理负疚前行呢？但是，无论如何，理论要成为理论就得有这种第一根据，否则就不可能有原创，更遑论作用于现实，影响世界。因此，只要存在，就离不开有别，别是原创之母，别是天地之始，别是人文肇启。

如何在现代、前现代、后现代的纠结中建立别现代主义，仍然在于找到别现代理论建设的第一根据，这就是中国现实中待别的需要，而非西方现代理论、后现代理论建构的需求。别现代理论首先要做的是考察现代、前现代、后现代杂糅混合后的功能属性，即考察这种杂糅是带来了更多的改革和进步的机会，还是带来了由三个不同时代的缺点和劣势的组合所产生的超级负价值，从而对当下社会形态有个准确的定位，进而寻求解决的办法和出路，而不是更多地优先考虑别现代与现代和后现代的关联，亦即优先考虑中西方之间的关系，甚至去处理好这种关系。这种关系固然重要，但构不成理论的第一根据，也不是别现代理论建构的第一需要。

三　命赋人权和命本体

生命股权是自然法权，它的思想来源是命赋人权说。命赋人权不同于来自西方的天赋人权以及由此衍变出来的人赋人权、商赋人权、官赋人权、行赋人权之处在于，所谓的天赋人权、人赋人权、商赋人权、官赋人权都属于被外在于自己的力量所赋予、所赐予、所给予的人的权利。而行赋人权看似实践赋予人权，但现实中，或者过去讲的"在那万恶的旧社会"里，最广大的劳动人民并没有因为披星戴月的劳动实践而获得人的权利，而是在劳动实践与人的权利之间形成的负相关中，人的权利逐渐式微。天赋人权的"天"在汉语中可能被理解为自然，而在一神教那里就有可能是被神主赋予或授予。至于人赋人权，就是由别人赋予、赐予、给予权利，而自己并无任何权利。与这些被赋予、赐予、给予的权利不同，命赋人权是说只要有活着的生命体存在，其就有了人的一切的合法权利，包括随着生命体而来的从GDP 中分红分利的权利，不需要天赋、神赋、人赋、商业赋、官员赋、实践赋，因而生命股权就是自然法权。因为命是第一存在，因而命赋人权就是所有权利学说包括生命股权理论的第一根据。

命赋人权也就是命本体。所谓本体，就是最为本质、最具有规定性和规范性的东西。在古希腊哲学中，柏拉图的理念（idea）就是本体。在中国道家哲学中，道就是本体，是最高真理，也是最高法则。相对于李泽厚的情本体而言，命本体更具有根本性，也就是真正的本体。理由就在于情感属于生命存在的附属品。同时，情感本身受到知情意中的知和意的制约，无法独立存在，更谈不上决定知和意。只有把命作为本体，才会生成人的权利。

四　艺术和审美中的现代性理论

别现代主义的艺术和审美中的现代性理论①针对西方的审美现代性理论而言，揭示已进入后现代社会的西方与当下中国在时代发展上的代差及其西方审美现代性命题在中国的有效性问题，从而提出研究中国文学和艺术以及审美活动中的现代性问题，以避免盲目跟班而带来的非现代国家反而对现代性这一追求目标进行背弃的悖谬现象。

与审美现代性理论在中国的传播不同，在中国的文学和艺术以及审美活动中，对前现代进行反思和批判的倾向构成了现代性的另一道风景线，但同时也有为前现代礼赞的作品，因而在中国提倡艺术和审美中的现代性，以代替审美现代性，避免在中国被误用而带来的危害，就不仅必要，而且迫切。

五　人类文明整体提升理论

别现代主义的人类文明整体提升理论②针对文明等级论、文明冲突论、文明特行论提出文明是野蛮的宿主，古代文明要经过现代文明的洗礼才可以焕发青春，人类的进步需要人类文明的整体提升而非各自为政甚至相互对立。

别现代国家一般沿袭了本民族的前现代传统，但又遭遇西方现代文明的冲击，从而导致不同文明形态的杂糅与并置。在这种杂糅与并置状态中，前现代的因素往往会借助传统和习俗的惯性而得到保持和发展，而现代文明制度和理念在现实社会中却得不到体现。在现代文明规则已经成为世界潮流的形势下，前现代文明除了保持其文化遗产

---

① 王建疆：《别现代主义之别：艺术和审美中的现代性与审美现代性》，《西部文艺研究》2022 年创刊号。

② Wang Jianjiang, "On the Overall Promotion of Modern Human Civilization", *The Collection of the 6th Bie-Modern International Conference*, edited by Keaton Wynn & Jianjiang Wang, 2020, October.

的功能外，其制度设施和相当一部分的思想意识跟和平与发展的世界潮流格格不入，但又无法回避和抗衡现代文明的历史潮流，因而，别现代往往把自己打扮成现代，以此混淆视听。因此，产生于别现代的别现代主义认为，必须首先区别真伪现代，具备充分的现代性。这种充分的现代性就是制度上的民主、自由、法治、平等、公正；物质上的医疗、教育、养老、住房保障；思想意识方面的爱国守法、私权神圣、人格独立、泛爱众生、相互尊重、诚实守信等。

现代性是一个属性概念而非编年史概念，即以其符合人类文明规则的内涵和外延来加以确定，而非以某一个时段来加以框定，也不以形式上的新与旧来加以区别，更不能以欧洲 5 世纪就出现了 modern 一词而把现代社会、现代性的出现界定于 5 世纪的欧洲，也就是天主教会统治的中世纪的欧洲。现代性起自文艺复兴人对神的统治的摒弃、工业革命机器进入人类社会、启蒙运动人的权利（生命、财产、自由）的觉醒。

现代性是一个国家现代化程度高低的根本标志，也是一个国家、一个民族、一个个体的现代文明程度的度量衡。虽然西方存在各式各样的现代性理论，但是，以上所说现代性最基本的要素不可或缺，如果缺失了就不具有现代性。

现代性是一个外部植入再加内在涵养的过程。始于欧洲的文艺复兴、工业革命、启蒙运动的现代性，在人与神、神权与人权、皇权与人权的对立冲突中得以确立，在普遍的劳资冲突、利益冲突及其相互妥协后得到强化，在理性与感性、理性与神性的矛盾中逐步清晰。随着十八九世纪西方殖民主义的普遍推行，落后民族或欠发达国家被强行植入西方的现代文明（包括机器器物、社会制度、思想意识形态）。同时，落后民族和欠发达国家也为了不被世界抛弃，或主动或被动地进行了文明转型和社会改革，从而在外来压力下涵养了本国、本民族的现代性，但受本民族国家传统文化的影响，这种后发的而非自发的现代性往往并不纯粹，而是带有杂糅的特点，更具有实用主义的取舍。因此，在别现代社会，何时能够实现充分的现代性，是一个长期的历史过程，也是别现代社会现代文明形成、确立、发展的过程。

发展中国家的文明策略应该在现代文明的强行植入与自我涵养之间保持必要的张力。不可否认也不能忘记的是，人类历史上曾经有过无数次的以发展科技、改良人种、促进文明、王道乐土、共荣共享、主持正义为借口的侵略战争和种族灭绝行为，给欠发达国家留下了永久的心理创伤。但是，因此而抱着复仇主义的抵御现代文明的做法，或者以弘扬民族文化、捍卫民族利益为借口的突破人类文明底线的做法，同样值得警惕。保持这种张力的目的就在于守住文明底线，提升文明水准，而非以国家利益和民族利益突破文明底线，破坏文明规则。

别现代主义在文明问题上主张进行社会的自我调节、自我超越，自行达到人类文明的基本高度，即主张文明的提升，而非文明的冲突，反对通过暴力来实现文明的转型。事实证明，以暴力实施的人类文明转型，伴随着野蛮的反文明的过程，最终也被现代文明所唾弃。不可否认，文明的提升往往拖着历史的尾巴，有时甚至尾大不掉。但在现代社会，文明只有通过法治观念和法律意识的深入人心以及政治协商的方式才能实现，而非以暴力、武力、恐怖等手段加以实现，更不能以战争的方式去消灭对手。

别现代主义的文明提升论，是突破了狭隘民族主义和国家主义后的世界主义认同，同时也是其"有别于"的思维方式的延伸。别现代主义就是在区别真伪现代、具备充分的现代性之后，实现具有民族文化特点的现代化。由于世界上不同民族、不同国家、不同文化传统的存在，其现代性的表现也应该是多样的、各具特色的。同时由于不同国家的发展水平不同，文明程度不同，因此，即使是面对现代文明提升过程中恨铁不成钢的现象，也应该采取包容的态度和改造的方法，而不是采取隔绝的态度，甚至是对立、冲突的方式。这是因为，通过全面整体的提升，才有人类文明的共同进步。人类文明的理想形态不在于某一国或某几国的文明程度有多高，而在于世界上所有国家都站在了文明底线之上。也就是说，衡量人类文明的标准应该是最低标准或底线标准而非最高标准，这就如一只木桶的容积取决于最短的那块木板而非最长的那块木板一样，因为水桶中的水只能存在于最低的那块木板之下而非之上。因此，人类文明是需要全面整体提升、全面整体进步的，是任何一个国家和任何一个民族都不能缺席的。而人类文明全面整体提升的首义就是守住文明底线，这是个看起来容易做起来难的基准线。那种秉持人类文明优劣等级论而拒绝发展中国家参与现代文明的全面整体提升的做法，还有那些以坚守民族文化特殊性而走伪现代道路而远离真正的现代文明之路的做法，在别现代主义的人类现代文明全面整体提升理论面前都是要被无情抛弃的。

人类文明的整体提升是一件历史性工程，除了各国的统治集团所代表的或者国家利益或者集团利益或者个人利益，都与其他国家的统治集团所代表的或者国家利益或者集团利益或者个人利益之间很难协调，也很难统一，有时甚至相互矛盾、相互对立、相互冲突外，还有民族文化之间本有的认识差异。因此，人类文明的提升需要一系列行之有效的举措和全球各国的通力合作才能实现。

人类文明整体提升之与别现代主义审美学的关系就在于，在人类文明整体提升之后，才能实现世界范围内的"各美其美""美美与共"，即在审美差异性和美感的共通感中实现人类大同。

六　别现代主义人工智能深别理论

别现代主义人工智能深别理论（the theory of Bie-modernist artificial intelligence in deep distinguishing）① 是别现代主义的最新理论。别现代主义在人工智能研究领域针对伪现代盛行和深伪（deep fake）技术的发达，提出别现代主义文化计算（cultural computing）与真伪识别系统

---

① 王建疆，陈海光在2021年7月第23届国际人机交互大会上的发言，《别现代主义与文化计算》，斯普林格出版社2021年版。（Wang Jianjiang, Chen Haiguang: Bie-modernism & Cultural Computing）, Culture and Computing, 9th International Conference, C&C 2021, Held as Part of the 23rd HCI International Conference, HCII, 2021. July 24 – 29, 2021, Proceedings, Part Ⅱ. pp. 474 – 489. By Matthias Rauterberg, Springer Nature Switzerland AG 2021. 察会议：https：//doi. org/10. 1007/ 978 – 3 – 030 – 77431 – 8.

而建立的理论，这种理论堪称别现代主义人工智能深别理论，已在第23届国际人机交互大会引起关注，并被列为第24届、第25届国际人机交互大会的主要议题之一，笔者本人也受邀作为这三次大会组委会委员出席。

别现代主义人工智能深别理论主要以中国古典小说《西游记》中的真假美猴王识别和莫言作品中的现代性占比分析为案例，进行人工智能语境和文化计算领域的具有广普性的真伪识别系统演算，从而将别现代主义真伪识别理念与审美实践相结合，形成了新的理论视野。

综上，别现代主义理论的发展已经进入 2.0 版，包括哲学、审美学、法学、经济学、伦理学、计算机人工智能等领域，并与西方的生命权理论、审美现代性理论、文明等级理论、文化计算理论等展开对话，在对话中提出了新的理论和主张，因而具备了从地方经验和区域理论上升为人类经验和全球理论的可能。别现代主义理论在别现代主义哲学和方法论基础上涉及更广大的问题领域，其中包括人类生存和发展的带有根本性的问题。这一理论视角更广更新，所论更加深刻，更加接近现实，也在走向科技、走向人的自由，走向人类文明，走向现代化。

第三节　早期的别现代主义审美学范畴

一　自调节审美理论

自调节审美指的是当人们无法同化外界审美对象时，在审美目的①的支配下，在心理结构、心态和行为等方面进行有意识或无意识的或有意识与无意识之间自动转换的自我调整。这种调整实质上也就是如何运用审美机制、调动审美主体的主观能动性去实现显性的或者隐性的审美目的的问题。自调节审美理论显然是在我的硕士导师黄海澄先生审美调节机制理论的指导下并在此基础上建构起来的。曾有

---

① 王建疆：《论审美目的》，《文艺研究》1991 年第 4 期。

"控制论美学派"的说法。①

　　自调节审美涉及的范围非常广泛，如果从内容上划分，可分为心理结构、心态、行为的自调节。从心理学上划分，可分为有意识与无意识自调节，变态心理自调节、悲剧心理自调节；从形态上可分为顺境与逆境中的自调节，常态与非常态（包括禅定坐忘）下的自调节，现实审美中的自调节与理想审美中的自调节，等等。这几种自调节由于其参照系都受心理自调节的影响，因而相互重叠、交叉的情形就在所难免。自调节是审美中的一种普遍现象和一个重要规律。

　　自调节审美理论是在皮亚杰的发生认识论原理、诺伯特·维纳的控制论、海明威的冰山理论、老庄的有为无为思想、康德的无目的的合目的性理论，以及中国古代的审美胸怀论和西方的审美态度说基础上发展出来的具有原创性并被写入数部教育部统编审美学教材，获得过省部级多项奖励的理论，并直接影响到修养审美理论、内审美理论、人生审美理论、意境审美生成理论的形成，也对别现代主义的自我调节、自我更新、自我超越思想有着深远的影响。

二　修养审美

　　修养审美或修养审美学的概念于 20 世纪 90 年代中期提出，包括内修或功夫修养所产生的内审美，也包括修齐治平的人生境界审美，是对自调节审美论的发展，也是对中国审美形态的重新思考和重新界定。修养审美范畴集中体现在我的《修养·境界·审美　儒道释修养美学解读》《澹然无极——老庄人生境界的审美生成》等著作中。

三　内审美

　　"内审美"发表于 2003 年，是别现代主义审美学在审美形态方面

---

① 李文衡主编：《甘肃当代文艺五十年》，甘肃文化出版社 1999 年版，第 508 页。

的发现。内审美是人生修养和人生境界的必然产物，主要面对的是脱离外在感官和外在对象而审美这一特殊现象。孔子的"孔颜乐处"和荀子的"无万物之美而可以养乐"属于此命题范围，而道家庄子讲的那种"虚室生白，吉祥止止"的功夫型审美，禅宗所表现出来的"禅悦之风"和"法喜"景象，更具有内景型、内视型、内照型、内听型和心灵感悟型、内在感知型审美的特征。内审美也是人生审美境界生成的内在机制，是人生审美理论的重要支柱。

　　本书导论部分所引的朱立元先生和王元骧先生关于内审美理论的评价值得研究。这涉及内审美理论对于审美学史写作的意义和审美学研究的模式以及未来发展方向的问题。内审美理论的确立，不仅是"立足于美学史的创造"，而且是对美学原理的创新。将内审美现象与感官型审美现象结合起来，不仅对于审美形态的研究会起到补漏的作用，而且会由此产生新的审美学体系。

四　意境生成

　　用有别于的思维方式从人与自然关系的嬗变考察中国古代诗歌意境的生成。中国古代诗歌意境从先秦的萌芽到魏晋的产生，再到唐代的繁荣的历史过程，正好与老庄对自然的玄化、玄学对自然的情化和唐宋佛禅对自然的空灵化过程相一致。这是人对自然的审美心理建构与自然美显现同步耦合发生发展的结果，也是"自然的人化"和心灵化的不同阶段的具体表现。中国古代自然的心灵化过程也就是一部中国古代的文学艺术审美形态的演进史。中国诗歌意境生成又与先秦时期人对自然的工具化审美、魏晋时期对自然的对象化审美和唐宋时期对自然的主观化审美息息相关，是对美与审美同步耦合生成，美在审美中生成的审美理论的历史证明。有关意境生成的理论研究在《自然的空灵——中国诗歌意境的生成和流变》一书中得到集中体现，并被教育部高校社科文库收录。

五　敦煌艺术再生

敦煌艺术再生由笔者于 21 世纪初提出，是指在全球化背景下凝固了的敦煌壁画艺术再生为敦煌乐舞等舞台艺术和雕塑艺术，成为文化遗产利用方面的典范。敦煌艺术再生被认为是"敦煌艺术史研究的一个重要命题"①。为此，笔者于 2009 年曾受联合国教科文组织世界文化遗产教席特丽莎·诺伯特女士的邀请出席了在德国科特布斯举行的"文化的多样性与教育面临的挑战"大会，并在会上展示了敦煌艺术再生现象和笔者的研究成果，引起讨论。敦煌艺术再生揭示了在全球化背景下传统民族艺术如何进行自我更新并走向世界，在世界文化遗产利用方面做出表率的秘密。当然，艺术的再生有着文艺复兴时期人神有别的历史性进步，也有着中国传统古装戏中帝王将相、封建意识的全面复兴，还有敦煌乐舞剧突破阶级斗争题材和盲目临摹壁画的艺术手法，走向世界的成功经验。因而，敦煌艺术再生是基于中西文化荟萃的审美学理论建构。敦煌艺术再生迄今一直是甘肃省敦煌文化创意中心和兰州城市学院艺术创作的理念和主题。

第四节　别现代主义审美学范畴的内在逻辑关联

别现代主义作为涵盖性理论，涉及多个领域，在思想创新、话语创新、方法创新、范畴创新方面走在了前头，形成了由 20 多个范畴组成的理论体系，引起国内外学术界、艺术界的关注和研究。美国和欧盟的知名大学先后自主成立了同名研究机构加以研究。自发性的研究则更多。目前已形成理论创始人继续创构理论，国内外研究者积极跟进的局面。理论创构与理论研究之间紧密相连的现状说明别现代主义

① 穆纪光：《艺术的再生：敦煌艺术史研究的一个重要命题》，载王建疆等《反弹琵琶——全球化背景下的敦煌文化艺术研究》，中国社会科学出版社 2013 年版，第 68 页。

理论的吸引力和蕴含的研究价值。

别现代主义的 20 多个哲学和审美学范畴之间有着紧密的内在关联，其内在逻辑非常明确。

（1）别现代主义审美学诸多范畴共处于从命本体和生命股权美感论到自调节审美、内审美、修养审美、人生境界审美和艺术境界审美的从生命本体到精神境界的内在超越的有机系统中，体现了人的本质、本质力量和理想的多质多层次性的交互式正价值—感情对应，因而，别现代主义审美学范畴之间天然地具有内在的统一性和具体的针对性，是统一性与具体针对性的有机统一。

（2）别现代主义审美学走过了一条由高到低，再由低到高的历程。这就是从内在超越的自调节审美论和修养审美论到命本体审美观和生命股权美感论以及深别审美观的层级转换。看起来是一种从高级到低级的倒退，实质上是一种道家所讲的返璞归真的最高境界。原因在于现实中伪现代的猖獗和伪审美学的肆虐，导致别现代主义审美学不得不把自己建立在充分的现代性基础上，不得不将命本体和内在超越有机统一起来进行整合和建构。但是这一整合和建构仍未脱离审美是人的多质多层次的交互式正价值—感情反应的轨迹，而是多质多层次的价值—感情的完整体现。这种完整性，具有内在的逻辑关联，这就是生命与超越之间的位序、互动、辩证等关系。

（3）不同形成时期和不同版本中一以贯之的自我调节和自我更新、自我超越主线。虽然别现代主义审美学的理论范畴分别来自前期的审美学研究、1.0 版的别现代主义审美学、2.0 版的别现代主义审美学，但是，从 1993 年出版的《自调节审美学》到 2014 年以来的别现代主义的自我调节、自我更新、自我超越的主张，可以看出无论是哲学思想、社会主张还是审美学理论，主体的自我调节、自我更新和自我超越是不变的主题，是一以贯之的理论主张。这种一以贯之的理论主张的存在，为别现代主义理论的整一性和体系的逻辑性打下了坚实的思想基础。

（4）"有别于"的思维方式体现了别现代主义的创新本质。别现代主义理论产生之后的审美学理论与之前的审美学理论虽然在冠名上有所不同，但在秉持有别于的思维方式上是基本一致的。所不同之处在于，之前的审美学理论重在对中国古代审美形态和审美方式的有别于西方审美学之处的揭示，建立了内审美、修养审美、境界审美、意境生成审美等具有民族传统审美特征的理论。而别现代主义产生后的别现代主义审美学则在这种有别于的审美学思想方法的基础上，更加强调对于审美现象、审美理论的反思和批判，从而在择优集善中进一步优化了别现代主义审美学理论。

（5）从自我反思和批判实现自我更新和自我超越。别现代主义主张从后现代之后回望别现代，进行立体多维的审视和反思批判，吸收现代和后现代乃至后后现代的积极成果，摈弃其消极因素，以建构更符合实际、更具有学理、更优化的审美学理论。如用别现代主义的生命股权理论对中国古代的乐感文化理论展开反思和批判，从而体现了别现代主义自我反思、自我批判从而达到自我更新和自我超越的精神境界。这里表面上看是当下对过去的反思和批判，但从整个别现代主义体系来看，正好是别现代主义精神的一脉灌注，是去前现代性的历史必然。别现代主义之所以能够在短时间内形成了1.0版向2.0版的跨越，就得益于别现代主义的这种自我更新和自我超越精神。

（6）从内在逻辑上看，以"有别于"的思维方式为指南贯穿整个体系；以时间空间化之别于西方而寻找社会形态基础；以社会形态之待别作为区别真伪现代的第一根据，并将这种待别发展成为横跨人文与科学的深别；以主义的待有为出发点寻求主义的建立，在主义的问题与问题的主义之间确立自己的别现代主义；以生命股权为幸福感和美感的来源；在人类文明整体提升中建构人类"各美其美"、异彩纷呈的审美共同体；以发展四阶段与文学和艺术以及审美形态之间的关系为坐标，揭示别现代时期的审美特征，并进而实现具有普适性的审美学理论的整体突破；以从后现代之后回望别现代为策略，在中西马我中以我的创造为主导，以跨越式停顿和切割为方法，在与西方审美现代性理论的论辩中，在与深伪现象和后真相的深别中，建立真正原创性的哲学和审美学理论；秉持自调节审美和由自调节审美升华的别现代主义自我反思和自我超越精神，使别现代主义具备真正的现代性，实现现代化的目标。

（7）从哲学与审美学的关联上看内在逻辑。这些范畴中比较明显的审美学范畴包括早期的自调节审美、内审美、修养审美、意境生成审美、敦煌艺术再生，1.0版的待有、英雄空间、切割、别现代审美形态、消费日本等，2.0版的生命股权、深别、艺术和审美中的现代性等。有的是兼具哲学和审美学属性，如内审美、修养审美、意境生成审美、待有、别现代审美形态、生命股权、深别、艺术和审美中的现代性等，有的虽然不是直接讲审美的，但大多与别现代主义审美学有关，尤其是别现代、别现代性、别现代主义、时间空间化、跨越式停顿，更是别现代主义审美学的哲学基础和指导思想。正是由于别现代主义理论中哲学与审美学的逻辑关联，紧紧围绕"有别于"的宗旨，一方面提升了别现代主义审美学的思想境界，另一方面也增强了别现代主义审美学的思辨性和逻辑性。

总之，别现代主义审美学范畴具有哲学与审美学一体化和涵盖性的特点，形成了一个严密的逻辑体系。这里的一体化和涵盖性，就体现在作为"一字之学"的别现代主义之"别"上。

第五章　自调节审美

第一节　自调节审美的基本原理和普适性

自调节审美是指主体通过无意识的审美心理图式建构和对自己的心理、行为、心态的调整，在同化与调节的互动中，在意识与无意识的转换中，实现审美目的，达到最佳审美效果。

自调节审美原理来自对心理学研究成果的借鉴和应用。瑞士心理学家皮亚杰的《发生认识论原理》认为，人们是以一定的认知结构来认识和把握外界事物的。认知结构的形成是一个不断建构的过程，一种认知结构一旦形成就造成一种认知心理图式（Schema），遇到外界新事物就用这种图式去同化（assimilation）它，把它纳入现成的图式去解释，但当这种图式无法同化外界事物时，认知机制就设法调节（accommodation）自己的认知结构，而形成新的认知图式。皮亚杰的发生认识论原理是对洛克的"白板说"、康德的"先验论"的突破，是一种有关认识发生的重大发现。但是，皮亚杰的发生认识论也只是揭示了人类认知的可能性，而非现实性。要将这种可能性变为现实性，还需要人的主观能动性。如果一个人不愿意接受任何新的东西，那么，自我调节将无法进行，新的心理图式也就无法建立。另外，心理图式也不是想建立就可以建立起来的，因为主体根本就不知道这个心理图式是怎么建立起来的。

将皮亚杰发生认识论原理运用到审美学上，笔者发现，在大多数情况下，审美这一目的不需要我们努力就能实现，完全符合康德所说的"无目的的合目的"，审美经验的产生也只是原有的审美心理图式对于审美现象的契合或"同化"。但在有的情况下，比如面对崭新的高级形态的艺术，原有的心理图式无法去同化它，对此，主体或者避而远之，形成封闭的"自我中心"，或者通过自我调节来实现。如按后者进行，就会带来审美中"有目的的合目的"现象。这种有目的的合目的现象，一方面来自审美主体的审美意愿，但另一方面又并不取决于审美主体的主观愿望。能否达到高深的审美境界，并非强烈的主观意愿所致，这是因为审美境界是在无意识的心理建构中实现的。这样一来，审美的生成和审美境界的提升就关联着审美目的和审美心理机制。

审美目的的浅层是能够意识到的获得审美体验的欲望、意向和想法，其深层是意识不到的对于与生命存在、种系繁衍和社会发展密切相关的色、形、音及其组合的亲和、契合、喜爱。当然，强烈的宗教信仰导致的深层审美目的有可能只是对神主的羔羊般的依偎和归顺，和对与人的生存发展紧密相关的色形音的疏远和隔膜。佛教的"空不异色，色不异空"，基督教的神父、圣子、圣灵的三位一体和牧羊人角色，都具有排斥色形音这些构成审美要素的深层心理，因而其审美目的具有另类的特点。

自调节审美不仅是一种审美心理现象，而且是一个关联着有为—无为、有目的—无目的、有意识—无意识、有别—无别的哲学命题。正如审美有有为与无为、有别与无别、无目的的合目的与有目的的合目的两类情况一样，审美主体的自我调节也分为无意识和有意识的两种形式。具体地说，就其心态和行为方面的调节而言是有意识的，如导演、摄影师们千方百计地摄取自己最满意的镜头，戏剧大师们对一字一腔、一招一式的反复琢磨和最佳体验，学生通过对经典诗文的诵读、观者通过对剧情介绍的了解来欣赏文学和艺术作品，就是通过有意识地调节自己的审美心态和行为来获得最佳审美体验的。但就其心理结构的自我调节来说是无意识的，因为审美主体无法即时意识到自己的审美心理结构到底发生了什么变化。审美主体的自我调节就是这种有意识的功能调节与无意识的结构调整之间的有机统一。

自调节审美的表层是个审美主体的自调节技术操作问题，但其深层却是个审美心理的建构问题。同化与调节是审美心理结构建构中两个不可或缺的方面，审美心理结构是在同化—调节的相互作用中建构起来的。审美经验的产生和发展既是同化的结果，又是调节的产物。在调节的后面有着同化的基础——因同化不了才需要调节；在同化的后面又有着调节的功劳——调节的目的在于同化并为同化而做准备。同化的作用在于作为主体的人能够产生多质多层次性价值—感情反应，获得审美经验；调节的作用却在于使人面对暂时无法产生价值—感情反应的对象时，建构新的心理图式，最终达到同化的目的，也就是产生价值—感情反应，获得审美体验。同化使人稳定在一定的鉴赏水平上，使人产生自然而然的反应或反映；调节，却使人打破这种稳态，从而不断地进入新的、更高的审美层次。因此，主体自调节审美的直接结果是主体审美心理结构的进一步完善和审美能力的进一步提高，从而生成更多的审美信息，更进一步地、更充分地审美。

不仅人类的审美心理结构是在同化—调节的互动中建构起来的，而且人类的审美经验的生成和审美水平的提升，既是同化的结果，又是调节的产物。同化与调节互为因果，相互作用，共同促进审美心理建构和审美经验的丰富。正如哲学家冯友兰先生所说："阳春白雪，和者寡，只就一时一地的流行而言，如此一时一地之人不是封闭其心理，终可以欣赏之。"[①] 也就是说，只要不自我封闭，盲目抵制，不放弃自我调节，而是自觉地或不自觉地去适应对象，再高级的审美对象也是可以成为审美经验的。这一点也正好可以用来解释时尚审美或品牌流行的原因。为什么起始于某个或某几个个体的偶然的爱好如文身、

---

① 冯友兰：《冯友兰选集》（下），单纯编，北京大学出版社 2000 年版，第 113—115 页。

刺绣、穿鼻挂环等会流行起来，成为某地、某国甚至全球跟风、模仿的对象，某地一个方言词汇或者某个网络用语会在难以准确释义的情况下风靡一时，原因就在于个体自我调节顺应潮流的量的积累达到了形成风潮的水准，并以滚雪球般的方式迅速增大。事实上，许多起先被视为怪异、怪诞而被排斥、打击的对象，最后总能风行一时，许多艺术名作也是在遭遇冷漠、抵制、嘲讽、打击之后，成为经典的。印象派绘画如此，意识流小说如此，荒诞剧亦如此。而当这些曾经备受排斥和打击的对象一旦进入人们的欣赏范围，人们的审美经验就会进一步丰富，审美水平也会进一步提高。因此可以说，由于审美经验的产生与发展总是离不开同化—调节的辩证运动，由同化—调节构成的自调节审美应该成为审美的基本规律。

正是由于自调节审美具有普遍性，因此审美的"社会调节作用"也最终需要每个个体通过自调节审美来实现，从而达到自调节审美与审美的社会调节之间的有机互动。一方面，审美有别于道德的半强制和法律的强制的功能，把人类和人类社会生存和发展的目标不自觉地变成每个个体的心理倾向和行为准则；另一方面，当审美调节随着社会的发展带来的审美对象的变化需要进行审美心理同化时，还得通过无意识的和有意识的自我调节来建立新的审美心理图式，实现自我更新，从而实现新的同化。这种审美心理上同化与调节的永无止境的交替进行，为审美的社会调节提供了审美心理结构和审美能力的保障。

当然，自调节审美作为审美的规律，同时也是一个多质多层次的有机系统，其自我调节方式多种多样，包括生理—心理、意识—无意识、自觉—非自觉、心态—行为、内在—外在等诸多方面的自我调节，形成了一个系统工程。但其中最为关键的地方还是在于审美心理的深层建构方面，也就是审美心理图式的生成上。

自调节审美在承认审美的无目的性的同时也重视审美的目的性，并且把审美当成主体自觉的情感追求和价值创造活动，因此，它非常重视审美欣赏和审美创造过程中审美目的的实现。为了实现审美目的，主体无论在创作中还是在欣赏中都必须注意通信控制论所讲的反馈调节。这种反馈调节有时涉及意识与无意识之间的相互转换这一深层心理做功的问题，并成为一种创作技巧。

在创作中，作者根据深层的和浅层的审美目的进行身心两方面的调整进入最佳创作状态，然后进行构思，最后根据审美目的或创作意图进行修改、调整，直到作品完成。20世纪海明威的创作理论由于涉及意识—无意识及其二者间的转换，因而又被冠以"海明威冰山理论"①，指作家想好了小说的开头就放下不写了，尽情地放松自己，之后再继续写作。按海明威的说法，这样做可以使作家不会才思枯竭，而会才思奔涌。原理就在于作家有意识地放松自己，让身体安逸，让意识休息，让无意识或潜意识出来工作，从而事半功倍。海明威的这一调动意识—无意识转换的技巧成了他获得诺贝尔奖的秘籍，而且还启发了《百年孤独》的作者马尔克斯取得了成功，获得了诺贝尔文学奖。马尔克斯把自己的成功归功于海明威的这种意识—无意识转换方法。在别现代主义审美学看来，这种意识—无意识之间的转换，实质上就是充分调动无意识做功，即围绕深层审美目的进行非自觉的、自动的反馈调节，从而深层审美目的发挥了作家意识不到的引领和规范作用，使得作品的思想内容更具有底蕴，其表达更具有从心底流出的自然天机，进入创作的最高境界。在深层审美目的实现后，作者为了充分实现自己的审美目的，还需要不断地进行浅层的反馈调节，不断地把自己的构思和已写成的部分以及整个作品进行再体验、再回味，并不断地修改，直到满意为止。这种浅层自我调节的方式要比深层的自我调节方式明确和具体，古今中外许多作家艺术家的创作经验谈，就是对各种反馈调节的最好说明。

在欣赏中，同样存在反馈调节问题，叶圣陶先生说，"我们鉴赏文艺，最大的目的无非接受美感的经验，得到人生的受用。要达到这

---

① 崔道怡、朱伟、王青风、王勇军编：《"冰山"理论　对话与潜对话　外国名作家论现代小说艺术》（上册），工人出版社1987年版，第63—64页。

个目的，不能够拘泥于文字。必须驱遣我们的想象，才能够通过文字，达到这个目的。"他还以王维"大漠孤烟直，长河落日圆"为例，指出："要领会这两句话，得睁开眼睛来看""在想象中睁开眼睛来，看这十个文字所构成的一幅图画。""假如死盯着文字而不能从文字看出一幅图画来，就感受不到这种愉快了。"① 这种驱遣想象，通过文字，看出图画的过程，就是跨越逻辑思维达到理性直觉的顿悟的过程，是读者不断地进行反馈调节的过程。审美中的反馈调节往往是与对象所达到的审美程度以及对象的知名度有关的。在大多数情况下，当你感到或听到这是一部名作或一首名诗时，你才会不断地调整自己，使自己达到领悟作品的目的。这里的反馈调节主要在于欣赏主体不断地探寻是否领悟了对象的审美精神底蕴。这种反馈调节本身就建立在主客体间的审美关系上，是实现审美目的的有效手段。

自调节审美的普遍适用性不仅从创作和鉴赏的实践中得到事实的支持，还可以从中国古代的"涤除玄览""澄怀观像""澄怀味象"和"会心""林泉之心"等审美胸怀修养论中找到佐证，从西方的审美态度说，包括剧场意识说、心理距离说、移情说中找到支持。这一点，将在下节中予以展开。

别现代主义自调节审美理论属于人的多质多层次的交互式正价值——感情反应中的既涉及情感反应又涉及情绪反应的心理场。尤其是在意识——无意识的转换过程中，更能体现这种全息能的性质。

自调节审美一词来自笔者于1988年完成的硕士学位论文《主体的自我调节与审美经验的产生和美化》，1993年以《自调节审美学》为名出版，出版后引起国内热烈的讨论，有5年之久。黄海澄、阎国忠等学者撰文给予高度评价，获得过省部级社科优秀成果奖和全国优秀图书奖，后来被写入3部教育部和国家新闻出版署规划的教材中。笔者主编的以自调节审美原理为指导的《审美学教程》也获得了首届上海市高等教育精品教材。

---

① 叶圣陶：《叶圣陶论创作》，上海文艺出版社1982年版，第132页。

第二节 自调节审美与修养审美

一 修养审美的性质和特点

修养，包括人生修养、道德修养、身心修养、功夫修养、艺术修养等，是一种连接着目的与手段、目标与过程的自我调节和自我控制。这种自我调节和自我控制或以接受教育、自觉奉行的方式进行，或以耳濡目染、无为而为的方式实现。

修养与人生境界呈正相关，这是因为，人生境界的高低与人的修养的深浅直接关联。而人生境界的高低来自人对于自己、对他人、对社会、对宇宙、对人生的理解程度和觉悟程度，也就是修养的程度。修养程度和境界高低与文化水平之间并无直接关联。有些文化程度很高的人如果对人生和世界的理解和觉悟不高，那么，这些人的修养程度也就不高，人生境界也就有限。反之亦然。有些文化程度不高的人，却因为对自己、对人性、对人生、对社会、对世界的理解和觉悟程度很高，其人生境界就高，修养也就高，会被誉为高人或者大德高僧。六祖慧能就是一个不识字，却创立了中国禅宗的大德高僧。他的这种在文化程度和人生境界之间的背离却能启发人们去反思我们今天的教育模式，这就是学以成人还是"学以成精"，① 也就是学与成人之间的关系。因此，修养与人生境界是紧密相关的。同时，由于人生境界来自个体的心理建构和精神完善，因而与自调节审美一脉相通。可以说，建立在人生修养基础上的审美境界的产生，其实质就是自调节审美的实现。

在中国古代思想史上，人生修养与自我调节是互为表里的。儒家以有为的道德修养来达到"内圣外王"，成就"圣人气象"；道家以无

---

① 钱理群先生曾有过对当代教育"培养了精致的利己主义者"的批评，引起网上热议。见百度文库 2018 年 10 月 4 日《钱理群：精致的利己主义者》。也可参见王建疆《平等教育哲学的中西方对话》，《贵州社会科学》2021 年第 2 期。

为的"返璞归真"来成就"真人"和"至人";佛家则要通过超越生死来成"佛"。虽然各自修养的目的与手段不同,但在通过心理的、行为的自我调节实现自我超越、实现生命价值的升华上却有着某些共同的本质属性,这就是要在各自的人生修养中实现人的本质、本质力量和理想,在对各自存在的确认中实现对生命本身的超越。因此可以说,人生修养是人的自我完善、自我超越和自我美化的过程,用庄子的话说是得"至美"和"游乎至乐"的过程。这一过程是与人的成就感、幸福感和美感紧密相关的。

与中国古代贤哲的人生修养相比,西方从宗教到哲学,都表现出不同的认识和路径。

首先,在有无必要进行人生修养的问题上,建立在基督教创世说基础上的西方救赎文化受人类原罪说的影响,并不认为人的修养可以赎回人类的原罪,唯有接受上帝的救赎才能最终进入天国。因此在审美观上,更注重造物主的伟大,三位一体神的整一与繁多的统一以及人类得到救赎的心灵体验,这与建立在天人合一基础上的中国传统的修养文化和审美观格格不入。

其次,美善统一与美善分离的不同。康德认为,人要是同时达到道德上的善和物质上的善(即幸福),就等于进入了"圣洁"的境界。但在一般情况下,道德与幸福是矛盾的,难以同时得到。有鉴于道德与幸福的这一矛盾,就必须假定一个上帝的存在,由他来调节道德与幸福。这样,康德又从最后目的论上假定了上帝的存在。虽然康德的上帝是道德神学的上帝,但他毕竟把对道德与幸福的矛盾的调节交给了他力而不是自力。与康德的道德神学不同的是,中国古代贤哲并不认为道德与幸福是矛盾的,而认为道德与幸福、善与美在有修养的人那里是可以超越现实环境而统一在一起从而达到"尽善尽美"的。正因为如此,才有儒家的"人也不堪其忧,回也不改其乐"(孔子),"无万物之美而可以养乐"(荀子);道家的"澹然无极而众美从之"(庄子);禅宗的"放出沩山水牯牛,无人坚执鼻绳头。绿杨芳草春风岸,高卧横眠得自由"(僧人怀海)。他们不需要上帝,也根本没有想得到神主的帮助，因为一切都由他们自己来做，由自己来成就，并在这个过程中得到由道德完善带来的精神悦乐。这就是中国古人修养的真谛和魅力所在，也是中国古代的修养审美的真谛和魅力所在。这种美善统一的审美观其实质就是深层自调节审美。

最后，理性的修养与智慧的修养的不同。黑格尔在他的《精神现象学》序言中说："诚然，胎儿自在地是人，但并非自为地是人；只有作为有教养的理性，它才是自为的人，而有教养的理性使自己成为自己自在地是的那个东西。"① 虽然，黑格尔所讲的教养是理性的教养，与中国道家讲的"去知""坐忘"和禅宗讲的"顿悟"的方法大相径庭，也与中国古人的返璞归真，天人合一的人生目的南辕北辙。但是，就他们共同强调修养的必要性，强调通过修养使人的可能性成为现实性，从自在成为自为，又从自为回到自在（一种否定之否定辩证运动后的上升或质变）的发展模式而言，却有着一致的地方。所不同者在于，黑格尔所说的修养只是理性的教养，而中国古人所说的修养则是对宇宙人生的体验，是一种身心并修的人生实践，其中更多地伴随着美感经验。这种人生修养最终凝聚为人格美和美好的人生境界。

中国古代的修养审美具有身心一体的特点，因而尽管修养审美只是修养学的副产品，但它却给审美学以深厚的思想内涵和永久的精神启迪。它将人的本质、本质力量和理想以不同的修养方式或内化为自觉观照，或外化为形象显现。前者如老子的"涤除玄鉴"，庄子的"见独"和由"坐忘"所产生的"虚室生白，吉祥止止"，孟子的"万物皆备于我"和"上下与天地同流"，佛家二禅、三禅的"喜俱"和"乐俱"，禅宗的"默照"，理学家和心学家的"昭昭灵灵""默坐澄心"等。后者如儒家的"孔颜乐处"的超越物质局限的人生幸福境界和审美境界，还有"风乎舞雩，咏而归"境界以及"圣人气象"；道家的"独异于人"的"婴儿""赤子""独与天地精神往来""澹然无极而众美从之"的"真人"和"藐姑射之山"的"神人"；佛家的"三十二大人相"

---

① ［德］黑格尔：《精神现象学》（上卷），贺麟、王玖兴译，商务印书馆1979年版，第13页。

"八十种微妙好"以及灿烂的像教艺术。前者是一种完全内省的、个人的、主观的、独特的审美体验；后者却由于具有某些美的外部特征从而引发人类共通的美感效应。不管是内照还是外显，其中的美和审美体验都不是与生俱来或由外力赋予的，而是通过个人的修养得来的，是修养审美的一种实绩，而且都体现了一种"无万物之美而可以养乐"的心理自适和精神创造，这一点在功夫型修养和人生境界修养中表现得特别突出。这种内化和外显的修养审美，除了具有在人生修养过程中的审美特征外，还通过与各种思想的碰撞和交流，通过与现实的接触和沟通，通过与艺术创造的联系，形成了众多的审美理论，直接成为中国古代审美范畴系统中的有机部分。如建立在老庄"涤除玄览""致虚守静""自然无为""心斋""坐忘""法天贵真"基础上的审美胸怀论、虚静思想、忘法理论、同自然之妙有论、真诚论、美丑论、自由创造论等；建立在儒家"美善""文质""养气"基础上的美善关系说、内容与形式统一说、文气说、文艺与政治—道德关系说等；建立在佛家修养学境界说、顿悟说、真空妙有说和意境理论、妙悟理论、空灵理论等。

修养审美的特点在于"内审美"形态。"内审美"是伴随人生修养所产生的独特的个人的审美体验。与知觉面对外在客观对象时所产生的具有普遍性的审美不同，内审美是一种既没有听觉和视觉参与，又没有客观外在对象存在的特殊审美形式。它包括纯粹的心灵感悟型、内在感知型审美和内景型、内视型、内听型、内照型的审美。这在儒道禅的"曾点气象""心斋坐忘""吉祥止止""四禅八定""禅悦"中得到了彰显。其产生的心理机制与先天资禀和后天修养激活相关，是深层心理无意识自调节的产物。因此，修养审美和内审美是自调节审美的必然产物。

别现代主义修养审美理论属于人的多质多层次的交互式正价值—感情反应中的涉及情感反应但不涉及情绪反应的部分，因而具有高大上的特点。这在中国古代的文人士大夫那里表现突出，而且绝大多数的修养审美是在文人士大夫那里生成的。

二　修养审美的类型

中国古代的人生修养比较集中地体现在儒道佛三家中。虽然这种人生修养会因为受到各家学说的制约和影响而有不同的表现，但基本上没有超出人格修养、境界修养、艺术修养和功夫修养几类。

（一）人格修养

儒道佛三家都非常注重人生修养中的人格修养。儒家学说的使命被概括为"修身齐家治国平天下"，其中的修身即指自觉成为"仁者""君子""贤""圣""大丈夫"等，都是现实人生中的理想人格美典范，不仅闪耀着人格美光辉，而且具有外表形态上的审美特征。如《论语》说"文质彬彬，然后君子"，就是从表到里，从形象到精神的对于君子人格美的要求。道家的"婴儿""玄德之人""真人""神人""至人"等都是理想人格的表现，与儒家不同，是在人生的两极中即婴儿与至人之间展现无为而无不为的人生审美境界中的仙道人格美典范。佛教中的佛、菩萨，是在三界之外、万法皆空中的佛教人格美典范。这些人格美典范也是儒道佛的修养目标，是修养审美和自调节审美的实绩。

（二）境界修养

儒道佛都在各自的修养中成就了不同的人生境界，这些人生境界具有修养审美和自调节审美的特点。

儒家的人生境界在《论语·先进》的"子路曾皙冉有公西华侍坐章"中得到了最为典型的体现。孔子与弟子坐而论道，子路、冉有、公西华都表明了自己建功立业的主张，唯有曾点对此不以为然，说自己的人生理想就是在暮春时分领着一群孩子"风乎舞雩，咏而归"，也就是沐浴在春风里，歌唱在春天里。出乎意料的是，"夫子喟然叹曰：'吾与点也！'"也就是孔子高度认可并赞美一种超越功利目的的休闲的自由境界，一种大自在、大审美的境界。儒家的另一个人生审美境界是孟子的"上下与天地同流"的"同天"的境界，气势宏伟，天地皆备于我，在我的心理自调节中同化世界，成就大审美境界。

道家的人生境界是在老子的"复归于婴儿，复归于朴""涤除玄览"中，在庄子的"朝彻""见独""心斋""坐忘"中表现出来的具有仙道特点的人生境界，以及"无为而无不为"的绝对自由的境界，是由内景、内视、内照、内听和心灵感悟、内在感知构成的人生境界，是典型的内审美境界。这种内审美境界是一种深层心理无意识自调节体验，与内修所达到的至境紧密相关，也是功夫审美的体现。这种内审美境界是在有为—无为—无不为的历史进程中，在意识—无意识、目的—无目的、有别—无别的互动和内在转换中成就的。虽然伴随着深层心理体验的内审美境界对于道外之人而言难以理解，但作为修道、悟道的产物，却一直绵延不绝。

佛禅的人生境界表现为在空诸一切的世界观统摄下，如何处理"色"与"空"以及"真空现有"的矛盾，在内在超越中顿悟人生至境和宇宙大道，从而在舍弃"臭皮囊"的过程中获得洞悉人生的智慧。与道家的"长生久视"和"有无相生"不同，禅宗认为"本来无一物，何处惹尘埃"，主张"跳出三界外，不在五行中"，因而成就了"象外之象""味外之旨""羚羊挂角无迹可求"的空灵境界，这种空灵境界既是诗歌的，是艺术的，也是人生的，是审美的，更是内审美的，是深层心理自调节的见证。它为人的身心两方面的大自由和彻底解放提供了一个全新的、"方外"的视角和灵感之源。

（三）艺术修养

儒家主张艺术修养，包括"六艺"即中国周朝贵族教育体系中的六种技能：礼、乐、射、御、书、数，主张"兴于《诗》，立于礼，成于乐"（《论语·泰伯》）。荀子有《乐论》篇，汉儒有《乐记》等。琴棋书画也被视为文人士大夫修身的必备技能。道家《庄子》中有大量的艺术实践记载，"梓庆削木为鐻""轮扁斫轮""运斤成风""庖丁解牛""解衣盘礴"等，相比于儒家对于中国古代音乐理论的贡献，道家对绘画和雕塑创作有独到的贡献，并由此生发出"道者，进乎技"的在创作中修道的理论。禅诗、禅书、禅画等流行于世，成为开示凡俗的工具，并影响到唐宋时期禅与诗的合流。儒道佛的艺术修养都说明中国古代的修养审美是在艺术修养以及从艺术中悟道，在艺术人生和人生艺术中成就的。艺术在文人士大夫那里不仅是生命的慰藉、生活的情趣，而且是修养的方法，是自调节审美与审美调节的交融。

（四）功夫修养

道家修道被视为内修，也被称为内修功夫，《老子》被称为《道德经》，《庄子》被称为《南华经》，其中"涤除玄览""复归于婴儿""心斋""坐忘"都被视为与佛家"四禅八定"同一等级的功夫修养。佛道两家的精神境界型审美和内景、内视、内照、内听的内审美都来自这种功夫实修，而非焚香叩首、诵经所得。因此，可以说佛道的修养审美，是内修的审美，是功夫的审美，也是自调节内审美。因为内修实修都离不开调息、调形、调心、调意，其自调节是显而易见的，但是还有一些更加隐蔽、更为神秘的深层心理内修自调节是无法看到的，但从修行者悟道、证道的大量文献记载中却能得知一二。至于儒家的修身是如何也被冠以"功夫"的，这要从《大学》八目的格物、致知、诚意、正心、修身、齐家、治国、平天下中的前四位说起，也就是格物致知诚意正心说起。与佛道的内修或内在实践相比，儒家功夫属于外修的外在实践，因而其修养的境界不及佛道的内在实践，其修养审美更多地属于浅表层次的感官型审美，而非深层的内景、内视、内照、内听的内审美。虽然朱熹、王阳明的语录和事迹中有许多内视、内照的记载，但这些并不归功于传统儒家，而是来自他们都曾修习佛和道的内修实践。传统儒家中孟子的"上下与天地同流"具有功夫属性，但并没有功法谱系，一般被认为是一种精神境界。

总之，修养审美是中国古代修养文化的缩影，有别于西方宗教信仰审美的他力救赎，是一种自力的个人内修或外修的修养实践，并在修养过程中成就了人生境界的审美转换，或者成就了内审美形态，但其实质仍然是自调节审美的体现。

三 修养审美的意义与局限

修养审美的命题为中国古代审美学史的研究提供了一个独特的全新角度。通过对修养审美的研究，不仅可以佐证自调节审美理论的普适性，而且可以达到对整个中国古代审美学的重新审视，并对当代的审美学研究提供新的端口，如内审美、功夫审美等，并为重修中国审美学史提供新的视域。同时，立足于人生修养的修养审美、功夫审美、内审美，对于商品化社会中感官型眩惑式审美的盛行和审美境界的走低、内审美的式微而言，具有一种张力作用，这就是通过自我调节和自我修养，保持人生的必要定力和境界，不为浮云所遮，有品位地活着。

修养审美对内审美现象的揭示和探究，将有望为处在知觉型审美占统治地位、媒体艺术和复制文化泛滥中的人们，提供一个自我超越的参照，以便克服和抵制物质主义和大众文化的不良刺激，促进人的道德境界和审美境界的同步发展。由于内审美中的纯粹精神型审美是道德境界和审美境界的最完美的统一，也就是所谓的"悦志悦神"的审美，历来被视为最高的人生境界，[①] 因此，内审美能力的开发和利用也应该成为当代素质教育的一个重要方面。儒道佛的人格美标本，既因其超越功利而具有审美的特质和功用，在塑造纯粹的人、高尚的人、脱离了低级趣味的人方面具有积极的昭示作用，同时又因其脱离时代的迂阔和空疏而大而不当、高不可攀，难以为现代社会所接受，这正好与"西方马克思主义"学者马尔库塞所描述的现代社会里在金钱和大众媒体异化下产生的"单向度的人"形成对立的两极。尤其是儒家建立在"孔颜乐处"之上的无条件绝对乐感文化，在抽离了审美感和幸福感的物质基础之后，很容易变为心灵鸡汤，与现代性格格不入。如何在古代与现代之间，在前现代性与现代性这对立的两极中确

---

① 李泽厚在他的《李泽厚十年集 中国古代思想史论》（第三卷）（安徽文艺出版社1994年版）中提出审美的三个境界，其中的"悦志悦神"（亦即"智的直观"intellectual intuition）型审美被视为最高境界的审美。见该书第309页注。

定当代社会人格美建构的坐标，也是摆在我们面前的一个严肃的课题。这一课题是无法脱离中国古代修养审美学的参照系而孤立完成的。

修养审美这一自调节审美的古代形式，也是现代美育的需要。随着社会的进步，美育将与德育一样，愈来愈显示出它的必要性。"寓教于乐"这个古老的命题在物质文化高度发达的今天更有必要成为反思的对象。这是因为在一个"娱乐至死"而又普遍缺乏自省和自悟的时代，形式化或艺术化的教育不管打扮得如何华丽，也最终不能塑造国民的灵魂。同样，一些好为人师和训导者的教育家，如果缺乏人生的内涵，那么，不管其演讲手段多么高明，终归是要与教育背离的。在这方面，传统审美文化中对人格美的尊崇，对人生境界的追求，则无疑会对当代美育和德育具有一定的启发，这就是要有人生底蕴。但这种启发也不宜被夸大，因为佛道的人生修养毕竟是远离社会人生实践的"方外之道"，与现实的需要相去甚远。而儒家"八目"并不能应对全球化世界，早已被近代以来的历史所证明。因此，说到建设有中国特色的当代精神文明，就必须要求从传统文化中汲取符合中国国情的精神养料，化腐朽为神奇，虽不能说不可以，但也不应该将其放大，更不应该将其发展到挤占现代文明空间的地步。立足于当代现实，更需要建构符合当今人们需要的新的修养审美、新的自调节审美。

第三节　自调节审美与中西方审美理论的通约

自调节审美理论除了与修养审美相通外，还与古今中外的审美胸怀论、剧场意识说、移情说、心理距离说、出入说等在学理上相通，显示了自调节审美理论的普适性。

一　审美胸怀论与自调节审美

中国古代的审美胸怀论是审美主体面对审美对象时的一种主观态度，大多与人生修养和境界有关，表现出审美的自觉。把这种主观态度作为通向审美和悟道、得道的路径，因而它也是有意识的、有目的的、有别的自调节审美理论。

中国古代的审美胸怀论在道家那里表现得非常明显。老子的"涤除玄览"就是要在保持清净心灵的状态下"玄览"，也就是观道。"涤除玄览"这几个字的背后实际上就是修养、修道所需要的心理自调节。这种自调节既是修道的路径，也是人生境界生成，并由人生境界转换为内审美境界的路径。庄子所言"心斋""坐忘"讲的也是通过深层无意识自调节，达到"唯道集虚""吉祥止止"的内审美境界。南北朝时期的宗炳，根据老子的学说提出"澄怀观道""澄怀味象"的命题，就是通过自调节的修心而进入观道的境界，通过审美胸怀的建构，审美个体能够从自然万象中体味其中的真意和道的存在。南朝宋简文帝的"会心处不必在远，翳然林水，便自有濠濮间想也。"认为不必要远行去旅游，只要保持审美的胸怀，经常有"会心"也就是有对自然山水的契合、亲和、感悟、领会，就会觉得自然与人的亲密无间，便会产生庄子悠游观鱼垂钓的审美境界。后来宋代的画家郭熙提出"看山水亦有体，以林泉之心临之则价高，以骄侈之目临之则价低"的林泉之心说，也是强调欣赏自然美的最高境界在于有与山水平等亲和的心理准备。元代的郝经有"内游"的说法，相对于"外游"也就是现在所说的旅游，内心的悠游更为重要。这些学说既是理论观点，又是经验之谈，值得关注。这些审美胸怀论其实质就是强调人的主观能动性在审美经验生成中的作用，强调内修的重要性，揭示自我调节与审美经验生成之间的关系。

二　剧场意识说与自调节审美

西方的戏剧理论中注重对演员和观众的剧场意识的建立。所谓剧场意识就是演员意识到自己是在演戏，观众意识到自己在看戏，要在剧场与现实生活中确立一条界线，以免由于剧情与现实相似而引起演员和观众的情感冲动乃至不理性的事件发生。

在英国戏剧演出史上，曾出现过数次观众枪击演员的事件，原因就在于诸如莎士比亚剧《奥赛罗》等，其反面角色的挑拨离间的表演过于逼真，引起了有过类似情感遭遇的观众的强烈共鸣，但由于缺乏剧场意识，而将演员误以为角色，从而开枪泄愤，导致了审美观赏中的悲剧发生。

在戏剧创作理论方面，苏联的戏剧理论家斯坦尼斯拉夫斯基与德国的戏剧理论家布莱希特之间形成了两种不同的剧场理论。前者认为，演员要十分地投入其所扮演的角色中，并与观众建立一种亲密无间的关系。后者却认为，演员的演出需要投入，但在演员和观众之间必须要有"一堵墙"隔开，要有陌生化效果，以免由于演员和观众的过度投入而导致剧场的混乱。这两种理论各有各的道理，但就剧场而言，都强调演员的自我控制和自我调节，说明审美创造与审美欣赏都要遵循自调节审美的规律。

三　移情说中的自调节审美

移情也叫移感，英语 empathy，来自德语的 einfuhlung，其含义是将人的感觉或感情投入某种事物之中（feeling into）。其代表人物有立普斯和谷鲁斯。立普斯发现人们观赏古希腊多力克神庙的立柱时，会觉得本无生命的石头有一股生气和奋力向上的气势，原因就在于这种立柱的造型与人的心理结构之间有某种对应，能够产生人与对象之间的相互交流、相互感动，能够以人度物，把生命灌注到物身上，从而感觉到一种生命和活力在柱子上升腾。

古今中外文学作品中这种移情或移感的例子很多。"相看两不厌，唯有敬亭山""感时花溅泪，恨别鸟惊心"等，都是诗人把自己的情感投射到了景物中，以为对象与自己有着同样的感情，或者说对象就是自己。产生这种移情现象的关键还在于审美主体当时的心情，而这种心情的形成是一个主体心理自调节的结果。只有李白对于官场俗世的厌恶，才有对自然山水的亲和；只有杜甫在离乱中的遭遇和痛苦，才有花朵溅泪，飞鸟惊心的主观感受。这种感受看起来是由自然环境变化引起的，实则是由于审美主体的主观心理调节与同化的结果，即用自己在无意识中完成自我调节的情感结构去感应和同化对象。中国的唐诗取得了辉煌的成就，其原因在于诗人笔下的景物已被主观化了，在这种主观化中，人与物成为相互交往、相互感动的情感体，成为主体间的交往和主体间的感动，而不再是情感与对象之间的反应与被反应。不用说李白、杜甫这些关心现实人生和民间疾苦的诗人，就如王维这样修禅的居士，也在他的禅诗中将景物对象主观化或主体化，并形成了主观间的或主体间的对话、感应、互动。"空山不见人，但闻人语响。返景入深林，复照青苔上。""独坐幽篁里，弹琴复长啸。深山人不知，明月来相照。"显然是把"返景""明月"当成了在静寂中关心我、安慰我的伙伴。这里的移情、同情或拟人，是特定情感结构或心理图式对特定情境的同化，其背后是诗人无意识中诗思的形成。这种诗思跟感触、同情、同理、想象紧密相关，是诗人长期写作中自调节心理优化的产物。如果换成没有主体性或主体间性觉悟的其他诗人，这种移情和移感就不会发生。同样，如果换一种环境，换一种心情，这种移情、同情或拟人就可能不会出现，也可能是另一种同情、移情或拟人。列夫·托尔斯泰在《战争与和平》里写到主人公之一的安德烈两次经过同一片橡树林时的不同感受，就跟他邂逅爱情的经历紧密相关。正是爱情给他带来的心理变化，使他在无意识中完成了心理自调节，从而才有可能使他把对娜塔莎的爱投射到同样的橡树上并产生了跟先前对于衰老、苍凉、死亡的印象完全相反的青春、活力、爱的印象，是安德烈在无意识自调节中建构起来的心理结构被激活的爱的心理同化了本无情感和意志的橡树林。正因为如此，诗人的意象世界和小说家的景观描写才会如此丰富，才会风情万种。

移情同化中有一种极端现象需要通过自我调节来加以矫正。由于小说和剧情的精彩绝伦，再加上阅读者和观赏者入迷太深，曾导致欧洲的青少年读歌德的《少年维特之烦恼》而纷纷自杀，林黛玉因听《牡丹亭》唱词而感同身受、心力交瘁，30 年代的上海少女因同情林黛玉之死恹恹而终，至于缺乏剧场意识而又移情同化过度而枪击演员的事件，更能说明移情同化达到极值后产生的副作用。在这种情况下，通过暗示和提醒的心理自调节就需要入场。这种暗示和提醒很简单，就是一句话："这是小说!""这是在看戏!"就可以矫正移情同化过度的问题而实现自调节审美。

移情说看似一种假设，实则一种发现，它为审美心理学的建构提供了学术武装。当然，移情说还有待于进一步深化的空间，这就是对于移情投射背后的心理结构变化的揭示和对过度移情同化的矫正。自调节审美从发生认识论原理来看移情，把移情归结为心理同化，并以心理自调节来抑制或解除过度移情同化，可以说是对移情说的一种推进。

四　心理距离说中的自我调节审美

美和审美都是在审美活动中同步生成的。在这一生成过程中，主体的自我调节无所不在。英国美学家爱德华·布洛（Edward Bullough）在 1907 年写的《现代美学概念》一书中提出了著名的心理距离说，认为只有审美主体对审美对象保持一定的心理距离才会进入审美状态。当在大雾中航行的船只不时地发出鸣笛警告声时，对于初次遇到这种情况的游客来说，出现心理恐惧是正常反应。但是，对于常年在雾海中航行的船员来说，他也许会感到由大雾笼罩而带来的安详。因此，如果有乘客换一种想法，把这由朦胧带来的恐怖换成对于天降的乳白色的雾帷的观赏，则会心情大变，由恐惧变为欣赏的喜悦。原理就在于恐惧来自眼下的现实中潜藏的威胁，而审美则来自从这种恐惧中抽身，或视而不见，或者换成另一幅想象中的景观，由于这种景观是想象出来的，与现实之间产生了心理距离，因而就会产生审美经验。

审美距离说的核心是审美态度的问题，也就是与现实的眼前功利是否保持距离的问题，实际上是西方审美学无利害观念的延续。西方学者将审美态度视为一种无关欲望、利害的思想源于夏夫兹博里，又经哈奇生、休谟等人的发展，在康德那里获得了哲学上的完整表达。在康德看来，审美活动不与对象的存在发生关系，不沾带与对象之间的利害冲突如占有、威胁等，也不对对象进行分析、考证以从中得到概念性的知识。审美只与对象的表象有关，是一种纯形式的愉悦体验。叔本华更是将审美看作完全排除了人的情感、意识、知识乃至自我存在的一种沉浸在对象中的状态。布洛的思想明显地秉承西方审美学传统思想，却以"距离说"的理论范畴展示了他的发现和贡献。

距离说具有非常明显的自调节审美属性，就是要发挥主观能动性，主动地、有意识地通过浅层自我调节而达到在心理上根除不安、危害、威胁，与对象保持一定的距离，从而实现审美目的。当然，这里所说的在心理上根除并不等于在现实中根除，如果在现实中已经根除了不安、危害、威胁，哪还有什么必要保持心理距离呢？心理距离在危险度较低的环境中才有可能实现，如在危险度高，人身安全无保障的情况下谈心理距离，无异于与狼共舞，与虎谋皮。

用自调节审美的观点看距离说，一方面肯定心理距离说的自调节审美属性，另一方面还应该在同化与调节的互动中思考审美心理距离的建构问题。审美心理距离的建构应该建立在具有较强审美同化力和审美修养的基础上，把审美心理距离自调节作为审美经验生成的一种技术或路径来看待，而非将其作为主观意志或所谓主观主义、唯心主义美学来看待，这样才会充分发挥心理距离说的自调节审美功能。

五　自调节审美与人生境界审美中的出入说

王国维在《人间词话》中有一段论述："诗人对宇宙人生，须入乎其内，又须出乎其外。入乎其内，故能写之；出乎其外，故能观之。入乎其内，故有生气；出乎其外，故有高致。"他这一段话主要论述了人生体验与艺术创造的关系以及体验的方法。"入乎其内"是说艺术家必须全身心投入自然、社会现实生活中去体验，而不是置身事外作冷静的分析，这样才能把握人生价值和人的存在的终极意义。"出乎其外"是说要从现实的生活中超越出来，采取一种非功利性的态度去观照宇宙人生，这样才能对之进行反思，获得审美经验，进入人生的理想境界，即达到他所说的"高致"。

这种出入说的实质在生活的意义上说就是过一种通达的、自在的生活，能够看得透，想得开，拿得起，放得下，有趣味、有品位地生活。在文艺创作和审美领域，就是通过自我调节自由地出入于对宇宙人生的全方位的深层体验，优哉游哉，进行有趣味的、有品位的创造，享受无所不在、异彩纷呈的审美经验。要在不可不面对的功利面前，在不可避免的福祸之间，从容以对；要在宇宙和人生之间明白自己的大小、位置和使命，泰然处之，安然以待，从而体会到宇宙的真理和人生的真谛，达到同天、乐天的人生境界，并进而转化为心灵感悟型或内在感知型审美。因此，正确地把握这种出入说，不仅在审美经验的生成上，而且会在人格的塑造、品位的提升上获得超常的成就。

总之，以上审美胸怀论、剧场意识说、移情说、心理距离说、出入说，都从各自理论的内在结构和外在功能上体现了自调节审美的性质和特点，说明了自调节审美理论的普适性。

第六章　内审美

第一节　内审美的性质

内审美（inner aesthetic）是指不依靠外在对象或不通过外在感官而获得的个体的、内在深层心理的审美经验。[①] 如道家和佛家修养中的"心斋""坐忘"和"四禅""八定"及其"虚室生白，吉祥止止"和"禅悦""澄明"等灵魂深处的审美体验；儒家人生境界中的"孔颜乐处"等逆环境的困窘而产生的精神境界审美；在没有文学阅读、没有形象观赏、没有音乐聆听情况下的纯粹大脑中的审美。因此，与普通人建立在现实"乐感"基础上的感官型审美相比，建立在传统的修养审美基础上的内审美，是脱离了外在感官印象的内审美；与现实生活中的触景生情的视听参与的审美相比，是脱离了现实场景的瞬间的回忆或憧憬，甚至是幻觉；与阅读文学作品或观看视觉艺术、感受听觉艺术时的审美体验相比，是在没有阅读、观赏、聆听情况下的纯粹的大脑的活动；与现实中的由美人、美景、美事引起的外在感官的审美相比，是一种"无万物之美而可以养乐"的甚至是逆境中在内心深处"悦志悦神"的内在性审美。这种不依靠外在对象或不通过外在感官而获得的审美经验，具有普遍性。详后有大量例证。但是，作为审美学核心关键范畴的内审美的实际存在要比对它的理论概括早得多，

---

① 王建疆：《修养・境界・审美　儒道释修养美学解读》，中国社会科学出版社 2003 年版，第 12 页。

也就是说，内审美的提出及其研究顶多也就是在《修养·境界·审美　儒道释修养美学解读》一书出版后的将近20年的时间。

一　内审美与西方相似审美学理论的区别

与建立在外在客观对象基础上的以视觉和听觉为方式的审美比较而言，存在一种脱离了客观外在对象和外在感官，完全内在的、封闭的、独特的个人审美体验。这种审美体验是一种与感官型审美相对的内在精神型审美。所谓感官型审美，并非西方美学史上从德谟克利特、柏拉图时代起就一直被否定的所谓"生理快感""动物性快感"或康德所说的"官能的判断"，[①] 而是指普通生活中的审美现象。因为这种审美现象虽然超出了动物性的生理反应的层次，但始终离不开外在感官来感受美，因此被称为感官型审美，与以内在感知和内在体验为主的精神型内审美形成鲜明对比。

为了使内审美与感官型审美的区分更加具体和明晰，这里不妨引述伟大诗人歌德的一段自述：

> 这些诗原来在我头脑已酝酿多年了。它们占住了我的心灵，象一些悦人的形象或一种美梦，飘忽来往。我任凭想象围绕它们徜徉游戏，给我一种乐趣。我不愿下定决心，让这些多年眷恋的光辉形象体现于不相称的贫乏文字，因为我舍不得和这样的形象告别。等到把它们写成白纸黑字，我就不免感到某种怅惘，好像和一位挚友永别了。[②]

---

① ［德］康德：《判断力批判》（上），宗白华译，商务印书馆1964年版，第51—54页。康德把具有"普遍的有效性"的判断称为"反省的鉴赏"，而把"仅是个人的判断"称为"感官的鉴赏"。又说："玫瑰是（在香味上）快适的，固然也是审美的和单个的判断，但不是鉴赏判断，而是官能的判断。"

② ［德］爱克曼辑录：《歌德谈话录》，朱光潜译，人民文学出版社1978年版，第207页。

这段话说明：

（1）歌德这里所讲的"悦人的形象""美梦""多年眷恋的光辉形象"，"给我一种乐趣"无疑是审美经验。由于这种审美经验"占住了我的心灵"多年了，而且"飘忽来往""给我一种乐趣"，因而是一种外在感官即视听感官没有介入的审美经验，属于内审美经验。

（2）这种内审美经验是不需要所谓"对象化"的外在形象的。

（3）这种内审美经验是由"悦人的形象""美梦""多年眷恋的光辉形象"所引发的"乐趣"，因而具有内审美的内景、内视、内乐。

（4）这种内审美经验是纯粹精神型审美，而非外在感官参与的由外在形象引起的大众化普通审美，而是在一个创造型天才的大脑中生成并长久驻留的内审美。

（5）当这些内审美经验被"写成白纸黑字"时，内审美经验告一段落，进入了文学审读、校对、鉴赏、批评阶段。

（6）与歌德内审美经验不同，其完成创作后的审美经验是"不免感到某种怅惘，好像和一位挚友永别了"。两相对比，内审美经验至少在歌德看来，更具有令他梦绕魂牵的强大魅力。

如果说，笔者早期的内审美理论在论证时大量引述儒道佛的内修功夫审美，可能会使没有内修经验的学者感到陌生的话，那么，歌德的内审美经验，以及歌德对于内审美经验与感官型审美经验的对比，应该说可以而且能够引起普遍的认同。这是因为审美学家都已经接触过大量的来自文学的和艺术的创作谈和审美经验谈了。

在西方美学史上，18 世纪英国经验主义审美学家夏夫兹博里认为，人天生就有辨别善恶美丑的能力，他把这种能力称为"内在的感官"（inner sense）或"内在的眼睛"，也就是人们常说的"第六感觉"。在他看来，这是五官之外的另一种感官，它可以通过知觉把握到对象的美，而不必经过思考和推理。他的学生哈奇生又对此看法做了进一步的发展。但总体上来看，他们所讲的内感官，只是就普通的审美能力而言，而非就审美的形态而言，并不涉及无外在对象和无外在感官的内景、内视、内照、内听、心灵感悟和内在感知等特殊的审美形态问题；同时，他们认为这种能力是天生的，而内审美理论却认为这种能力是个人先天禀赋再加自我修养的结果。因此，内审美和西方的内在的感官是两个完全不同的概念。

在西方，除了"内在感官说"外，还有类似的审美心理学术语，如"内心形象""内心视觉""内觉""内模仿""内化""内倾""内在自由""心理透视"等。但每个概念的内涵都是具体的和确定的，并不同于内审美的规定性。虽然，就西方的话语方式而言，用"内"来表达内在的精神型审美或文艺创作心理，也是一个不争的历史事实，已经形成了一个话语传统，但由于前述建立在基督教救赎文化基础上的审美学理论与建立在内修基础上的中国古代审美学思想的不同，其"内"的内涵中缺乏中国古代的内景、内视、内照、内听和心灵感悟、内在感知，因而属于不同的话语体系和理论体系。

内审美与克罗齐"直觉说"的联系与区别在于，直觉与内审美都超越逻辑理性，是当下瞬间的纯粹直接感觉。但克罗齐的直觉是一种向外"赋形"的"对象化"活动。克罗齐说："每一个直觉或表象同时也是表现。没有在表现中对象化了的东西就不是直觉或表象，就还只是感受和自然的事实。心灵只有借造作、赋形、表现才能直觉。"①就是说，直觉是心灵主动的赋形过程，直觉本身就是有明确的可以表现出来的形象。内审美虽有直觉性特点，但除此之外还涉及内景、内视、内照、内听和由"心斋"、禅定引起的心灵感悟、内在感知，与外在"赋形"无关，而且，直觉也不涉及内景、内视、内照和内听。直觉和内审美都涉及幻觉，但内审美中的幻觉也有与禅定中的极个别"出偏"有关，而直觉却与此无关。《红楼梦》第八十七回"感秋声抚琴悲往事，坐禅寂走火入邪魔"中的妙玉出偏就是其中一例。相比之下，直觉由于缺乏内景、内视、内照和内听，它的幻觉成分较前者少得多。因此，内审美与克罗齐的直觉说并不是一回事。

---

① ［意大利］克罗齐：《美学原理·美学纲要》，朱光潜等译，外国文学出版社1983年版，第14页。

内审美理论与感官型审美共同构成了完整的审美形态。虽然，西方现有的审美学理论大多是在论述感官型审美，因而与内审美理论不属于同一个论域，但是，由于内审美与感官型审美既有区别又有着天然的联系，尤其是在作为审美心理基础的感知领域，无论是感官型审美还是内审美，都离不开感知，因此内审美的特殊性并不能与感官型审美的普遍性对立存在，而是可以和谐并存的。内审美中的大量情景来自现实审美中情景的复现和重组，有的是记忆表象的被激活，因此，即使是作为宗教内修副产品的内审美，也不能脱离审美与现实生活紧密相关的普遍规律的制约，而是在特殊中表现普遍。内审美从学科归属上讲，它是审美形态的一种，因此，应该从审美形态学加以研究。内审美与普通生活中的审美或感官型审美只具有内外形态和层次高低的区别，而无本质上的不同。就感官型审美与精神境界型审美比较而言，虽然前者有形，后者可能有形也可能无形；前者普通，后者特殊，但就它们都是人的本质和本质力量的感性显现来说，都具有审美的性质，同属于审美大家族中的一员。因此，分别建立在内审美与感官型审美基础上的中国审美学理论与西方审美学理论完全可以互鉴、互动、互补。

二　内审美理论研究与西方内视理论研究平行而进

内审美理论研究与神经美学理论研究属于平行研究，即各有各的路径和方法。尽管国内目前对于美国脑神经病理学家塞米尔·泽基的"神经美学"及其《内视》一书的研究比较热火，泽基本人也被称为"神经美学"之父，但这并不影响对来自中国古代审美经验历史概括的内审美理论的原创性的评估。理由在于：其一，泽基的"内视"（Inner Vision）在中国古代文献中早有大量记载，但无一例进入泽基的研究中，说明泽基的内视理论与别现代主义的内审美理论属于平行研究，其依据、路径和方法各个有别，而非交叉研究或重叠研究，更不存在跟进研究或从属研究。其二，泽基的内视理论揭示的是大脑皮层眶额叶区神经运动产生内视的机制问题，而内审美对于内视现象的研究依据的是大脑松果体机制理论（见后对于内审美内在机制的揭示）。其三，内视不一定就是内审美，但内审美却一定包含了内视。其四，内审美理论研究的内照型、内听型和心灵感悟型审美，西方的内视理论尚未涉及。因此，别现代主义的内审美理论仍然具有别出一路的特点和功能，与西方建立在脑神经研究基础上的内视理论并行不悖，属于平行研究。

由于内审美是一种建立在修养学、审美学和现代科学基础上的新的发现，因而不受汉语修辞限制，它更注重内涵的界定。就中国古代审美学思想而言，虽然有着不同于西方审美学的逻辑架构和语言背景，但就话语方式而言，从庄子开始就有了明显的内外对立统一的辩证思想和内外对待的表达方式，并在中国审美学史上形成了"无言心说""天乐""游心""内乐""内美""内景""内游""胸中之竹"等为代表的话语系统，表述着内审美的同一种思维方式，这就是在对立统一中将眼光深入事物的底蕴中。因此，内审美作为一个审美学术语并非无根之谈。

但是，如果从辞源学上看，古汉语中不可能出现内审美一词。这是因为，在古汉语中就连"审美"一词都没有，又何来"内审美"呢？《庄子·天下篇》中有"判天地之美，析万物之理，察古人之全，寡能备于天地之美，称神明之容"的批评时弊的话语。《说文解字》："判，分也。"而审美的"审"，《说文解字》认为即"審，篆文寀，从番。""寀，悉也，知寀谛也。"徐锴注曰："宀，覆也，采，别也，包覆而深别之。"因此，若按古代汉语来讲，审美即是在整体上、在深层次上加以判别，这与今天所言审美是一种感性直觉之义恰成反面。也许正因为如此，古代中国虽然产生了"内美""内景""反听""内游"等术语，却不可能出现"内审美"一词。"内审美"一词吸收了古今中外对这种区别于感官型审美的精神型审美的已有成果，将精神性的悦乐和内景的显现概括起来，实质上揭示的是另一种早已在人们的经验中存在，却无人加以概括的审美类型的特点和效果。

作为学科术语，内审美并不遵循汉语的反义对举的修辞方式，这是因为汉语语汇并非完全对等的逻辑语言。因此，没有必要在讲到内审美时一定要讲个外审美，这就如人有内脏，却没有外脏一样。因此，将内审美与感官型审美对举完全是按审美的不同类型和实际内涵加以界定的，是参照现代解剖学、脑神经学的最新成果展开研究的，而非按汉语的修辞对称形式排列的。

三 内审美的儒道佛思想资源

关于内审美的这种无外在对象、纯精神性特征，早在两千年前的思想家荀子就已经作过概括：

> 心平愉，则色不及佣（平常的）而可以养目，声不及佣而可以养耳，蔬食菜羹而可以养口，粗布之衣，粗䌷之履而可以养体，局室、芦帘、藁蓐、敝①几筵而可以养形。故无万物之美而可以养乐，无势列之位而可以养名。②（《荀子·正名》）

在荀子看来，只要加强人自身的修养，经常保持心中平愉，就可以不受外界条件限制，做到"无万物之美而可以养乐"了。③

由于荀子思想是对先秦学术思想的总结，因此"无万物之美而可以养乐"这一命题具有对从先秦时代起就普遍存在的内审美的概括性质，并具有普适性。

孔子主张"贫而乐"（《论语·学而》）并盛赞颜回：

> 贤哉，回也！一箪食，一瓢饮，在陋巷，人不堪其忧，回也不改其乐。贤哉！回也！（《论语·雍也》）

---

① 有本作"尚几筵"。傅奕本、高亨本作"敝几筵"，今从。

② 荀子这段话尽管被很多美学史料编选类的著作辑录，但都没有将"无万物之美而可以养乐"作为一个美学命题来对待。直到 2002 年才作为美学词条进入美学大词典。参见拙著《修养·境界·审美·儒释道修养美学解读》，中国社会科学出版社 2003 年版，第 180 页。

③ 参见王建疆《无万物之美而可以养乐：荀子修养美学新探》，《西北师大学报》（社会科学版）2000 年第 4 期。

颜回之乐显然是由人生境界升华带来的内乐，是独特的个人主观审美感受，是于忧不忧，于苦而得乐的精神怡悦，是典型的内审美事例。这一事例被宋明理学誉为"孔颜乐处"。程颢就评论道："箪、瓢、陋巷，非可乐，盖自有其乐耳。""其乐"所昭示的就是个人的修养达到一定境界后的独特的内审美体验，属于心灵感悟型审美的范畴。

佛教"四禅八定"中的二禅亦名"喜俱禅"。它的特征如《释禅波罗蜜次第法门》卷五所述：

> 其心豁然明净，皎洁定心与喜俱发，亦如人从暗室中出，见外日月光明，其心豁然明亮内净。

"三禅"亦名"乐俱禅"。它的特征如《释禅波罗蜜次第法门》卷五所述：

> 譬如石中之泉，从内涌出，盈流于外，遍满沟渠。

但别忘了这些喜乐是在和尚们与外界完全隔离的情况下取得的。唐宋以来中国禅宗所表现出来的"禅悦之风"和"法喜"景象，无不是在与世俗的审美对象几近绝缘的情况下，在受戒、绝欲、忍辱、孤寂的人生苦旅中表现出来的个人内在的安适和怡乐。

道家庄子讲的那种在"心斋"中出现的"虚室生白，吉祥止止"（《庄子·人间世》）和"游心于物之初"的功夫型、体道型审美，又何尝不是在一种被凡俗视为枯木死灰的状态下的特殊的个人内心审美体验呢？徐复观就说："虚室即是心斋，'白'即是明，'吉祥'乃是美的意识的另一表达形式。心斋即生洞见之明；洞见之明，即呈现美的意识。"[①] 与儒家的无对象审美来自个人道德修养的完成所不同者在于，禅（包括整个佛家）与道（包括道教实修派）的无美而养乐，则

---

① 徐复观：《中国艺术精神》，华东师范大学出版社 2001 年版，第 48 页。

主要源于生命形式转换过程中的密修体验。

总之，"无美而乐"是一种古今中外都普遍存在的内审美现象，是一种只有在完全超越功利的物我两忘、天人合一的情况下才能达到的人生境界。

内审美的发现的意义在于告诉我们：审美不一定要建立在客观对象和外在视听感官的基础之上，无关对象和外在感官的审美不仅可能而且能够获得精神快乐。这是一种典型的自我调节审美和自我修养审美，是突破外在对象后的绝对精神自由，是纯粹意义上的审美解放。

第二节 内审美的类型和特点

从前述中外古今哲学家、审美学家、文学家的概括和描述中可以明显地看出内审美的一些表现特征。

一 心灵感悟型审美

内审美中的心灵感悟型审美是在无须外在对象参与，也没有内景呈现情况下的精神境界型审美，指没有形象或形式的纯粹精神性审美，即悦乐。如道家的"至乐无乐""无言心说"的"至乐""天乐"，儒家的"孔颜乐处""无美而乐""曾点气象"，禅宗的"禅悦"，以及李泽厚所说的"悦志悦神"型美感等。这里的悦乐既无外景也无内景，完全是精神性的悦乐，而不是感性的快乐。因此，心灵感悟型审美也就是精神境界型审美，都属于内审美中的内乐，是最高层次的内审美。

二 内景型、内视型、内照型审美与内听型审美

（一）内景型、内视型、内照型审美

第一，内景型、内视型、内照型审美指由内修导致的大脑呈现内景的审美，如由禅定或心斋而生的止观和默照。内审美中最玄妙的是由内

修导致的无外在对象的审美。禅宗曹洞宗宏智正觉的《默照铭》写道:

> 默默忘言,昭昭现前。鉴时廓尔,体处灵然。灵然独照,照中还妙。露月星河,雪松云峤。晦而弥明,隐而愈显。鹤梦烟寒,水含秋远。……默照理圆,莲开梦觉。百川赴海,千峰向岳。如鹅择乳,如蜂采花。

其实,这种伴随"默照"或内照而来的内审美并不神秘,也不超验,不过是自然景色以表象运动的方式在大脑中的重新组合而已。佛教修炼中的止观、内视、内照、内景等有其特定的含义。若按佛教《摩诃止观》卷 1 上的说法,"法性寂然为止,寂而常照为观","止观又称定慧、寂照、明静。止是去绝分别,远离邪念,使心安住于一境中;观是发起正智,历历分明地照见诸法。止相当于定,观相当于慧"①。而"照是明照、寂照,以显其体;用是激发,以呈其用"②。因此,研究中国审美学的学者所讲审美观照一词,实际上已脱离了佛教禅修中观(止观)和照(默照或内照)的本意。其原因就在于把本来是无外在对象的内审美的术语泛化为有对象审美,即外景型审美或感官型审美,这显然是对内修和内审美缺乏了解所致。

在内修中,内景呈现有时会达到再现现实生活场景的程度。《五灯会元》卷二《南阳慧忠国师》记载了"他心通"的功夫型内审美。

西天大耳三藏到京,说他得了他心通。南阳慧忠国师问:

> "汝道老僧即今在甚么处?"曰:"和尚是一国之师,何得却去西川看竞渡?"良久,再问:"汝道老僧即今在甚么处?"曰:"和尚是一国之师,何得却在天津桥上看弄猢狲?"师良久,复问:"汝道老僧只今在甚么处?"藏罔测,师叱曰:"这野狐精,他

---

① 吴汝钧编著:《佛教大辞典》,(台湾)商务印书馆国际有限公司 1992 年版,第 154 页。
② 吴汝钧编著:《佛教大辞典》,(台湾)商务印书馆国际有限公司 1992 年版,第 177 页。

心通在甚么处!"藏无对。僧问仰山曰:"大耳三藏第三度为什么不
见国师?"山曰:"前两度是涉境,后入自受用三昧,所以不见。"

显然,大耳三藏也"看到"了慧忠国师用所谓"天目"遥观——
"看竞渡""看弄猢狲",达到内审美中内景和内视的同频共振,后来
国师入空定,图像消失,故"罔测"。这里既有功夫测试,又有审美
体验,其机理不离思维传感或他心通。这种他心通十分微妙,非有亲
证体验者难以言说,属于内审美现象中的内景型和内视型审美,是密
宗功夫审美的一大特色。

佛教的内审美属于佛教修养的副产品。佛教有"五眼六神通"
的修养阶级论或境界水平论,即由肉眼、天眼、慧眼、法眼、佛眼
构成了"五眼",由天眼通、天耳通、他心通、神足通、漏尽通、宿
命通构成"六神通",其中的"天眼"是性功修炼的基础,始于观
想法训练。观想是有意识地使自己想象某种特定的图像,从而激活
大脑松果体呈象功能,为内景、内视、内照的审美创造空间。宋明
理学的代表人物朱熹十八岁之前就曾是禅宗的弟子,其修观想法又
叫"观鼻端白",颇有心得。① 而著名的心学家王阳明的"龙场顿悟"
及其本人和弟子的大量见证记录就说明佛教内审美是有充分的内修根
据的。

第二,内景型和内视型审美包括在现实生活中出现的"历历在
目""脑海中浮现"等。现实中如朱光潜所说"愣神"间的美好图景
以及美好回忆;阅读非文学叙事时的对于无画像参照的人物的想象和
神交,也就是司马迁在《史记·孔子世家》中说的"余读孔子书,想
见其为人"。即通过对孔子事迹的阅读,在想象的空间中浮现孔子的
形象。与魏晋时期的人物品藻的注重风姿神韵不同,也与我们从古籍
里看到的孔子的画像不同,司马迁这种对已故圣贤的观想式审美,是

---

① (宋)朱熹《调息箴》:"鼻端有白,我其观之;随时随处,容与猗移;静极而嘘,如春
沼鱼;动极而翕;如百虫蛰。氤氲阖辟,其妙无穷。孰其尸之,不宰之功。"(《晦庵先生朱文公
文集》卷八十五)。

脱离了对象和感官的审美，是一种超越了道德叙事和伦理评价的想象的或神游的、神交的内审美。

第三，内景型、内视型和内照型审美也表现在文艺创作构思中，如刘勰在《文心雕龙·神思》中说："使玄解之宰，寻声律而定墨；独照之匠，窥意象而运斤。""独照"一词源于庄子的"见独"和佛经的"观照"。王振复先生曾把"独照"解释为内视和反思，把"意象"解释为内心图景，并认为它们具有相当纯粹的美学意义。① 这种"内视""内心图景"是在脱离了眼前对象和生活场景，又没有外在感官参与的情况下展开的构思的结果，因此，其实质就是指文艺创作构思中的内景型审美。

（二）内听型审美

内审美案例不仅来自内景型、内视型、内照型审美，而且还来自"余音绕梁""萦绕"等内听型审美。

1. 《论语·述而》

> 子在齐闻《韶》，三月不知肉味，曰："不图为乐之至于斯也。"

是孔子盛赞《韶》乐的一段话。美妙的声音使孔子陶醉其中，以至之后的几个月里他的大脑中一直萦绕着这段美妙的乐曲，甚至都忘了吃肉的感觉。显然，孔子所言闻乐忘肉的故事，是典型的内听式审美。这是因为，《韶》乐的演奏早已过去，但萦绕在脑际的美妙的乐曲却挥之不去，即属于形象记忆的自发的听觉表象运动②不断再现。

2. 《列子·汤问》

> 昔韩娥东之齐，匮粮，过雍门，鬻歌假食。既去，而余音绕梁欐，三日不绝。左右以其人弗去。过逆旅，逆旅主人辱之。韩

---

① 王振复：《中国美学的文脉历程》，四川人民出版社 2002 年版，第 537 页。
② 金开诚：《文艺心理学概论》，北京大学出版社 1999 年版，第 55 页。

娥因曼声哀哭，一里老幼悲愁，垂涕相对，三日不食。遽而追之。娥还，复为曼声长歌。一里老幼喜跃汃舞，弗能自禁，忘向之悲也，乃厚赂发之。故雍门之人，至今善歌哭，放娥之遗声也。

大意是，韩娥在去齐国的路上缺乏食物，经过雍门，只好以唱歌来乞食，但因其歌声美妙，余音绕梁而久久不散，以至人们以为她还没有离开。韩娥投宿一家旅店却因贫受辱，于是长音悲哭，使老人小孩都听得悲伤不已。人们不得已追赶韩娥让她回来演唱并慷慨解囊资助她上路。至今，雍门那里的人之所以善于长歌当哭，就因为效仿当年韩娥的歌唱。

这里的三月不知肉味和余音绕梁足以显示音乐的力量有多么强大。但萦绕也好，绕梁也好，都是在音乐演唱之后发生的，甚至在"三月"即很长一段时间内持续地重复出现。显然，这只有留声机或录音机的反复播放才能做得到。但在当时并没有留声机和录音机的情况下，只能说是大脑的功能呈现，是自发的听觉表象运动的结果，属于内听型审美。

3. 内听型审美并不仅发生在中国古代，而是古今中外普遍存在

一直居于全球电影高分榜的美国电影《肖申克的救赎》中的主人公安迪，在现代化的监狱中重演了孔子和韩娥的故事。安迪因依据刚发现的证人证词向典狱长提出洗冤的要求而被独囚于小号里两个星期。但安迪之所以能够活着出来而且精神依然正常，就在于他给狱友们所说的"归功于莫扎特"，即在自己的脑海里而非由其他狱友猜测的player（播放器）不断地"播放"莫扎特的音乐，包括《费加罗的婚礼》等，其内审美与狭窄、压抑、黑暗、恐怖、令人窒息的独囚困厄展开了无形的较量，从而得到精神的慰藉并保持心理的激活水平，战胜了疯癫甚至死亡的威胁。这个案例印证了黑格尔的名言：一个看起来自由的人却可能是一个囚徒，而一个囚徒却可能是一个真正的自由者；审美具有令人解放的性质。而且说明，内审美具有激活自身潜能的作用，可以通过内乐来维持身心健康。

现实生活中的"余音绕梁"亦属于普遍现象。笔者对此亦有深刻体会。一段激动人心的歌曲，总会在闲暇之余，有时是在散步的路上，有时是在厨房里，有时是在刚睡醒的朦胧中自发地在脑际响起，回环往复，萦绕不去。也曾问过许多友人，他们说也或多或少有过此类情况。

4. 佛教故事中的观世音家喻户晓，其"观"是指谛听广闻天下，因而能够及时感知苦难者的呼号，行慈航普度之善

《楞严经》里有佛男性弟子观音在大海边听潮起潮落入深定而得"观音法门"的记载，堪称内听的功夫修养型内审美的典型案例。虽然救苦救难大慈大悲的观世音内听到的更多悲苦呼号，与悦乐相背，但说明内听在僧俗两界的普遍存在。

三　内在感知型审美

内审美现象普遍存在于人生修养、日常生活、文学艺术作品和创作过程中。内审美的本质特征是脱离了外在感官的审美。这种审美可以是心灵的内省、内悟，如庄子所说的"朝彻"和"见独"，也可以是佛道密修中的内景、内视、内照、内听，也可以是文艺创作构思中的具有审美性的联想和想象，也就是自觉的表象组合运动。其原理就在于，感知是所有认知活动包括审美活动的前提和基础，因而，即便是在有的情况下内景、内视、内照、内听、心灵感悟不一定全部同时呈现，但内在感知却是不可或缺的，因此，内在感知就有了普遍性和共享性。

内审美除了与中国古代修养审美和境界审美紧密相关的内景、内视、内照、心灵感悟和内在感知外，古今中外文学作品中更多关于内在感知、憧憬、想象的描述。安徒生童话中那位卖火柴的小女孩带着美丽的幻想被活活冻死的故事就是一个典型的例证："她的双颊通红，嘴唇上带着微笑，她已经死了——在旧年的除夕冻死了。"人们看着她小小的尸体和燃过的一根根火柴，都说："她想给自己暖一下"，无

不感到同情和悲伤。但用作者的话说："谁也不知道：她曾经看到过多么美丽的东西，她曾经多么幸福地跟着她的祖母一起走到新年的幸福中去。"这种令人目不忍睹的人间惨象，并未在小主人公的心灵世界中引起丝毫的悲伤之情，她"看到过多么美丽的东西"，她的尸体也是"嘴唇上带着微笑"。她是在对美好的憧憬中死去的，在虚幻的审美中完成了短暂的人生旅程而"跟上帝在一起"。这篇童话所蕴含的深刻的审美学思想在于，审美并非完全由客观的审美对象决定，它不是所谓心灵与客观对象的完满交流，也不是什么高山流水遇知音的完美契合，更不是什么悦乐的对象或乐感对象，而是有可能在完全忽略对象和全然不遇知音的情况下，在没有所谓乐感对象的情况下，在既没有听觉也没有视觉参与的情况下的纯粹的精神活动，是一种内在感知的、憧憬的、想象的审美。实际上，有关生活中的内在体验的审美，大多可以在每个人闲暇时分的美好回忆、未来憧憬中不断地再现或浮现，如果认真整理一下，数不胜数。卖火柴的小女孩仅是源于生活又超越生活的典型一例而已。

第三节　内审美的心理机制与产生原因

内审美有着丰富的表现形态，在文艺的审美活动中，在气功、宗教的密修实践中，在对人生意义的高度自觉和感悟中，甚至在日常生活的闲暇时刻，都可能出现内景、内视、内照、内听和心灵感悟、内在感知的审美心理体验，而且这种体验较之情感激动和喜形于色的外在审美表现来说，更具有深层体验的性质，因而大多具有静逸、恍惚、朦胧的特点。在现实的审美活动中，以上几种类型的内审美并不是截然分开的，而是有可能相互贯通和共享的。如中国古代文论、诗论和画论中的"独照""收视反听""心游万仞""内游"等，就既上承老庄和佛教修炼的内景型、内视型、内照型审美经验，又下达文艺构思中的联想和想象，而且与人生境界相沟通。但就各类内审美产生的具体机制而言，在不同的审美活动中往往具有不同的心理机制。

一 心灵感悟型审美的形成机制

无对象的纯粹精神型审美，虽然既没有外在对象，又没有内在图景，属于心灵感悟型审美，但它仍离不开某种内在的感知和深层次的精神悦乐。这种精神悦乐是人生修养的结果，属于修养审美范畴。

关于"心灵感悟"，西方文艺心理学有"内觉"一词可以作为参照。在西方文艺心理学中，"内觉"是指人的内心某种混沌模糊的体验，又称"无定形认识"，是一种非表现性的认识，即不能用形象、语词、思维或任何动作表达出来的一种认识，或称为非言语的、无意识的、前意识的认识。德国符兹堡学派的学者认为，有某种心理过程，它的发生不具有表现性（即无形象），并不处于成熟思维的水平。法国心理学家比奈也认为某些思维形式完全没有形象；实际上是意向而不是意象。内觉是对过去的事物与运动所产生的经验、知觉、记忆和意象的一种原始的组织。这些先前的经验受到了抑制而不能达于意识，但继续产生着间接的影响。由于它不再出现任何类似知觉的形象，因此不易被认识到。它虽然含有情感成分，但并不能发展为明确的情绪感受。它可以视为一种倾向，一种中介结构。它只有在被转化为其他水平的表现形式时才能被传达给别人，比如转化为语词、音乐、图画等。在富于创造力的人那儿，内觉总是在寻找一种形式、一种有着确定结构的组合。[1]

虽然，这种"内觉"与中国古人建立在内修基础上的内在精神悦乐不在同一水平上，但中国古人的内修仍离不开一定的内觉心理机制。如无语言、无形象，其体验混沌模糊等，虽然既超越理性认识，又超越形象感知，但仍属于一种体验。不过较之西方的这种带有原始性的低端"内觉体验"，中国古代的由心灵感悟带来的精神悦乐堪称一种

---

[1] 鲁枢元、童庆炳等主编：《文艺心理学大辞典》"内觉"条，湖北人民出版社2001年版，第30页。

超级的高端体验。这种高端体验虽然不涉及自觉的表象运动，但它是长期自我调节、自我修养的结果，是一种超稳态心理结构下的"大泽焚而不能热，河汉冱而不能寒，疾雷破山而不能伤，飘风振海而不能惊"（《庄子·齐物论》）的身心两方面的超绝体验，是"上与造物者游"（《庄子·天下》），"上下与天地同流"（《孟子·尽心上》）的境界，从而也是审美的最高境界。相形之下，西方的"内觉"只是对过去的事物与运动所产生的经验、知觉、记忆和意象的一种原始的组织，不涉及人的精神修养，只能为精神境界的审美提供一定的内在感性基础而已。当然，如果没有这个基础，超高级的体验也将无法解释，但是，唯有人生修养才会产生这种内乐。西方能够与这种内乐相匹配的也只有建立在信仰基础上的"悦志悦神"的宗教内觉了。因此，心灵境界感悟型审美的形成机制就在于人生修养和人生境界以及人的信仰所达到的高度。

二 内景型、内视型、内照型、内听型审美的形成机制

（一）内景型、内视型、内照型审美的形成机制

康德将人的感官分为"外在的感官"和"内在的感官"两种，[①]这显然是对沙夫兹博里"内感官"的继承。虽然审美学界对西方这种所谓的内在感官是不承认的，但是，现代解剖学已经证明，人和低等动物的大脑中都有一个松果体，此松果体中具有退化了的视网膜，并具有抑制性成熟的作用和分泌褪黑素的作用。这一点已为医学界广泛接受。现在铺天盖地的松果体褪黑素的保健药品广告也在显示松果体的存在。松果体的另一个功能，也就是从退化了的视网膜中发光或呈像，这一点已在低等动物身上获得了证明。神经解剖学方面的研究认为：

> 关于松果体的功能目前仍了解较少，一般认为，在两栖类和

---

① ［德］康德：《判断力批判》（上卷），宗白华译，商务印书馆 1964 年版，第 63 页。

爬行类是光感受器，至哺乳类演变为内分泌腺体。低等脊椎动物松果体组织与视网膜感觉细胞相近似，且能直接将光刺激传入脑内。在哺乳类松果体与脑之间的这种传导光刺激的联系已经退化……①

但是退化并不等于曾经没有过，更不排除被恢复的可能性。

另据俄罗斯科学家于 2001 年在温哥华举行的世界老年学与老年医学大会上公布的最新研究成果，将松果体的功能称为"第三只眼"，类似于中国古代神幻小说中的杨戬、二郎神之流：

> 第三只眼出现在胚胎发育两个月时，即晶体、感光器和间脑区域的神经细胞形成阶段。奇怪的是，它刚一出现，马上就开始退化。被众多学院派学者所接受的著名的海克尔生物基因定律为此提供了最有力的证据。根据这一定律，胚胎在很短的时期会经历其所属物种的整个进化史。即人类在胚胎时期能够出现我们的先祖所具备的某些形态特征。人类学家认为，人体的某个器官会发生退化，然后便不复存在。从古代两栖动物的进化中可以发现它同样伴有退化。目前，一些爬行动物还保留了顶骨。新西兰的斑点楔齿蜥已经存在了 2 亿年。它的颅骨上有很小的眼眶，在一层透明的膜下隐藏着一只真正的眼睛。②

可见，个别人的大脑中出现感光的可能性还是难以排除，至少以前或许有人曾有过。虽然现在"已经退化"了，但是否还有极个别的人尚保留这种感光功能，或个别人是否能够通过特殊的修炼刺激来重新激活松果体以前曾有过的感光功能呢？我想至少是难以断然否定的。因为，佛家、道家甚至宋明儒家的修炼历史中都大量地记载了诸如"玄鉴""朝彻""虚室生白""观鼻端白""性光""体内光""默照"

---

① 张培林主编，张一、李之琨编：《神经解剖学》，人民卫生出版社 1987 年版，第 339 页。
② ［俄］德米特里·谢尔科夫：《洞悉一切的"第 3 只眼"》，《青年科学》2006 年第 4 期。

"止观""内视""观照""内景""灵灵昭昭""澄明"等经验事实。就与文艺审美关系最为密切的文论中的"独照"来说，也最能体现这种内景型审美的内在机制。

所谓"独照"，刘勰《文心雕龙·神思》说："独照之匠，窥意象而运斤。"用以说明艺术创作的深层心理体验。一般学者解为"冥心领悟的审美直觉"[①]。但钱锺书的《谈艺录》论艺术直觉时提到"静心照物""蚌镜内照，犀角独喻"。前述王振复先生将"独照"与"内心图景"相联系，都是符合中国古代文论的修养学背景的恰切之论。"独照"一语渊源于《庄子·天地》中的"冥冥之中，独见晓焉；无声之中，独闻和焉"和《庄子·大宗师》中的"朝彻，而后能见独"。此所谓"独"，是指见"道"时的光明莹觉的心境。"照"与佛教的"止观"中的"观"有近似之处，往往与内审美的内景内视有关。"独照"实际上已将文艺创作的联想和想象，道、佛的内景型、内视型、内照型审美和对"道"的感悟统合了起来。

值得注意的是，佛、道在修炼中都把这种内在的体验与所谓的幻想和"出偏"作了严格的区分。佛教《楞严经》就将二十五种圆通与"入魔境""妄心""痴狂"等作了一一的甄别。虽然中国古人没有说这是大脑松果体的功能，而且在他们所处的时代是不可能想到这一点的，但是，如果只因为科学暂时还没有彻底弄清楚松果体的机制就简单地否定这些历史上的记载和当代许多人的共同经验，也是一种不负责任的说法，甚至可以说是一种文化上的虚无主义。同时，也不能因为有争议，就对松果体讳莫如深，投鼠忌器。在没有完全弄清松果体的机制之前，人类修养实践中的这些感性经验仍然值得我们重视。审美学作为建立在对感性经验研究的基础上的人文学科，是不可以脱离开人类丰富的内心体验而建构的。

大脑呈现内景的审美要比一般的表象运动更具可观、可视的特点。

---

① 鲁枢元、童庆炳等主编：《文艺心理学大辞典》"独照"条，湖北人民出版社2001年版，第280页。

虽然这种内景式的审美感受是独特的、完全封闭的个人主观体验，其生理机制可能在于大脑松果体的被激活，但是，有关这种体验的大量记载也是可以与大众的审美体验沟通的。已故著名美学家朱光潜先生就曾在他晚年所写的《维柯的〈新科学〉的评价》一文中说到自己练健身气功时反复出现内景，也属于内审美的特殊体验：

> 无论在北大校园，还是在庐山顶的"文联读书之家"，我都发现仰望到的树枝和树枝之间的空隙形成各种各样的完整的图形，一个彪形大汉，一个正襟危坐的少女，一座楼台，一架马车，甚至一架标出时间的钟。在下次的同时同地仰望，同样的图形又复现，尽管小有变更。①

朱光潜在这里所举的只是一个普通常人在特定情景下出现的内境外化式审美或克罗齐所说的"赋形"活动。说它是内境外化，是因为这是在朱光潜睁眼仰望时出现的情景，与闭目养神时出现的纯粹内景有所不同；说它不是外景，是因为朱先生所见并非现实中的客观存在，同时，它也不是幻觉，因为幻觉不会重复出现，而朱光潜所见却是在"同时同地"反复出现，甚至"无论在北大校园，还是在庐山顶"都反复出现，因此只能是内境的外化或赋形活动。按朱光潜的话说，这种内境的外化实质上是平日里大脑对客观景物的反映所留下的表象在特定情况下经过大脑的激活、整合、加工、提炼，也就是"创造或构成"后出现的全新的审美形象。这段珍贵的记载不仅揭示了内审美的普遍客观存在，还揭示了内审美的本质所在，又揭示了审美中主观精神创造和人的主观能动性的作用，是一种难得的审美经验。

关于大脑呈像的问题，法国当代审美学家莫里斯·贝姆尔提出了"心理形象"的概念。认为它是一种可以直觉的形象，但它不是对于客观物象的模仿和再现，而是蕴含着丰富心理内容的形象，是存在于

---

① 朱光潜：《朱光潜美学文集》（第三卷），上海文艺出版社1983年版，第585页。

人的感觉和体验中的那种形象。他在《精神的形象再现和对不可表达之物的表达》一文中说："精神的深层的实在，精神的内在的隐秘系统，精神的原始的和自发的活动，精神的真正的确切的属性，是看不见、听不到、摸不着的。运用发音清晰的语言作为手段，我们在何种程度上能够表达出那种开始时似乎是不可表达的事物呢？这是一个既无法回避又无法解决的问题。"为了解决这一问题，他建议"用形象的方法表达精神生活"。但这里的"形象"已不是一般的外在形象，而是存在于精神之中的内在形象，是一种"心理的形象"①。但这种心理的形象，是否就是内景呢？虽然因为贝姆尔缺乏中国古代文论家的老庄佛禅修养文化的背景而无法推断，但用"心理形象"作为内审美的例证却是无可厚非的。

综上，内审美中的内景型、内视型、内照型审美是有其生理和心理的前提条件的，目前来看，大脑松果体的被激活，是一种可以备选的内审美生成的生理—心理机制。当然，作为平行研究，泽基的大脑皮层眶额页区内视也是可以与松果体内视机制研究并行不悖的。而且，只有在不同路径的平行研究中，才有可能最大限度地揭示同一事物的本质属性和特点。

（二）内听型审美的形成机制

现代医学和现代解剖学、大脑神经学对听觉系统及其结构功能的认识，已达到了神经网络解剖层面，"内听动脉""内听道""内耳道"等术语，就是对听觉系统及其结构和功能的描述。但内审美中的内听是否与此有关，尚未有研究结论。笔者想，主要原因在于，内听建立在对以往听觉经验的复现，或者回忆上，这种回忆以脑内声音的方式呈现出来，也就是自发的听觉表象运动。《肖申克的救赎》中莫扎特音乐在安迪脑海中的自动播放，就是跟他不久前在典狱长办公室里擅自播放过莫扎特作曲的《费加罗的婚礼》，以及他本人一段美好婚姻

---

① 鲁枢元、童庆炳等主编：《文艺心理学大辞典》"心理形象"条，湖北人民出版社2001年版，第5页。

因被人诬陷栽赃而毁灭的刻骨铭心有关。因此，这里的内听是回忆，是复现，是往日审美经验的再生。这一点，与正常视听的内听动脉、内听道、内耳道之间有何联系，尚不清楚。

目前，文艺心理学中所言表象包括了视觉表象和听觉表象。对视觉表象的心理学研究成果较多，如前述松果体的、内视神经系统的，但对听觉表象的研究成果极少，而且"听觉表象"一词是否准确，这就如"音乐是否有形象"一样，容易引起争议，因而尚待跟进研究。

三　内在感知型审美的形成机制

第一，内在感知型审美的形成机制在于当下的感觉、感触、反应、体验。不同于西方内觉理论的"内觉是对过去的事物与运动所产生的经验、知觉、记忆和意象的一种原始的组织"，内在感知型审美是在表演或其他艺术创作的当下产生的内在感觉、感触、心理反应和内心体验。因此，当下的感觉是内在感知型审美的主要形成机制。

第二，内在感知型审美的形成机制在于知觉的本能。知觉包括感觉，但高于感觉。感觉反映的是事物的个别属性，知觉反映的是事物的整体，包括事物的各种不同属性、各个部分及其相互关系；感觉仅依赖个别感觉器官的活动，而知觉依赖多种感觉器官的联合活动。因此，知觉比感觉复杂。但由于感觉和知觉都是对直接作用于感觉器官的事物的反应，因而具有直觉的特点。内在感知型审美就是这种直觉的表现。但与克罗齐将整个审美都视为直觉不同，内在感知型审美只是内审美中的一种，无法涵盖整个审美类型。也与克罗齐的直觉涉及"表象"和"赋形"不同，内在感知型审美是一种纯粹的知觉，不一定伴随表象运动，更不可能顾及"赋形"。前述格罗塞论述的有关舞台表演中的审美，只在瞬间完成，根本无暇于表象运动和赋形过程。

第三，内在感知型审美的形成机制在于反馈调节。艺术创作中的内在感知型审美形成于反馈调节，在读者和观众那里获得认同和赞许，从而形成了内在感知型审美。

四　内审美与人的自我修养和文艺实践

除了以上分类论证的内审美产生机制之外，内审美的产生在整体上与人的类型和修养有关。

这里的类型有心理类型，也有经络和气质类型。

先说经络和气质类型。人有经络敏感和经络迟钝之分，也有佛家所讲的"慧根"深浅之别。人的松果体是先天的，能否呈象就直接决定着内景型审美的有无。当然，佛、道的修炼也有可能重新激活这种尚处于黑箱状态中的机制，从而产生内景。中国古代典籍中对内景的大量记载，就与这种修炼有关。明白这种文化背景，对于揭示人生境界的内审美秘密是大有裨益的。如不明白这种生理心理机制和修养背景而谈审美境界，是难得要领的。

再从心理学上讲。瑞士分析心理学家荣格把人分为八类心理类型：内倾情感型，内倾思维型，内倾直觉型，内倾感觉型；外倾直觉型，外倾感觉型，外倾思维型，外倾情感型。其中，内倾直觉型的人一方面是神秘的梦幻者和预言家，另一方面却是异想天开的怪诞人和艺术家。而内倾感觉型的人却一定是创造性的艺术家。只有这两类人才具有艺术家的天赋和审美的敏感。当然，若按我们的说法，其获得内审美的概率也更大。虽然，荣格只涉及人的心理与审美的可能性问题，并未涉及内审美的现实性问题，更没有涉及东方内景式审美问题，但对研究内审美的心理机制却有一定的启发意义。黑格尔就曾谈到过艺术创造中的想象能力问题，他说："属于这种创造活动的首先是掌握现实及其形象的资禀和敏感，这种资禀和敏感通过常在注意的听觉和视觉，把现实世界的丰富多彩的图形印入心灵里。此外，这种创造活动还要靠牢固的记忆力，能把这种多样图形的花花世界记住。"[①] 这种掌握形象的资禀和敏感，不仅是面对对象的知觉型审美所必备的，而

---

① ［德］黑格尔：《美学》第一卷，朱光潜译，商务印书馆1979年版，第357页。

且是脱离对象的内审美所必不可少的。

再说人的修养。如果说，"无万物之美而可以养乐"的心灵感悟型审美是长期的人格修养的结果，"虚室生白，吉祥止止"的内景式审美是"心斋"和"坐忘"的功夫修养的结果的话，那么，文艺创作中出现的内景型、内视型审美也是作家艺术家长期进行自我调节，做好心理准备的结果。如庄子《达生》中削木为鐻的梓庆，就是在斋戒几日，进入"观天性形躯""以天合天"的内审美境界后才创造出"惊犹鬼神"的艺术品的。为什么不搞创作的人就极少有这种内审美的经验，就是对艺术修养的最好说明。

从内审美的实际出发，我们发现，前述内审美的类型和特征又可做进一步深入的分析和分类。

（1）主动型与被动型。前者指现实生活和艺术创作中的自觉的表象运动。后者指梦境中的无意识表象运动。

（2）静观型与狂热型。前者指儒道佛的内审美，后者指情感表现比较激烈狂热的宗教内审美。

（3）感觉型与呈象型。前者指纯粹精神型审美，后者指内景型审美。艺术家的想象审美可能同时涉及这两种情况。

（4）现实型与幻觉型。朱光潜的经验和禅师宏智正觉的经验属于现实体验，而卖火柴的小女孩的经验和禅定中的偏差属于幻觉型。作为文艺家，应该兼具这两种内审美能力。其中的任何一种类型都不是由单一因素决定的，而是涉及心理—生理的因素、宗教文化的背景和个人的修养实践。

就老庄和佛禅的人生境界而言，已经具足了内审美的特点，如老子的"玄览""观复""致虚""守静"，庄子的"朝彻""见独""虚室生白"等，都是修道的体验，同时具有充分的内景呈像型审美的特点；庄子的"以天合天"（《达生》）和"以神遇而不以目视"（《养生主》），就与文艺创作中的自由表象运动十分接近；而老子所讲的"恍惚""大音希声""大象无形"，庄子所讲的得道的"至美"（《庄子·田子方》）、"至乐"（《庄子·至乐》）、"天乐"（《庄子·天道》）以及"无言而心说（悦）"（《庄子·天运》）等，则是无对象的纯粹精神型审美，而与境界的审美相沟通。老庄人生境界的审美生成就最为典型、最为集中地体现在内审美的形态中。内审美是老庄人生境界审美生成的核心机制。

与道家比，佛禅的人生修养中出现的"喜俱""乐俱""默照""禅悦"以及二十五种圆通的美妙境界，虽然很少涉及文艺创作，但在人生境界的内审美转换中与道家境界至少是可以等量齐观的。

总之，内审美是一种普遍存在的审美现象，是一种特殊的审美形态。内审美过程就是内在感性知觉愉悦的过程，是人的大脑松果体被激活的美景呈现过程，是表象运动基础上的主观再创造情景交融过程，是主体"觉解"到人生的意蕴并享受由之产生的心灵内乐的过程。它是人的先天禀赋和后天修养相结合的产物。别现代主义内审美理论属于对人的多质多层次的交互式正价值—感情反应中的既涉及情感反应又涉及情绪反应的深层心理结构及其功能的揭示，也是对感官型审美和内审美共同构成的审美的全域的揭示。

第七章 生命股权与人的幸福感和美感生成

世界经济论坛创始人、《第四次工业革命：转型的力量》一书的作者克劳斯·施瓦布在其与蒂埃里·马勒雷在《世界论坛》上发表的 *COVID-19：The Great Reset* 一书中指出："疫情带来的第一个影响是，它揭示了令人震惊的社会差距以及社会不同阶层面临的风险，从而放大了社会不平等带来的宏观挑战。"[①] 其实，这种被放大了的挑战也非常明显地反映在今天人们日常生活中的焦虑感中，并对人类的幸福感和美感构成了威胁。

第一节 作为第一根据的命本体

一 生命股权的定义

2021 年在上海举行的别现代主义生命股权专题研讨会上，法学家们对生命股权作为应然给予了充分肯定和高度评价，把笔者提出的生命股权归结为近年来在中国学术界兴起的"新权利研究"范畴，并探讨通过法学研究将这种应然变成实然的路径。法学家刘作翔的《权利冲突：案例、理论与解决机制》一书涉及"人体捐献器官移植权利冲

---

① ［德］克劳斯·施瓦布、［法］蒂埃里·马勒雷：《后疫情时代——大重构》，世界经济论坛北京代表处译，中信出版集团 2020 年版，第 55 页。

突""失依儿童的抚养权""国家财产权与个人人身安全权冲突""抱养弃婴与讨回亲子抚养权冲突""公民储蓄权与银行执法权""公民休息权和公民娱乐权冲突""公民性命权与隐私权冲突""生命权、人身安全权和车辆通行权冲突""公民政治权利与荣誉权冲突""急救病人的生命健康权与医院经营收益权冲突""记者的采访权与公民的隐私权冲突""医疗宣传和教学中的公民隐私权""住户的隐私权与游客的观光权""公寓不被闯入权与公寓管理权冲突""肖像权""言论自由权""精神病患者的自愿治疗权与公众安全权冲突""人的生存权利与身体以及生命处置权利冲突""商标权与商号权之间的权利冲突"等 20 个权利及其权利间的冲突，[①] 展示了我国人权理论研究的新进展，也对生命股权理论研究不无助益。尤其值得注意的是，2022 年 2 月 25 日，习近平在主持十九届中共中央政治局第三十七次集体学习时强调坚定不移走中国人权发展道路，更好推动我国人权事业发展，为中国的人权研究提供了新的动力。

生命股权是每个人天生的可以被量化在 GDP 中的分红权和分利权，体现在免费教育、免费医疗、免费养老和最低生活保障及其居住方面。生命股权正处在从应然到实然，从理想到现实的历史进程中。虽然尚无统一标准和量化指标，但其合理性或质的规定性和必然性是显而易见的。生命股权人人平等，一个国家的总统与流浪汉拥有的财富可能不同，但拥有的生命股权一样。财富股权可以交易、可以不平等，也可以不等值，但财富股权的交易不能影响到每个生命体对生命股权的所有；反之亦然，生命股权并不挤占个体后天的财富股权。生命股权涵盖了每一个生命主体的权利，无论贫富还是由贫到富，或者由富到贫。

生命股权以不劳而获为底线，不能突破这个底线，一旦突破，个体将失去生命保障。这是因为造成不劳的原因很多，如没有机会劳动、没有能力劳动、不想劳动等。但是，就如家庭中的一分子，无

---

① 刘作翔：《权利冲突 案例、理论与解决机制》，社会科学文献出版社 2014 年版。

论道德水平如何、身体状况如何、能力如何，其参与劳动的情况如何，都少不了每个个体的吃喝住行、医疗的权利，即使是他根本不劳动也要给他吃穿住行，要给他治病，当然他也不会因为不劳动而丧失遗产的继承权。

随着 AI 技术的发展，许多工作岗位被机器代替。据"四川人在德宏"公众号介绍：

> 万科公司董事长郁亮发布消息，祝贺"崔筱盼"获得 2021 年万科总部最佳新人奖。作为万科首位数字化员工，崔筱盼 2021 年 2 月 1 日入职，在系统算法的加持下，她很快学会了人在流程和数据中发现问题的方法，以高于人类千百倍的效率在各类应收/逾期提醒及工作异常侦测中大显身手，而在其经过深度神经网络技术渲染的虚拟人物形象辅助下，她催办的预付应收逾期单据核销率达到 91.44%。

如果还固守不劳不得的陈旧观念，将会导致人道主义灾难。因此，生命股权是生命和生活的基本保障，无此保障，不劳动者将无法生存，他的生命权也就无法兑现。把不劳而获作为生命股权的保障，突破了西方启蒙时代思想家将不劳而获划归道德沦丧而忽视权利保障的局限，具有理论的彻底性和突破性。

生命股权与西方的生命权不同，生命权认为生命是神圣不可侵犯的，是自然赋予的。生命股权虽然也承认生命权的神圣不可侵犯性，但是更关注生命不可侵犯性下的生活权利、生命质量、股份占比和条件保障，是分红分利时可以量化的权利。生命权只关心生命存在，但是不关心可以量化的生命权利存在。生命权是一种法理依据，而非物质保障，但是，生命权的保障必须通过生命股权才能落实。现代社会如无生命股权保障，神圣的生命会因缺乏物质保障而丧失。也就是说，不必通过被他人伤害，失去物质保障者就会自行灭亡，从而使得神圣的生命权成了空中楼阁。生命股权也不同于约翰·洛克的财产权，这是因为他说的财产权是后天所有，而非生来所有。按照生命股权理论，一个人即使是没有后天财产，但也有天生的股份，这种股份伴随他到老，到死，成为他不劳而获的生命保障，与现实社会中每个个体差别巨大的私有财产无关。

二　命赋人权：对西方理论的反思和矫正

记得 2019 年微信群里讨论李泽厚先生的"人赋人权"论，许多名家参与讨论和辩论。笔者从别现代主义角度提出了"命赋人权"这一概念，以替代李泽厚的"人赋人权"论。理由是，人分等级和阶级，有统治者和被统治者之分，承认人赋人权就等于承认统治阶级和最高统治者掌握别人生命权的合法性，因此，拒绝人赋人权理论。后来笔者到学术网站检索，发现除了"人赋人权"之外，还有"商赋人权""官赋人权""行赋人权"等说法，不一而足。别现代主义从古今中外的人权理论中别出一路，提出"命赋人权"理论。其根本理由就在于命是一切的一切，是本体，是根据的根据。

生命股权是自然法权，不同于道德法权和授予法权。它的思想来源是命赋人权。命赋人权不同于天赋人权、人赋人权、商赋人权、官赋人权、行赋人权，而是与生俱来，与死俱往的自然法权。所谓的天赋人权、人赋人权、商赋人权、官赋人权都属于授予人权，就是被外在于自己的力量所赋予、所赐予、所给予的人的权利。天赋人权的"天"在汉语中可能被理解为自然，而在一神教那里就有可能是被神主赋予或授予。至于人赋人权，就是由别人赋予、赐予、给予权利，而自己并无任何权利。商赋人权的浅显不足为道，难道人的权利来自经商，不经商的人就没有权利？还有行赋人权，即人权在实践中获得，这还不如说在掰手腕中获得，谁的力量大谁就有权，力量小的就没有权。与这些被赋予、赐予、给予的权利不同，命赋人权是说只要有活着的生命体存在，其就有了随着生命体而来的从 GDP 中分红分利的权利，不需要天赋、神赋、人赋、商业赋、官员赋、行动赋，因而生命股权就是自然法权。

所谓道德法权是指并不按先来后到这样的自然秩序获得权利，而是按约定的规则或契约体现道德方面的公平正义、敬老爱幼、不劳不得等原则享有权利。自然法权、道德法权、授予法权之间经常出现矛盾。道德法权往往与自然法权发生矛盾的地方在于，如按先来后到的自然法权原则，老弱病残者就可能在竞争面前面临生存危机，但按道德法权，则要照顾老弱病残者。但道德法权也有失衡的地方，如所谓不劳动者就应该不得食。但不得食的结果就会把人饿死。同时，由于命赋人权在与人赋人权、商赋人权、行赋人权的较量中会因为个体生命不敌官商势力而面临失去存在价值的危险。但是，在这些权利冲突中，最最宝贵的东西就是最不允许受到伤害的东西，这个东西就是生命。因此，生命把权利赋予人的生命本身，也就是与生而来的，是命赋人权。因此，它是所有人权理论的第一根据。

命赋人权及其生命股权的根本性还在于它把人的权利以自然股份的形式落实到了每个人头上。只有当一个生命个体生来就有生命股权的时候，才有与别人平等的地位，才会有人的尊严。因此，生命股权是人类彻底摆脱不平等、摆脱被奴役、避免无尊严活着的法宝。

三　命本体：对李泽厚情本体的反思和修正

命赋人权也就是命本体。所谓本体，就是最为本质、最具有规定性和规范性的东西。在古希腊哲学中，柏拉图的理念（idea）就是本体。在中国道家哲学中，道就是本体，是最高真理，是最高规则。相对于李泽厚先生的情本体[①]而言，命本体更具有根本性，成为真正的本体。理由在于以下几方面。

首先，情感是生命的情感，如果没有生命，又何来情感。因此，

---

　① 李泽厚：《附录一：情本体、两种道德和"立命"》，《论语今读》，生活·读书·新知三联书店2008年版，第576页。又见李泽厚《实用理性与乐感文化》中《关于情本体》的论述，生活·读书·新知三联书店2005年版，第55页。

生命是要比情感更为本质的存在或先在，属于第一义。情感只是第二义，也就是只处于被生命所决定和支配的从属地位。正是由于生命运动中的际遇和遭遇，才导致情感的变化。如果生命不存在了、不运动了，又何来情感反应，又何来建立在价值—感情反应基础上的审美活动？

其次，与知情意三者中情的变化不定相比，命是相对稳定的本体，是不会受情绪波动而发生质变的本体。情感虽然比情绪稳定，但悲痛欲绝、悲喜交加、喜怒无常、大喜大悲、大喜伤身等，说明如果没有理性与情感之间的调节和平衡，情感的失控将会对生命的存在构成威胁。也就是说情感本身不具有统摄和决定知情意中的理和意的功能，而命却可以统摄和决定知情意。

最后，随着生物基因工程与 IT 产业的并轨，生命的起源、生命的本质、生命的创造和复制、生命的结构与功能已经成为决定人类命运的根本性要素，因此，情感作为本体是不可靠的，唯有生命存在才是恒定的本体存在，也是与多种生命体在宇宙空间中互动和较量的本体。

在伦理学和审美学上，生命股权是人类幸福感和美感的前提和基础，而它的缺失则是命本体的缺失，是人类不幸、不公、焦虑、痛苦的根源。当人的生命股权得到落实后就可以无忧无虑地生活，避免不必要的竞争，自由选择职业，并在生活和工作中得到快乐。相反，如果没有生命股权的保障，每个人都在为生存而奋斗，甚至为了活命不惜恶性竞争，巨大的生活压力将把每个个体的身体摧残，将每一个体的精神扭曲，再加上没有免费医疗、免费教育、免费养老、居住和最低生活保障，生活中的焦虑和痛苦只会与日俱增。因此，兑现人的生命股权就不仅是克服人类焦虑和痛苦的最佳对策，而且是人类获得尊严感、幸福感、美感的物质保障和前提条件。舍此将不仅没有尊严感和幸福感，而且其美感也将无从谈起。当一个人陷入为五斗米折腰的痛苦中时，精神文明建设对他来说就毫无意义。因此，生命股权理论有可能在对生命的权利、价值、特性、本质方面做进一步的深究，推进当代中国审美学的话语创新、学术创新和学科创新。

生命股权作为人的生命和生活的前提应该是不证自明的，但古今中外还是有很多的学说证明了这一点。在这些学说中，最有代表性的马克思主义的历史唯物主义和辩证唯物主义的所谓"吃饭哲学"及其政治经济学原理，马斯洛的人本主义心理学以及古典的和现代的法权理论，都是强调人的第一需要，这就是维护生命的物质需要和物质保障。因此，正是从保障生命存在的根本意义上讲，生命股权构成了审美学的第一根据。所谓第一根据，就是需要的需要、理论的理论，就是相关学说的最终根据。在人生来平等的公理面前，每个人具有与生俱来的平等的财富，并在免费的教育共享、养老共享、医疗共享、最低生活保障共享、住房共享上得到体现，这是公理所在，大道之行，天经地义。

第二节　"日常生活审美化"遇到的挑战和应有的反思

随着这次全球新冠疫情暴发，人类的焦虑感达到前所未有的程度。主要表现在自我封闭、被迫封闭、被动失业、挤兑医疗资源、生命受到威胁、社会救济捉襟见肘等方面所引起的全方位、全社会的焦虑不安，在本来就已经焦虑不堪的日常生活中再添烦恼，对"日常生活审美化"的美学论断提出严重挑战，这一点在全球人口集中的大城市表现得更为突出。在当前普遍的社会焦虑面前，别现代主义对以下几种理论提出反思。

1. 生存论上的反思

在生存论上，达尔文的适者生存理论影响至深。物竞天择，适者生存，这是达尔文的进化论观点，不仅适用于自然界，而且被用在了社会界。在日常生活中，人们为了求学、就业、住房、医疗、养老和基本生活保障而奋斗，为了生存而不得不忍受焦虑带来的痛苦，降低自己的人格和生活质量去一味地顺应异己的甚至是充满敌意的环境，或享受战胜对手的变态的愉悦。而竞争的失败者，则会被淘汰出局，品尝失败的苦果。

虽然社会达尔文主义早已被批臭，但是在日常生活中人们却在自觉或不自觉地奉行它。为什么呢？值得反思。在发展中国家物质保障本来很脆弱的情况下，鼓励无情竞争只会带来危害生存、伤及生命的恶果。当然，社会达尔文主义的根除还在于社会基本物质保障的确立，也就是生命股权的落实，使人们不再为生计而发愁、而竞争。为什么家中一个孩子上学读书全家人都跟着劳累，甚至感到焦虑？这是否与社会基本保障和生命股权的尚未完全落实有关？因此，只有建立在生命股权基础上的社会，才能摆脱社会达尔文主义的钳制。首先在中小学生学习阶段摆脱社会达尔文主义的驱动应该是现代文明国家的标志。

2. 劳动伦理学上的反思

英国十七八世纪伟大的思想家、哲学家约翰·洛克从他的天赋人权理论中得出一个结论，那就是"不劳不得"，理由是不劳而获有违上帝的意志，是对别人劳动果实的占有。这个理论好像神圣戒律一般为人们广泛接受，延续至今，然而，其致命之处却被忽视了。

不劳不得是个道德理论，用于具体的劳动过程中的荣辱观教育或职业道德教育不无益处，而且看似天经地义。但如果将这个理论用在人的生命权益保障上，则不仅无效，而且会非常危险。理由在于，首先，劳动本身并不由主观愿望构成，由于存在不能劳动、无法劳动、没有机会劳动等客观情况，因此，笼统地批判其不劳而获是不公平的。其次，如果不劳不得，那么，不劳者将如何生存？最后，现代文明理想社会中实行的免费教育、免费医疗、免费养老和最低生活保障，其表现就是不劳而获，如果按不劳不得的原则，那么，社会福利是否还有普遍的社会意义？因此，社会焦虑症的治疗在于不劳而获的合法存在，从而使人们不再有衣食之忧、医治之忧、养老之忧，更遑论社会焦虑。

当然，除了不劳而获的社会福利之外，一个工作者或劳动者还是按照多劳多得的原则获得自己的工资和报酬。也就是说，不劳而获是就维护生命和生存而言，多劳多得是就劳动报酬而言，二者平行不悖。

但不劳也获却从根本上解决了人的生存问题，也从根本上消除了人的焦虑感。因此，现在该是对笼统的不分生存权利和职业道德的不劳不得理论说再见的时候了。

3. 心理学上的反思

社会焦虑症的疗救经常被寄托在心理学家身上，但这可能是一条迷途。原因在于，社会焦虑症的根源貌似心理病或精神病，因而需要心理医生或精神病医生，但实质上是各种社会物质保障、归属保障、安全保障的缺乏所致，而非心理失调所致。因此，各种心理疗法的有效性只具有临床的慰安效果，不具有临床医疗之外的长久性和社会性效果，原因就在于临床治疗不可能从根本上消除造成这一问题的社会根源。

心理疗救主义中尚有根本性意义的当属马斯洛人本主义心理学，这种心理学首先关注的是人的生存感、安全感、归属感问题，因而较之心理主义的临床上的一技之长更有持久的社会效果。

4. 人生境界理论反思

随着所谓国学的兴起，中国前现代的人生境界说颇受青睐，原因就在于中国古人的"内圣外王"情结。内圣外王注重个体的人生修养，并从个人修养出发服务于社会，所谓的"修齐治平"就是这个意思。但是人生境界解决不了吃饭的问题，如果过分依赖人生境界，就会出现精神上的海市蜃楼，无法应对严酷的现实。因此，从马克思主义吃饭哲学看问题，人生境界大概也只是填饱了肚子之后的"乐以忘忧"，而非饿着肚子的"孔颜乐处"或什么乐感美学。安贫乐道也是在一定的语境中自我安慰的一种说法，如果将其作为人生的指南，将会使人误入歧途。说到底，社会焦虑症的根治还得从现实需要出发，而非从主观愿望出发，更不能从书本出发。

5. 李泽厚乐感文化及其影响反思

李泽厚的中国文化是乐感文化的说法，虽然不是原创，但其创新性和影响力不可小觑。美国学者本尼·迪克特在其《菊与刀》中说，欧洲文化是源自基督教的罪感文化，日本文化是一种知耻的耻感文化。

这是原创的说法。李泽厚接着这种说法将之用于中国文化。劳承万在乐感文化的基础上发展出美学——乐学理论。[①] 当然，现在沿着李泽厚的"接着讲"有了更多的"接着讲"，如说印度文化是苦感文化，阿拉伯文化是仇感文化，非洲文化是贫感文化，不一而足。实际上李泽厚的乐感文化审美学思想还是中国古代人生境界论中内乐思想的延伸。如前所述，中国古代人生修养审美论有其长处，也有其过于精神化的不足，因此，不加反思和限定的乐感文化审美学是有不合时宜之嫌的。当代非常流行但最后被青年学生赶下讲坛的心灵鸡汤式学术演讲，虽然不是纯粹的审美学演讲，但与李泽厚乐感文化审美学的影响不无关系，因此，值得警惕和反思。

除了以上几点之外，还有前述对日常生活审美化的反思等，限于篇幅，不再赘述，但我们进行反思的目的在于为审美学寻找作为审美学思想基础和哲学基座的生命股权保障，而非为了反思而反思。

第三节 作为美感起源理论的基础和前提的生命股权

已知人类有关美感起源的理论来自以下几个方面。

动物美感论。达尔文的进化论性选择理论认为，人和动物为了生存和繁衍而形成的性选择倾向，将具有统计优势的色、形、音作为择偶的标准，从而形成了牢固的审美心理倾向和形式美要素。这一观点揭示了人类美感的起源，被后来的格罗塞、普列汉诺夫等艺术史家和哲学家大力弘扬，形成了动物审美说。国内的黄海澄也在"接着讲"方面有很多论述。

马克思主义的劳动实践创造说。这一学说影响很大，但从马克思和恩格斯原著中尚未找到美起源于劳动的论证。因此，美起源于劳动说属于劳动实践审美学的推论。李泽厚接着克莱夫·贝尔的"美是有

---

① 劳承万：《中国古代美学（乐学）形态论》，中国社会科学出版社 2010 年版。

意味的形式"而形成的"审美心理积淀"说就属于劳动实践创造了美和审美心理的理论。

中国古代的修养审美论。中国古代荀子概括先秦儒家思想而形成的"无万物之美而可以养乐"的论断，堪称"无美而乐"说，是对儒家"孔颜乐处"和"曾点气象"的概括，被后来柳宗元的"美不自美，因人而彰"、王阳明的"心外无物""心物同寂同感"等做了发展。虽然荀子的说法没有涉及审美发生的充分条件，但揭示了审美心理的必备条件。

此外还有影响很大的巫术说、游戏说等，这里限于篇幅，不再展开。

笔者认为，以上美感起源论都有自己的道理和事实依据，属于美感的历史生成论范畴，但都还只是概括了美感起源的某个方面，而非全部。就必要条件而非充分条件而言，生命股权也可以被视为有关美感起源的前提和基础的一种理论，这就是在达到生命保障和物质保障基础上的当下美感发生论。

虽然，美感的历史性生成与美感的当下性生成同样重要，都能揭示美感产生的部分原因，但是，美感的当下生成更具有现实的意义。为了说明这个问题，这里不妨借鉴一下著名的"伊斯特林悖论"。

伊斯特林悖论即幸福悖论，它证明，幸福＝收入/欲望，意思是，幸福是收入和欲望两个变量的函数。当欲望既定时，幸福与收入成正相关，收入越大越幸福；但当收入既定时，幸福与欲望成负相关，欲望越小越幸福，欲望越大越不幸。

伊斯特林这个公式虽然是研究幸福的，属于伦理学和经济学的交叉研究，并连带心理学，但就审美学而言也有其参考价值。虽然，机械地照搬幸福悖论来研究美感悖论是行不通的，这是因为，美感与幸福感有所不同：美感（不同于"审美"的包括悲剧感、崇高感、荒诞感等）一定是幸福感，但幸福感不一定是美感。原因在于美感对实用功利的超越和对内在景象或外在形式的依赖，而幸福感则可能直接与实用功利如获益多少相关联，不一定依赖内在景象或外在形式。但是，伊斯特林悖论有着明显的与审美学契合的地方：首先，美感虽然不是建立在收入多少的基础上的，但离不开广义的收入，尤其是生命股权带来的合法收入，并呈正相关，也就是说，生命股权越牢固，美感生成的可能性就会越大。这一点已从前述社会焦虑症中看得十分清楚。其次，美感究竟跟欲望有无关系，是可以两说的。虽然儒家的"无万物之美而可以养乐"看起来似乎远离欲望，但一个人如果没有任何欲望，又怎么会对审美对象产生兴趣呢？现实中人们去游览观赏就都是有目的的审美活动，而目的就是被欲望所驱动的。最后，审美形态中的内审美（Inner aesthetic）属于人生境界的生成转换，而人生境界直接与人对幸福的感知和觉悟有关。无论是从儒家的"孔颜乐处""曾点气象"，还是老庄的"涤除玄览""心斋坐忘""吉祥止止"，乃至佛家的"禅悦之风"，都说明人生修养境界与幸福感和内审美、内乐直接关联。因此，人类的幸福感和美感有着天然的联系，这种联系就在于内审美的内乐或精神境界型审美上。精神境界型审美不依靠外在对象，不借助外在感官，因而更类似于庄子"虚室生白，吉祥止止"和禅宗的"禅悦"，是幸福感和内乐在深层心理上的交融。因此，借鉴幸福悖论方法研究美感悖论，是完全可以成立的。

　　人类美感与人类幸福感相联系还在于它们具有共同的前提和基础，这就是马斯洛说的人的安全感、归属感。安全感包括衣食无忧、生命不受到威胁等。归属感包括对团体和社会的依存感与社会和集团对个体的容纳。人类幸福感和美感的反面是孤独感、恐惧感、焦虑感、悲哀感，它们都来自安全感和归属感的缺乏，构成了幸福感和美感生成的阻力。而生命股权理论所论证和主张的恰好是个人与生俱来的自然法权和财富，是生命存在和生活质量的保障，是对安全感和归属感的建构，因此，生命股权理论应该成为幸福感和美感生成理论的前提。

　　按照伊斯特林悖论，很多学科的学者普遍认为应该把追求幸福最大化的路径简化为：一是增加收入，二是减少欲望。这个看起来顺理成章、两全其美的说法实质上在笔者看来有着很大的问题。首先，它无视生命股权的存在，只看到了增加收入的一面，而忽略了人"生来自带银两"的生命股权的一面，舍近求远，舍本逐末，不但不会使人们在享受生命股权的同时自然地获得幸福感和美感，相反，极有可能把人们重新推入为收入而战的恶性竞争中去。其次，禁欲、减欲的这些陈腐之论不仅与发展经济、扩大消费的社会前进因素相悖，也与基督教新教伦理相悖。事实上，虽然西方十六七世纪"宗教改革"之后三四百年的主流文化构成了欲望扩张的历史，但中国"改革开放"之前数千年的主流文化也不是有的学者所说的减欲和禁欲的历史，而是一种自然发展的历史。你可以举出宋明理学的"存天理，灭人欲"，但我也可以举出汉唐盛世的欲望扩张和人性解放，因而，伊斯特林悖论并不一定要建立在中西比较的历史中才能生效，相反，要在现实处境和现实需要的生命股权中寻找幸福感和美感的来源。这是因为，生命股权与幸福感和美感的生成完全是正相关的而非负相关的，而不是说，此一国之正相关会是彼一国之负相关。就现状中由社会焦虑症带来的幸福感和美感的减少甚至缺失，是应该从根子上找问题，找出路的时候了。

与修养审美论和内审美理论相对而言，命本体论和生命股权美感论对应着人的多质多层次的交互式正价值—感情反应中的既涉及情感反应又涉及情绪反应的心理场。尤其是从生命本体到人生境界内在超越的过程中，更能体现这种全息能的性质。

第四节　生命股权美感论与生的哲学和审美学

2021 年年底潘知常教授将他的大著《走向生命美学——后美学时代的美学建构》赠给笔者，其书名和目录令我眼前一亮。尤其是他对"生活美学""身体美学""生态美学""环境美学"的评骘，与笔者之前在一些大学的演讲一样都是对"生"的讨论。尤其可贵的是，笔者曾于 10 年前撰文批评过"生命美学""生命美学史"，但知常教授仍乐于与笔者共享他的最新成果。同时，笔者也觉得知常教授过于谦虚了，明明他是国内"生命美学"研究的领军人物，研究得非常深入了，但他仍说"走向生命美学"，而不说深入生命美学或升华生命美学。因此，笔者愿将目前包括一切有关"生"的哲学和审美学都打包来进行讨论，与同道共享。

2021 年 6 月笔者曾受邀到南京大学文学院、山东大学文艺美学研究中心做了"别现代主义与生的哲学和美学"的学术演讲。2023 年 4 月又在兰州大学、西北师范大学等高校做了"别现代主义生之旅"的系列讲座。现将这些讲座摘要辑录于此。

第一，笔者讲的"生"的审美学首先就是生存的审美学。人类迄今生存的问题从未解决好。生存的问题是人类永远的问题，永远的痛。要不然为何中国人于今还要信奉"民以食为天"呢？与之相伴行，审美学应该回归生存的底线，守住生存的底线。生存的底线看似不起眼却蕴含着深刻，看似低端却彰显着伟大。人类文学史和艺术史上伟大的作品，就因为表现在生存的逆境中顽强的意志和素朴的良知而名垂千古。屠格涅夫塑造的麻雀，杰克伦敦的与狼搏斗的主人公，开仓济民的犯人李铜钟，余华的《活着》，莫言口述的自己的母亲，在网络走红的一头母鹿为了救出自己的幼崽甘愿迎接猎豹锋利的牙齿刺入自己的脖颈却安然地目送孩子逃走的照片等都在展示生存审美的伟大和光辉。相反，那些自以为高雅、自以为超越生命的阳春白雪却名噪一时而最终湮没无闻。因此，别现代主义生命股权美感论与关心生命、生活、生态、生生、身体的其他审美学一样，都是关于生的哲学和生的审美学。

第二，作为生的哲学和审美学的别现代主义认为，生命的根本问题是权利问题。

文明社会中生命的诞生是权利允许和权利规划的结果。生命出生后存活、成长是生命权利的落实。有了生命股权，人的一生将会大大减少由于生存成本过高而带来的焦虑感，并在自由的选择中增强幸福感和美感；相反，如果缺乏这种生命股权，为活着而劳累，为五斗米而折腰，人的幸福指数和美感包括生命审美感、身体审美感和精神审美感、生态审美感、生活审美感和生命律动的审美感指数就必然会大大降低，不幸和痛苦就会缠绕一生而永无安宁。

生态审美学的问题也是生命权利问题。自然生态本来如此，无须人的介入，只是由于人把自己看成"万物的尺度"而去剪裁万物，宰制万物，才有了生态被破坏和生态不平衡的问题，也才有了生态审美学问题。因此，生态审美学的问题也是生命的权利问题。这种生命权利表现在生命存在的天然合法性上。从生命股权的角度看问题，虽然凡是生命体都有生命存在权，但唯有人类才有生命股权。这是因为，人类是靠财产而存在和发展的，而其他动物或即捕即食，或有极少数存食，但没有可再生的财富。因此，作为生命高级形态的人类，其生的哲学和生的审美学，包括生命审美学、生态审美学、生生审美学、生活审美学以及生命延续的审美学，都是生命权利的审美学，都应该是建立在生命股权基础上的生的哲学和生的审美学。生命股权为人类的审美活动提供了可靠的前提和保障。

第三，生的哲学和生的审美学回归生存底线、守住生存底线，并不是要哲学和审美学堕落到所谓"生理快感审美""动物美感"的审美学，相反，是在维护人的本性和权利、尊严基础上的审美学。从根本的意义上讲人的生存是属性概念，属于权利范畴而非自然范畴。属性概念指属人的本性，即人性。人性来自人与动物性的区别，但又永远离不开动物属性的制约，也就是高级的本质来自低级的本质并包含了低级的本质。因此，人性并没有因为人的生物性进化而断绝了与动物性的内在联系。就审美而言，达尔文生物进化论所揭示的人与动物共同具有对于色形音等审美元素的心理感应与亲和，就说明生存的审美无法与动物性审美彻底决裂。权利范畴相对于自然范畴而言，是指人的存在是权利的存在而非自然的存在。尽管自然的存在（指肉身）消失，生存的权利也就无从谈起，但要生存，必须有来自生命安全的保障，有维护生命的物质财富的保障。这种保障首先建立在神圣不可侵犯的权利的基础上，建立在对这种权利的认识的基础上。没有这些权利的保障，生存将成为问题。因此，别现代主义审美学关注生存底线、回归生存底线、守住生存底线，拒绝无视生命的高蹈和蛊惑人心的超越。

第四，当前国内审美学研究有个局限，就是过分强调乐感和超越，而忽视了美的涵盖性和美的生存底线问题，有可能会带来理论上不周全、脱离现实、盲目乐观、成为灌输心灵鸡汤的工具的问题。如将美这个抽象的大概念局限于"乐感"的狭小范围内，忽视了作为统摄性概念和涵盖性概念的美不同于优美的地方，而用优美代替了审美。事实上，除了优美之外，还有悲剧、崇高、壮美、中和、神妙、气韵、荒诞、物哀等范畴，与优美并存且共同构成了"美"的不同形态。怎可以用优美这样的子概念代替美这样的母概念呢？用乐感遮蔽了悲剧感、荒诞感、苦难感等，将美局限于优美和快乐的狭小领域，是对20世纪80年代李泽厚"乐感文化"说在审美学理论上的生搬硬套，不仅没有原创性，而且具有概念不周全的学理缺陷。更主要的是，这种欲涵盖一切的乐感文化和美学，成了近年来逐步引起青年人反感的心灵鸡汤快乐学的思想基础，不得不引起我们的反思。乐感成为一种文化，全民从古至今独享，并在与罪感文化、耻感文化、仇感文化、穷感文化、神感文化的对比中尽情快乐，未尝不好，但这是历史真实和现实真实吗？答案是否定的。与陶醉于乐感不同的超越美学，在超越生存的"高大上"中，实际上还得回到现实的生存状态中来，脱离了现实审美维度和生命审美维度的乐感独享，只能是凌空虚步。当人类的危机警钟敲响的时候，高蹈和虚步难免心灵鸡汤之嫌。因此，回归建立在生命股权基础上的别现代主义审美学，正当其时。

第五，强调生命的权利并不等于宣讲生命审美学。生命不仅是蛋白质，还有一个是什么样的生命的问题，也就是品位问题。生命的规定性在于人的属性和人的权利。只有人的生命才需要人性，只有秉持天生权利的生命才是真正意义上的具有人性的人的生命。而人的属性和人的权利并非目前的生命审美学所重点关注的。因此，别现代主义生命股权美感论并不属于流行的所谓生命美学。

第六，生态是不同类生命体之间的生克制化。生态主义是人类生命体对其他生命体的同情、尊重、保护，与之和谐相处。《庄子·马蹄》写道："至德之世，同与禽兽居，族与万物并。"其前提应该是人没有去欺凌和宰制野生动物，每个不同类的生命体都是平等的，其生命权都受到彼此的尊重。但人与其他动物的区别在于生命股权的有无上。动物有生命权但无生命股权，人则不同，同时具有生命权（不能被随意杀害）和生命股权（以先天的财富保障每个个体的生存）。人因为有财富而得到保生、全身，动物却因为能变为财富而遭杀戮。艾龙菲尔德的《人道主义的僭妄》是对用人道剥夺兽道的抗议。人依靠科学技术手段形成的宰制权，剥夺了动物的生存权。在生态学畅行天下的今天，如果还对人的生命股权的意识为零，更遑论对动物生命权的尊重了。因此，别现代主义认为生态学发展到今天，应该是不同生命体之间生存权的和谐与再平衡。

第七，关于生活美学。日常生活审美化应该建立在生存无虑化的基础上。而这个无虑化的前提就是生命股权的落实。因此，生活审美学应该建立在生命股权落实的基础上，而非建立在生命股权无保障的理想主义审美学基础上。

第八，身体是生命的载体，生命是身体的根据。身体审美学应该守护生命底线和生存底线，而非流于身体与精神的二元对立或有机统一的抽象思辨中。身体审美学的创始人理查德·舒斯特曼就不满于身体美学的高堂讲章，身体力行于身体审美学的建构，并穿上金缕衣，尽显疑似裸体之夸张，完成了挑战性意识和裸体俗见的在高光下的金衣人之旅。①

第九，生生审美学来自对中国古代哲学中"生生之谓易"思想的传承和弘扬，揭示生命律动与审美的关系，建构一种中国式的形而上学审美学，展示了生生不已的审美气象、审美超越、审美境界。但是，生生不已的前提还是生命股权提供的生命诞生、生存、活力、气韵、魅力、境界。消除现实生活中不得不为和劳无所得的焦虑感，让生命

---

① 王建疆：《美学家的行为艺术与哲学思考——评〈金衣人历险记〉》，《美育学刊》2021年第1期。

自由地发挥，让生机无端崖地勃发，这才是生生审美学的大道之理。

第十，来自生存底线的审美与来自超越和境界的审美是审美的全息维度中的两极，不应该对立，而应该相互包容，在包容中生存与超越之间保持必要的张力。张力来自生的问题从未解决好，是永远的问题。超越将面对不可超越者，这就是生存。乐以忘忧难以超越被饿死的困局。辟谷服气亦有极限。脱离了生存底线，乐感文化极易产生伪审美学。

总之，生命股权美感论基于人生来平等的公理，但又通过审美学研究发现了人的生而有之的财富权，从而使得人类的审美建立在了生命股权的基础上，强化了人生来平等的公理。生命股权美感论的审美机制以及它与人类幸福感的联系和区别都在于内审美上。因此可以说，生命股权美感论是关于美感起源和审美机制的新探索。同时，别现代主义生命股权关联着人的多质多层次的交互式正价值—感情反应中的既涉及情感反应又涉及情绪反应的心理场，它是人类审美的前提和保障，是美感和幸福感的根源。尤其是在心灵感悟和人生境界的对应中，更能体现别现代主义审美学从命本体到内在超越过程中的全息能性质。

别现代主义生命股权美感论是一种关于生的哲学和审美学，与生命美学、生态美学、生活美学、身体美学、生生美学之间有着内在的有机的联系，因而有着互动和共进的广阔前景。

第八章　别现代主义人生审美论

中国传统哲学比较注重人生问题并把人生问题放在与宇宙、艺术的关联中加以论述，因而其人生哲学的特点比较明显。20 世纪 30 年代的许多哲学家从儒道佛的不同角度对人生问题进行了卓有成效的探讨，影响至今。21 世纪以来，人生论哲学和人生审美论再次受到重视，这与现实社会对人生问题的关注不无关系。

第一节　人生审美论的学科边界

目前，在后现代思潮影响下，突破学科边界的跨文化或泛文化研究很盛行。自沃尔夫冈·威尔施提出美学要在美学之外的超越论以来，[①] 重构美学或解构美学之风日盛。国内也有学者提出要超越经典美学，让美学回到自然和社会中去。为此，需要建立一种突破原有学科边界的"杂美学"。[②] 这种杂美学就是与经典美学的纯美学相对的。

但就中国审美学的实际而论，人生审美论的研究应该反其道而行之，原因在于，与西方审美学的后现代特征相比，中国处于现代、前现代和后现代交织的别现代，因此，其审美学研究应该从中国的实际出发，而不是从西方的理论出发。实际上，不是人生审美论的学科边

---

① Wolfgang Welsch, "Aesthetics Beyond Aesthetics", 19th International Congress of Aestheticsx Krakow, 2013, Poland, www. ica, 2013. pl.

② 高建平：《美学的超越与回归》，《上海大学学报》（社会科学版）2014 年第 1 期。

界限制了审美学思想，或者需要被突破，被超越，要回归社会和自然，要变成杂美学，而是人生审美论的学科边界在中国从来都是模糊的，是跨界的，是杂乱的。这种现状很不利于人生审美论的研究。有不少人把社会美研究和伦理美研究当成了人生审美论，把美育研究当成了人生审美论，也有人把生命美学当成了人生审美论，似乎只要有社会和伦理、教育存在，就有人生审美论；只要有生命存在，就有人生审美论。其理由就如有的学者所讲："因为从根本上讲，凡是与人类生存与发展相关的一切内容都应直接或间接地纳入人生美学的研究视野。"① 这种跨界的，甚至是望文生义的人生审美论研究，确实是将人生审美论的边界搞乱了，焉能不影响到人生审美论的深入研究？因此，笔者认为，与后现代的 cross border（越界）不同，人生审美论的研究首先应该确立学科边界。要把被混淆了的人生审美论从其他学科中分离出来；要把被肢解了的人生审美论重新还原，恢复其本来面目；要从杂乱无章的状态中走向纯粹。

人生审美论是在同社会美研究、自然美研究、艺术美研究的比较中独立出来的。同时，人生审美论也是在同人生主题研究、美育研究、人生境界研究的甄别中彰显自己的。

人生审美论的研究对象不同于社会美的研究对象，不是研究作为集团或大的系统的人及其社会行为、事迹，而是研究在社会中，在集团或大的系统中个人的行为，个人的人生体验和人生境界以及由此而产生的审美经验。社会美研究中的人的道德风范之美、人的言行之美、人的风韵之美、人的技能之美、人工产品之美、人造景观之美、广场艺术之美、园林艺术之美、大阅兵之美，等等，都是社会组织和社会分工以及科技进步的结果，也是社会系统中的美，都具有外在的形象之美和形式之美。而建立在个体人生体悟基础上的人生审美论，就如大阅兵方阵中正步行走的每个士兵或专心敲鼓的鼓手一样，他只有个体的心灵的感受，而无整体的队伍行进的印象，那种整体的印象只来

---

① 张应杭：《人生美学》，浙江大学出版社 2004 年版，第 7 页。

自观众对于社会组织之美和群体气势之美的外在观察。因此，人生审美虽然其根基在社会人生中，其对象处在一个大的形象体系中，但其真谛却在个体的感受和体悟中。所谓存在与在者的关系，就是通过这种社会系统中个体的审美经验而获得证明的。也许在大阅兵中，每一个游行者个体或鼓手都因为整齐和规范而无个性特征，从而不会给观众留下印象，留给观众的只是外在的整体的风貌，但对每个游行者个人或鼓手来说，他在这次活动中获得的最深刻而且终生难忘的印象和感受就首先是他自己的而非别人的，是个体的而非群体的。前述的内在感知型审美，如格罗塞对于大型操练型原始舞蹈和大型模拟型原始舞蹈中舞者的审美经验的分析，也是一个很好的人生审美的例证。一方面，"最强烈而又最直接地经验到舞蹈快感的自然是舞蹈者自己"，这是舞者的第一次审美体验。另一方面，"舞蹈者不能看见他自己或者他的同伴，也不能和观众一样可以欣赏那种雄伟的、规律的、交错的动作，单独的和合群的景象。他感觉到舞蹈，却看不见舞蹈"[1]。他的第二次审美体验或者高峰体验来自观众对他的赞许，如掌声、赞叹声、充满喜爱、仰慕、愉悦和激情的虽然不可见但可感的目光等。

　　人生审美论就与这种大型舞蹈或这种大阅兵中的每个舞者或游行者和鼓手一样，它是关于个体经验的记录、说明、阐释、抽象和理论化。人生审美论的这种个体自我体验性有时是通过文艺作品加以表现的，但人生审美与社会性审美和艺术性审美还是有着明确的边界。唐代诗人张若虚的《春江花月夜》表现了月夜江边的意境美，历来对这一意境的绘画表现和音乐演奏也都体现了艺术美，而其景观和人的情感表达又具有社会美的要素。但在艺术美和社会美之外，那种"江畔何人初见月，江月何年初照人？人生代代无穷已，江月年年只相似。不知江月待何人，但见长江送流水。白云一片去悠悠，青枫浦上不胜愁"的天人之问和个人感怀，却是人生的意义之问，属于心灵内审美。与这首诗歌之流传，与其相关的绘画的流传，以及与其相关的音

---

①　[德] 格罗塞：《艺术的起源》，蔡慕晖译，商务印书馆 1984 年版，第 168 页。

乐的流传相比，这种天人之问，并不具有可视可听的广泛性，但它是最能勾起生命之思和启发人生意义的名句，有着为一般社会美和艺术美所不具有的内在性和自我性。这种内在性和自我性就构成了人生审美论的内在本质。

人生审美论不同于政治伦理审美学。政治伦理审美学建立在善的基础上，着重研究人与人之间、人与社会之间的关系。《论语》里讲"里仁为美"，就是说有仁有德就美。这里的美实质上是善。政治伦理审美学就是研究这种善的审美学。在人类审美学思想萌芽之时，美与善往往不分，导致了为伦理学与审美学的交织。近代审美学的最大进步就在于区分了伦理学与审美学的界限，从而保障了审美学的深入研究。政治伦理审美学的主要研究对象是人类和人类系统中人际关系所表现出来的美，研究人在处理人与人、人与社会关系时的言语之美、行为之美、风度之美和道义之美。而人生审美论，虽然也离不开人的伦理道德的支撑，但它的研究对象不是处理人际关系和道德行为，而是个体的人生感受、人生体验和人生境界之美。

人生审美论的研究对象不同于自然美的研究对象，不是关注自然的外在形式和自然发育、自然发展，而是研究处在自然中的人的内在情感、内在感受和内在体验。人生审美论的研究对象并非自然美，它主要研究人的内心对于自然的了解，即所谓的知天；对自然的崇敬，顺应自然，即所谓的事天；与自然为一体，成为宇宙大全的一分子，即所谓的同天。① 在与自然和社会人生的相处中得到快乐，而且无所不乐，即所谓的乐天。② 这里所说的来自中国古人境界说中的知天、事天、同天、乐天，都是个人的主观感受，是孟子所说的"尽心""立命"，完全是一种内心的觉悟、一种人生境界，完全不同于对自然

---

① 杨伯峻：《孟子译注》："尽其心者，知其性也。知其性，则知天矣。存其心，养其性，所以事天也。夭寿不二，修身以俟之，所以立命也。""夫君子所过者化，所存者神，上下与天地同流。"（中华书局1960年版，第301、305页）

② 杨伯峻：《孟子译注》："以大事小者，乐天者也。以小事大者，畏天者也。""万物皆备于我矣。反身而诚，乐莫大焉。"（中华书局1960年版，第30、302页）

的观赏，不同于如柏拉图所说的濒临大海的凝神关注以及获得知识的
快乐，或如自然主义审美学大师桑塔耶那所说的美感都离不开对大
自然中的色形音的感受，而是无对象或者只有想象之天或内宇宙之
天的感悟，而非对于自然外在形式美或外宇宙美的研究。人生审美
论也研究人与自然的关系，但不同于历史唯物主义审美观的研究自然
美的历史生成和流变，尤其是其注重研究人与自然关系中"自然的人
化"和"人化的自然"的双向运动，人生审美论是注重个体感受的当
下性特点和对个体感受的理论概括。

　　人生审美论不同于艺术美的研究，它揭示的是人生智慧而非艺术
技巧。艺术美时刻离不开对于艺术形象和艺术形式、艺术技巧的研究。
但人生审美论并不必然面对形象、形式、技巧这些传统审美学中的美
的要素，而是研究脱离对象、没有形式、远离技巧的内在体验。台湾
地区的张亨教授曾提出过"无对象审美"。李泽厚对"无对象审美"
给过积极的评价。康德的崇高感也来自对形式和形象所构成的对象的
超越。我把这种无对象审美概括为内审美，我们可以在《论语》《老
子》《庄子》、佛禅经教以及康德的崇高感论中找到无数的这方面的例
证。① 这些例证都被认为是人生审美论的范例，而与艺术美研究无关。

　　人生审美论不同于文艺中的人生主题研究。把人生审美论等同于
人生主题研究，无异于将人生审美论混同于人物传记和小说描写。例
如，《人生》《活着》等就是典型的人生主题，但能说它们是人生审美
论吗？不能。因为，人生审美论是对人生体验和人生境界的理论概括，
而非小说那样是对人生过程的描述。审美学永远是抽象的、概括的、
理论的，而非感性的、具体的、描述的。

　　人生审美论不同于人生境界问题研究。人生境界是人生审美论的
重要内涵之一，但人生境界是人的心理觉悟的程度，而非对这种觉悟
程度的理论概括。同时，除了人生境界，人生审美论的研究对象还有

----

　　① 王建疆：《修养·境界·审美　儒道释修养美学解读》，中国社会科学出版社2003年版，
第12—25页。

人生修养、人生感受、人生体验等，这些都是人生境界形成的基础，但人生境界并不能替代它们、涵盖它们。所以，人生审美论可以包括对人生境界的研究，但不能等同于人生境界研究。

人生审美论不同于美育研究。美育也叫审美教育。主要是通过艺术教育达到美化世界和实现美好人生的目的。相对于人生审美论，美育只能是一种手段，而非目的。而人生审美论与之不同，直接联系着人生目的，而且未必需要通过美育的手段来实现。美育可以通过艺术教育，对人的心灵进行熏陶，对人格进行塑造。但并不涉及人的世界观问题。涉及人生观研究的应该是人生审美论，而不是美育研究。人的世界观与最高的人生境界相连，也与人生的终极关怀相关，而美育更侧重于艺术教育或审美教育。虽然美育可以影响人的人生观，但它本身不是人生观，而且与人生观无必然联系。近代以来提倡的美育不仅没有关联世界观这一根本问题，而且有的学者如蔡元培还提倡"以美育代宗教"，这都说明，美育尚未达到人生境界和人生目的论的高度，也不可能具有人生审美论的目的体验层次。

人生审美论不同于生命美学。生命的本质是蛋白质，是生物体的存活状态。人生却是生命的运动过程，是生命意义的展现过程。因此，生命审美学旨在突破理性对自然情感和本能欲望的压抑，解放身体，解放感官，在日趋异化的当代有其积极的意义。但生命审美学以生物体的存活的合理性来与现代理性的压迫性相对抗，无法达到人生意义的形而上层次。人的修养、人的境界，虽然都建立在生命的基础上，但又因为超越了生命而具有意义。所谓舍生取义、杀身成仁，就都是在强调人生的意义，揭示人生要超越生命的道理。因此，建立在人生意义基础上的人生审美论，与生命审美学处于不同的站位。

总而言之，人生审美论确切地说是一种基于人生观的审美论，属于目的论审美学，是超越形象、形式、技巧的审美学，是形而上的审美学，从审美形态上讲是内审美。人生审美论虽然不可能凭空存在，与自然、社会、艺术、科技活动保持着千丝万缕的联系，但真正构成人生审美论的仍然只是个体的人生修养、人生体验、人生境界建构和内审美的那种高深的精神感悟和形而上学的思辨，而不是浅表的审美教育、道德体验、艺术体验、自然美感。

第二节　人生审美论的内在根据

一　人性论根据

人性即人的根本属性，它包括不同于动物的社会属性和无法脱离的动物属性，是社会属性与自然属性既和谐共存又矛盾对立的有机体。因此，所谓的性本善还是性本恶都是没有根据的主观判断。作为表现形式，如果社会理性占据主导地位，那么，人性的善的部分就会充分表现；如果动物的自然属性占据主导地位，那么，人性的恶的部分就会主导人的行为，造成人性恶的现象。因此，人性善恶的表现在本质上取决于人性结构中社会性与自然性在和谐、对立中的占比。如果恶的占比大，就表露出人性恶；如果善的占比大，就显示人性善。善恶之间处于交织、纠结、对立状态，其表现往往取决于心理斗争中的"一念之差"。就人生审美而言，无疑是善念占据主导地位的结果。

人性中善念能否永久地占据主导地位，取决于我们对自己和对别人的认识，这种认识来自儒家所说的"仁者爱人""己所不欲勿施于人"的同类意识和平等意识，也叫同情心、同理心。同时，人性中的善念需要保持和坚持。保持和坚持人类的同类意识和平等意识，形成兼具同情心和同理心的强大心理结构及其功能，就意味着主体需要自我调节。在这种自我调节的过程中形成自调节审美和人生修养审美。

人的同类意识和平等意识建立在对于生命权包括生命股权的认同，即对生命神圣、不可冒犯、不可侵凌的认同上。

对生命权的认识形成了命本体。命本体就建立在我的生命和别人的生命一样，其存在大于一切、高于一切。命本体相对于李泽厚的情本体，更具有原创性和根本性，它规定和制约着人的本质、人的权利以及各种各样有关人的权利的学说，包括人生审美论。

命本体也是人生审美论的第一根据。人生审美的初始就是对于生命本体的存在、价值、尊严的体悟，进而对于生命本体在宇宙人生中的地位的确认，从而形成一个小我与大我交织在一起的人生境界，也就是天地人合一的大同境界。

命本体的始基是自我性。这是因为，命的本质是自我的存在，而非集体的存在。若以集体的存在为名，视自我的存在为无关大局的可有可无，或者视自我为集体的祭品，这正是封建法西斯思想牢固的根基所在。从奴隶主的角度看问题，奴隶的存在就是无自我的存在，因而可以任意欺凌、杀害，甚至要奴隶陪葬。对于不承认命本体的自我性的所谓理论家来说，培养人类起码的同情心和同理心尤为迫切。正是因为命本体的自我性，才有建立在人类共通感基础上的审美的个性和差异性。

命本体具有明确的目的性，就是一要生存，二要发展，而要实现生存和发展的目标，趋善除恶就是必然的选择。人生审美是人性趋善的表现。人性的趋善就在于对每一个个体生命的一视同仁，对作为生命个体的人的尊严的维护，对于公平正义的捍卫，以及由之而产生的对人道的亲和、喜爱，对非人道的厌恶和仇恨。因此，人生审美不同于艺术审美，能够比较直接地发挥审美调节的作用，集中地表现为交互式正价值—感情反应。

二 内审美根据

形态学（morphology）是关于地形、语言形式、生物样态的科学。地形、语言、生物都不是靠内涵来标志的，而是靠形态标识的。如英语和汉语在表达同一个意思时，就不存在内涵的差异，而只有形态的差异。这种形态包括符号系统、词汇系统、语音系统、语法系统等，标志明显，难以混淆。同样，地貌形态与地质构造和地壳运动无关，只提供地表信息，以地图的形式加以标识。至于生物形态就更是如此，是人还是猴，并非从感情特征和智力特征以及所谓的社会关系这些内涵方面去确认，而是从形态上加以区别。形态学就是这样，到了人们不得不重视的程度。

在审美学上，不同形式、不同风格的审美，被称为审美形态。在此基础上建立的学说叫审美形态学。用审美形态（aesthetic formation in morphology）的概念取代日益混杂的所谓"审美范畴"（aesthetic category），在当今的审美学研究中不无意义。审美范畴与审美形态是两个不容混淆的概念。审美范畴是指审美学研究中所有大的具有节点功能的概念，这个概念包括了审美形态，但除了审美形态，还有美的本质、审美的本质、美的特点、审美的特点、美的规律、审美的规律、美的形式、美的内容、审美生成、审美发展、审美风格、审美欣赏、审美创造、审美活动等一系列范畴。而审美形态专指悲剧、喜剧、优美、崇高、意境、神妙之类具有体裁特征、风格特征的概念。因此，审美范畴与审美形态之间是有大小之分的，混在一起使用，就会冲淡并模糊审美形态的存在。

审美形态是人生样态、人生境界、审美情趣、审美风格及其体裁的感性凝聚和逻辑分类，是审美学研究的具体内容，也是审美学多样性和民族性的重要标志。相对于西方审美学的悲剧、喜剧、崇高、荒诞，中国审美学的意境、气韵、飘逸、空灵等，就显示出审美学的民族性和多样性，具有明显的识别标志。因此，研究人生审美论，就必须既注意它的形态学特征，又注意审美形态的民族文化背景和民族性以及差异性。

审美形态除了按美的分类标准和文艺体裁划分之外，还可以从审美的类型加以划分。如李泽厚所讲的悦耳悦目型、悦心悦意型和悦志悦神型。除此之外，还有一个以前未被学界发现的种类，这就是笔者提出的内审美。内审美与人生审美论研究更是息息相关。

所谓内审美，指无须外在感官（眼、耳、口、鼻、身）和外在对象参与的审美。如道家的"玄览"或"玄鉴"，由"心斋""坐忘"引起的"吉祥止止"；儒家的"孔颜乐处""风乎舞雩""无万物之美而可以养乐"；佛禅的"喜俱禅""乐俱禅""禅悦之风"；中国文人描述的"思接千载""视通万里""神与物游""内乐""内景""内游""胸中之竹"等；西方文艺心理学中的"内觉""内心视觉""内在感官""内模仿""内化""内倾""内在自由""内在时间"；普通人的憧憬、回忆、想象等。其中有些是有内在形象相伴随的，如玄览、坐忘、禅悦、内景、憧憬、想象等，有些是没有形象的悦志悦神，如"孔颜乐处""游心于澹""游心于物之初"等。

内审美概括了人类审美的普遍经验，非常符合对人生审美中人生感受、人生体验、人生境界的描述，因此才被朱立元先生誉为"立足于美学史的一个创造"。孟子《梁惠王下》中提出的"以大事小者，乐天者也"，与庄子《天运》提出的"无言心悦"，都属于乐天境界；庄子《齐物论》中的"天地与我并生而万物与我为一"，与孟子《尽心上》中提出的"上下与天地同流"，共同描述了同天境界。这些乐天境界和同天境界，都是建立在内心体验基础上的内审美，无法通过感官型审美来显示并验证，但是又有大量文献记载和事实支撑，是一种特殊审美现象。

在内审美理论提出之前，中国哲学界已经具有了这方面的思想准备，如战国时代荀子最早提出"无万物之美而可以养乐"的命题，台湾的张亨教授提出过"无对象审美"，李泽厚所言美感三层次等。其中的"无对象审美"属于内审美的基本形态，而悦志悦神就是人生审美论的高级体验层次。人人都有人生过程，都有人生体验，以及与此相伴生的内审美经验，因此，内审美是人生审美的常态。虽然内审美中的内景型审美如中国古代的"内视"和内照，即与泽基所谓"内视"（inner vision）有点关联的现象并非普遍，这涉及个体大脑机制方面的差异，但由于每个人都可能具有回忆、记忆、内省、内悟、境界、内心体验等心理过程，因而都有可能具有精神境界型的审美体验。正因为如此，笔者认为，人生审美论研究不应该脱离内审美体验，而应该利用内审美作为审美形态的高端存在这一事实，将内审美作为人生审美论的坐标。

把内审美理论运用到人生审美论的研究上，必然带来人生审美论研究的突破。内审美给人生审美一个本质的界定，不仅厘清了学科边界，而且抓住了人生审美论的本质特征，为人生审美论的进一步深入研究奠定了基础。中国古代有关圣贤的记载，就有许多内审美特征。司马迁在《史记·孔子世家赞》中说："余读孔子书，想见其为人。"更进一步，宋代理学家程颢、程颐兄弟说："仲尼，天地也；颜子，和风庆云也；孟子，泰山岩岩之气象也。观其言，皆可见之矣。仲尼无迹，颜子微有迹，孟子其迹著。"① 与魏晋时期的人物品藻注重风姿神韵不同，也与我们从古籍里看到的孔孟的画像不同，这种通过阅读非文学叙事对已故圣贤的"观其言皆可见之"的审美，是脱离了对象和感官的审美，是一种超越了道德评价的想象的或神游的、神交的内审美。因此，借助内审美理论，将会极大地拓展人生审美论的视野。一个人的人生经历会构成他自己的人生感受、人生体验和人生境界，一个楷模或圣贤，其人生感受、人生体验和人生境界往往为大众所景仰，使人们情喜爱之、心向往之、行效尤之。但这种喜爱、向往、效尤的最佳途径还是内审美。这是因为，楷模的或圣贤的人生经验，只有通过内审美才能体会得到、感悟得到。也就是说，对于圣贤或楷模的心向往之和行效尤之，只有在内审美的层次上才更容易得到沟通，从而更容易实现。司马迁、二程对于圣贤的描述，将人们对于圣贤的景仰和效尤带进了内审美的境地，不仅拓展至人的精神领域，而且以内景的方式展示了圣贤和楷模的人格魅力，为内审美的研究提供了典型例证。正是借助内审美，才使得人生境界的审美学研究别出一路，独具一格。内审美理论之于人生审美论研究的最大贡献在于，确立了人生审美论的形态学特征，找到了人生审美论的识别标志，从而将人生审美论从社会美研究、自然美研究、艺术美研究和伦理审美学的樊篱中独立出来，成为一个专门的研究领域，从而有利于人生审美论的确立和发展。

　　内审美理论并不因为其内省性而不具有被验证的可能性，相反，

---

　　① （宋）程颢、程颐：《二程遗书》，上海古籍出版社 2000 年版，第 127 页。

内审美现象已得到美国神经学的证明，这就是内视现象的存在。泽基在他的著作《内视》（*Inner Vision*）中表明，画家的内视现象说明画家是在用大脑而非用眼睛来创作。画家的内心形象是外在的艺术作品形象的"胚胎"，决定并制约着视觉艺术作品的创作。他通过许多实例证明，内在视觉是存在的，甚至画家大脑皮层的意外受损也往往成为画家取得惊人成就的原因。如莫奈的印象主义杰作《睡莲》等作品中极其光炫的色彩并不是画家本人的直接的外在视觉映像，而是画家本人在失明的情况下依靠大脑的内视创作出来的世界名作。泽基没有内审美的概念，但他的相关研究成果已经为中国古代记载的内景、内视、内游等找到了科学根据。这就是大脑的机制，而非人为的杜撰及神秘主义的宣传。这种来自科学研究的发现，对于内审美来说，无疑是一个很好的证明。当然，除了泽基的说法，还有大脑松果体呈象功能的探讨，都从不同方面证实了内视和内景的存在，从而为内审美的存在找到了脑神经学和解剖学上的根据。

实际上，内审美现象并非只是画家的专利，亦非圣贤的独享，也不局限于内功修养的实绩，而是日常生活中普遍存在的审美形象。所谓的余音绕梁、历历如在目前等，就都是内审美的表现，也都是人生感受、人生体验和人生境界的表现。

人生审美论的研究领域要比人生经历的范围小得多。原因在于，人生经历可以无限丰富，构成了历史学、社会学、文学、传记学的研究内容和表现内容。但内审美只是一种人生的内在感受、内在体验和心灵境界，这种感受、体验、境界是如此具有自我性和独特性，以致有时很难作为普通经验得到大众的共享。陈子昂《登幽州台歌》中"前不见古人，后不见来者。念天地之悠悠，独怆然而涕下"就不是对幽州台这一景观的欣赏，而是无对象审美，是一种建立在人生感悟基础上而又超越了人生经历的内审美体验。内审美建立在修养的基础上，思古之幽情不会发生在自然境界、功利境界和道德境界的人身上，而只能发生在具有天地境界的人身上。内审美是一种完全内在的、封闭的、自我的内在修养结果。而人生之广大，经历之丰富，除了修养之外还有更多的顺习而为，因此，人生审美论是内涵丰富而外延有限的审美学。也正因为如此，"吟风弄月以归""窗前草不除去"① 的宋儒周敦颐和"闲来无事不从容，睡觉东窗日已红"（程颢《秋日偶成》）的理学大师程颢，师徒二人可能要比身经百战的将军们更能体会"道通天地有形外，思入风云变态中"（程颢《秋日偶成》）的人生境界。

人生审美论虽然较之人生经历要小得多，但其是建立在人生修养基础上的内审美体验，以获得人生最高境界为旨归，因而，人生审美论处于审美学研究的高端，甚至由于其研究的人生境界处于封闭而又神秘的状态，研究难度无异于哥德巴赫猜想。老子"涤除玄览"到底玄览到什么？庄子坐忘到底坐忘了什么？孔子乐在其中，到底乐在哪里？孟子上下与天地同流如何见得？这些都是海里的冰山，不潜入水中是得不到答案的。因此，人生审美论研究一定是不同于艺术审美学、社会审美学和自然审美学等显性研究的深潜研究，需要更大的勇气和更全面的知识，尤其是要有内审美的视域超越。

人生审美论从本质上讲，属于内在精神实践范畴。与外在实践相比，更注重内在实践及其结果——内审美。科学的实践观既注重人的社会实践，又注重人的精神实践，注重艺术创作的特殊性，注重审美的特殊性。所谓注重发挥人的主观能动性，就是注重人的精神创造。审美活动、艺术活动，虽然并非物质实践，但仍然属于人的精神实践活动。而在这种精神实践过程中，内审美就最具内在精神实践的特性。人生审美论建立在内审美形态基础上这一事实决定了它自己不仅是物质实践的产物，而且更重要的是内在精神实践的结果。正是这一特性，将它与政治伦理审美学、自然环境审美学、艺术审美学、科技审美学等划清了界线。人生审美的内在实践性，是内隐，而与艺术美、社会美、自然美等感官型审美的外秀成对比。

建立在内审美基础上的人生审美论的确立，不仅意味着人生审美

---

① （宋）程颢、程颐：《二程遗书》，上海古籍出版社 2000 年版，第 112 页。

论研究有了新的对象和新的方法，而且意味着整个审美学史的写作也要重新考虑。提出人生审美论就是要纠正以往那种只以外在物质实践为实践，以感官型审美为审美，而没有意识到内在精神实践的存在和内审美存在的偏差，建立健全合理的、全面的审美学理论和审美学史观，将内审美这一审美学史的重要线索予以确立，使之成为审美学史写作的另一条重要线索，与以往审美学史研究中建立在感官型审美经验基础上的线索一起，达到"双峰并峙，二水分流"的审美学史理想形态。同时，在审美学研究上，也将随着内审美理论的建立，概括总结出新的理论，从而将审美学研究向前推进一大步。

第三节　人生审美论的中国特点

内审美西方也有，但与中国不同。西方的内审美一是建立在认识真理的基础上，也就是洞察本质或本体或"理念"的基础上。二是建立在基督教信仰的基础上。前者如柏拉图所说在对美的"凝神观照"[①]中领悟到的同一的绝对美，都是领悟知识所带来的快乐。虽然这一点被后来的康德美学中审美不同于认知的原理所超越，但在认知本体世界的过程中获得快乐却一直是西方审美学的传统。认知本体世界就要超越现象，超越视听，要在内视、内省中获得真理。胡塞尔的现象学、海德格尔的存在论，都强调对于真理的洞见，在洞见的过程中达到澄明之境，这种澄明之境与审美有一定的相同之处。

受基督教影响，西方文化是一种信仰文化。这种信仰建立在人类原罪的基础上，认为只有救世主才能替人类赎罪，因而，人的修养并不重要，重要的是跟着耶稣走，因为《圣经》中耶稣讲他自己就是道路，就是真理，就是生命。这样一来，西方文化就成了建立在他力基础上的救赎文化。其悦志悦神的审美，实际上就是奥古斯丁描述的与

---

① ［古希腊］柏拉图：《文艺对话集·会饮篇》，朱光潜译，人民文学出版社1963年版，第272页。

上帝面对面的一种超验。超验是非经验的，也是神秘的。而中国的内审美却是建立在人的修养基础上的一种经验，是经验型内审美。中国古代也有形而上哲学和超验体会，道家对于道的论述就是地道的形而上。但这种形而上的超验体会，是在经验的基础上展开的。老子讲涤除玄览、致虚守静、归根复命，都是一种经验，是一种致虚守静的功夫，而不是没有经验基础的玄想。宋明理学家程颢的《秋日偶成》中"道通天地有形外，思入风云变态中"，非常形而上，但是，它的前提是"闲来无事不从容，睡觉东窗日已红。万物静观皆自得，四时佳兴与人同。"这里的"静观"和"佳兴"就是由行为与结果构成的体验过程，是在闲暇经验中体会无形的道，在有中感受无。这与所谓的跟上帝在一起的外在超越相比，完全是一种个体活动基础上的内在超越，是一种经验后的超越，而非经验前的先验，具有实践性。

人生审美论的学科边界与内在根据与中国文化中的内审美相伴，产生的是一种内乐。老子所谓"涤除玄览"、庄子所谓"心斋坐忘""吉祥止止"；孔门所谓"孔颜乐处"，孟子所谓"上下与天地同流"，荀子所谓"无万物之美而可以养乐"；还有禅宗的"禅悦之风"，这些都是建立在个人修养基础上的内在实践、内在审美、内在体验，与对知识的习得和对真理的洞见无关，也与宗教的他力救赎无关。

李泽厚将中国文化概括为乐感文化，并与西方的罪感文化和日本的耻感文化相区别。这种乐感文化在明代被概括为"乐学"，也堪称快乐的学说或内审美的学说。这种内乐的学说既是对中国文化审美特征的揭示，也是对内审美的肯定。建立在人生修养基础上的中国审美学，实质上就是建立在内审美基础上的人生审美论。这种人生审美论具有以下特征。

第一，内在实践性的，[①] 而非外在实践性的。外在实践是指人类借助工具所从事的生产劳动、科学实验和社会活动，其过程是实在的，

---

① 刘冠军：《论内在实践和外在实践——从实践视角看两种文明的协调发展》，《天津师范大学学报》（社会科学版）1997年第3期。

其结果是可见的。而内在实践却是内心活动，其过程是精神的，其结果具有可见与不可见两种。可见的是指艺术品，不可见的是指精神境界。人生审美论的研究对象既不是可见的外在实践，又不是作为精神实践产品的艺术，而是研究不可见的精神过程和精神境界以及由此而产生的内审美形态。长期以来，由于人们对实践的了解过于狭隘，仅仅局限于物质实践，而忽视或贬低了精神实践的重要性，造成的结果就是无视内审美的存在，将人生审美论完全变成了政治伦理审美或美育的附庸。现在，随着内审美的发现，人生审美论的内在实践性得到了证明。

第二，自力的而非他力的。儒家和道家原本并非宗教，因而没有贬低人本身而皈依神主的企图。儒家主张通过自身修养达到修齐治平的人生目的。道家更是主张"与万物为春"的人与自然的平等和天道自然的人与人之间的平等，因而并没有对于救世主的期待。至于佛禅，虽然强调对于神佛的皈依，但又认为，佛是由人修炼而成的，不是被某种外在的主宰授予的。因此，"佛是自性做，莫向身外求"（敦煌本《六祖坛经》第三十五）就成了佛禅的基本信念。这一信念说到底还是肯定人自身的本体性即"自性"，肯定人的内在修养。正是儒道佛禅这些支撑整个中国文化的思想体系，使得中国的文化成为一种自力的文化，一种修养文化，一种自主人生的文化，而与西方的建立在神主他力救赎基础上的基督教文化判若两仪。由此可见，中国的人生审美论就具有明显的自力特征。

第三，内在经验的而非外在超验的。经验是人生体验的记录。中国古代文人的人生经验比较丰富，既有事功事利的积极进取，又有急流勇退、恬淡虚无的逍遥自在，形成所谓的儒道互补、进退裕如。这种人生经历都是世俗的，也是经验的，都有现实的基础和可以操作的路径。尽管道家的玄览守静、心斋坐忘，有其超乎寻常的体验方式，但在既定程序下进行修炼，还是可以得到大致相同的体验的。而来自西方基督教信仰所导致的与上帝面对面的体验却是撇开修炼、无路径可循的玄想，本身更具有超出经验范围的幻觉性。当然，经过文艺复兴和启蒙运动，西方的宗教有所衰微，不再政教合一，甚或以教乱政，但作为基本信仰，仍在西方国家具有不可动摇的地位。西方的审美学思想有很大一部分就来自这种信仰文化。其外在超验性构成了西方内审美的重要特征。而中国的人生审美的内在经验性，更具有中华文化的识别标志。

第四，内乐的而非外喜的。过去人们有种误解，似乎审美只是面对某个对象进行的情感活动，若无对象则无审美。但内审美的发现正在纠正这种认识上的偏颇。与外在流露的喜悦相比，内审美更具有内心深处的、持久的心理效应。喜形于色，这是对浅表快乐的描述。这种浅表的快乐很可能来自利益的满足。当然，有些浅表层面的审美如轻喜剧、逗乐、观花赏景等，也会引发喜悦，产生悦耳悦目的审美效果。但内乐却是一种悦心悦意的、悦志悦神的审美快乐。孔子曾说闻《韶》乐而"三月不知肉味"，显然是在脱离了对象之后的内心体验。这种体验长久而且具有排他性，使得口福之乐受到排挤，连肉的香味都没有感觉了。孔子这种感受就是典型的内审美。人生体验中那些天人合一的境界，那种"游心于物之初"的感受，就都是以内乐为特征的内审美。庄子把这种由内审美引起的内乐称为"至美至乐"（《庄子·田子方》），明代泰州学派的王艮做《乐学歌》，认为"人心本自乐""乐是学，学是乐"的无所不乐，将乐心灵化，这种内乐直接与内审美相通。内乐与中国文化的含蓄内敛相联系，构成了中国审美学的一大特征，可以说，中国的人生审美论就是一种内乐的审美学。

构成中国人生审美论以上特征的原因如下。

第一，儒道佛思想的精华部分曾经成为中国人的精神支柱和思想指南，为中国人的人生观奠定了人本位思想。

儒道思想是中国本土的占统治地位的思想。其实质是人本位的思想，即从未有过因为外在的目的，比如物质需求或神的存在而将人视为工具或奴婢，相反，将天地人并称为"三才"。孔子有过这样的记载："厩焚。子退朝，曰：'伤人乎？'不问马。"（《论语·乡党》）即把人看作第一位。孟子有着更为明显的人本主义倾向，这就是民贵君轻，甚至"人皆可以为尧舜"。道家也重视人的地位。老子说"故道大，天大，地大，人亦大"（《老子》第二十五章），充分肯定了人与自然与道的平等。庄子的"与天地并生，而与万物为一"的思想，明确强调人与天齐。因此，较之西方基督教将人视为上帝的婢女、无知的羔羊来说，中国的儒道思想是一种人本体思想而非神本体思想。这样的思想成为中国古代的主要思想，必然会形成中国人注重人生意义和人生境界的传统，为人生审美论奠定了坚实的人本体思想基础。至于外来佛教思想能在中国扎根，还是因为佛教中的因果观、善恶观符合中国人的现世要求，而非来世关怀。而且，佛的境界是可以通过修养来实现的，这就是以顿悟或渐悟的方式来实现。还有一点，佛的境界是心灵觉悟的程度，是建立在对人生意义、人生真谛的领悟的基础上的。虽然佛教的世界观是颠倒了的世界观，但其注重善念和善果的主张，与世俗的人生实践和人生境界息息相通。正因为儒道佛的人本体而非神本体性质，使得中国人的人生审美论具有境界修养学的特点，是修养审美的实绩。

第二，儒道佛确立了中国人的人生目标、人生境界和修养方式。

儒家的人生目标是分阶段的修身齐家治国平天下，道家的人生目标是反其道而行之，倡导返璞归真，逆炼归元，不仅在社会方面，而且在人的身心方面都脱离现有的知识体系和道德规范，重新回归自然而又清明的社会。儒道两家一进一退，一加一减，貌似对立，修养方式也完全不同，但在寻求理想的人生样态和合理的社会价值方面有着一致的目标。佛禅在人生目标方面更进一步，就是人生是有因果的，人生不止此生，还有来生，因此，人应该参透生死，超越自我。所谓舍弃小我成大我，舍弃大我成无我，无我方为永恒我，就是佛家人生目标和人生境界的写照。不同的人生境界和不同的修养方式，都在围绕提升人自身而展开，这样一来，无论是儒道，还是佛禅，都把人生定位在修养和境界上。这种自我超越、自我完善的人生定位，超越单独的道德善和认知真，而与审美相沟通，是真善美的统一。

第三，个体受儒道修养文化熏陶，善于自我调节，在天人之间、内外之间、阴阳之间、道艺之间把握平衡、达到和谐。

老子说："功成名遂身退，天之道。"孟子说："达则兼济天下，穷则独善其身。"道家讲究功成身隐，儒家主张进退自如，这些都是典型的自我调节策略，使自己处于相对自由的境地。不仅在为人处世方面属于自我调节，而且在天人关系方面讲究天人合一、道法自然、与物为春；在内外之间讲究外圆内方，即以正直的心看待事物，但又以周全的技巧处理事务；在阴阳之间坚信一阴一阳之谓道，坚守负阴抱阳，冲气以和；在道与艺之间认为道从技艺中升华出来，需要把握两方面的平衡。儒道文化的这些进退平衡之术，为中国人的身心自我调节和保持一种理想的人生状态提供了文化基础、思想指导和智力支撑。中国的人生审美论为何如此发达，原因就在于中国人的人生张力很大，进退、荣辱，甚至生死，都可以通过心理的自我调节得到解决。当然，这种自调节审美也带来了文艺中悲剧的隐退和生活中自我满足的膨胀以及阿Q精神的盛行。从人生审美论的角度看，这是一种自足性的封闭式审美，独步于六合，而与世界隔绝，这与几千年来封闭的专制社会正好契合。

第四，内向内敛的民族性格所致。

老子就主张处下怀柔，"不敢为天下先"。孔子讲"吾日三省吾身"，都是主张在内求诸己的过程中，实现内在超越。魏晋玄学主张在超象中获得真谛，实现审美。汉民族的性格中有保守、含蓄、内敛的一面。这一点从中国第一部诗歌总集《诗经》中那些用比兴表达的一唱三叹、回环往复的情感就可以看得很清楚。当然，骚体诗人反其道而行之，善于夸张，直抒胸怀，但就大的方面而言，由于多用比喻和象征，仍不失含蓄的一面。就中国文学和写意画注重含蓄和内秀而言，含蓄内敛仍不失为最大的特点。在现实中，中国式的求爱方式、表达方式等也都具有含蓄内敛的特点。这一民族性格带来了中国人生方式的内向性特点和审美方式的内审美特点。内审美就来自儒家反思自我、反省人生的修为和道家、佛家反观内照的功夫，是一种人生修养中的内功，是人生境界中的内景。

总之，人生审美论具有其形态学特征和民族文化背景，需要在确立学科边界、揭示形态特征、展现民族文化背景方面下大力气进行研究。只有在把握形态特征的基础上才能确立人生审美论的学科边界；只有在了解民族文化背景的前提下才能揭示人生审美论的内涵。内审美是人生审美论的本体形态，中国的修养文化是人生审美论的本根所在。因此，别现代主义人生审美理论属于在人的多质多层次的交互式正价值—感情反应基础上的内审美理论范畴。

第九章　艺术和审美中的现代性与"审美现代性"

别现代主义理论主张区别真伪现代，具备充分的现代性。为此，别现代主义不仅进行了一系列哲学和审美学范畴和方法论方面的创新，还正在学术领域开展对审美学问题的整理和对一些命题的清理。这里将集中于对来自西方并盛行于中国的"审美现代性"命题进行批判和改造。

第一节　现代性和现代化是中国现实社会的需要

具备充分的现代性和实现现代化是第三世界国家发展的总体趋势和历史使命。中国未来发展的总目标就是要在 2035 年基本实现社会主义现代化，也就是说，中国尚在通往现代化的路上。

"现代"一词，并不是一个时间概念，而是一个属性概念，即现代性占比大大超越了前现代性占比，才具有初级的现代化。但是，中国在奔向现代化的道路上会遇到种种迷惑和阻力，尤其是来自理论认识上的迷惑和阻力。一个最典型的例子就是"审美现代性"一词在中国的传播和应用。最早产生现代性的西方，在 19 世纪末 20 世纪初出现了批判现代性的理论，这种理论被冠以"审美现代性"的名称，主要是用感性自由去批判与现代性相伴生的工具理性和现代化。但正是这一点为师法西方现代性的中国学界带来了困惑，这就是如何面对现代性和现代化。这种困惑无疑是中西方巨大的社会形态差异和时空错位造成的。

与中国学界由审美现代性带来的困惑不同，别现代主义正是根据现代性的本质属性和中国的现代化进程以及中国与西方在现代化和现代性认识上的时空错位，应运而生，构建起了一套自己的对现代性和现代化的看法和理论。

别现代理论包括两个方面。一是别现代社会现状概括，即"别现代"，二是别现代主义（Bie-modernism）理论主张。

别现代现状表现出一种似是而非的现代，看起来很像，但实际上不是。为什么不是呢？这是因为全球欠发达的第三世界国家在迈向现代化的过程中，受自身前现代传统文化和现实利益的限制，面对来自西方的现代性和后现代性的植入，只能采取一种被动接受的方式，从而形成了前现代、现代、后现代杂糅纠结的现状，从此就跟西方的从前现代到现代再到后现代的这样一个线性的、阶段性的发展判若两仪。也就是说，西方的社会形态是历时的形态，是有历史的，而中国也包括广大的具有民族传统的第三世界国家的社会形态，用黑格尔的话说就是"没有历史"的一种时间空间化了的共时态。由于前现代、现代、后现代的杂糅，因而其中的现代性的占比有多大，就成了问题。如果说现代性占比不是很大，而前现代传统占比很大，那么这个社会的形态就会出现似是而非的情况。这种似是而非跟这些欠发达的第三世界国家通向现代化，但是还没有到达现代化的现状是密切相关和基本一致的。这种似是而非的现状恰好否定了一些中国学者所说的中国是新的现代性、混合的现代性、另类的现代性、复杂的现代性、别样的现代性等。原因很简单，连现代性都不具足，又遑论新的现代性、混合现代性、另类现代性、复杂的现代性、别样的现代性？这些"新的""混合的""另类的""复杂的""别样的"是在具备充分的现代性之后或者现代化实现之后才有的事，而非现状如此。正所谓"皮之不存毛将焉附"，大量的修饰语被用来修饰一个尚不具备现代性的时代，只能是语言的浪费，而与术语的准确性和科学性无关。

别现代主义，并不满足于别现代这种杂糅现状的存在，而是要对它进行更新和改造。这种更新和改造也就是欠发达国家包括中国在内的正在进行的通往现代化的改革。因此，别现代主义跟这种改革的时代大潮是相一致的。如果将别现代现状和别现代主义合起来看，别现代理论的"别"就是区别的别、甄别的别。别现代主义就是区别真伪现代、具备充分的现代性，而绝对不是不要现代性和现代化。

记得曾应邀在一所大学演讲别现代主义理论，在互动阶段有位教授公开发言反对现代化。笔者问她为什么，她的回答是西方学者都在反对现代化，西方的审美现代性在反对现代性。对此，笔者予以了回应。

第一，中国现实社会的需要。中国仍然是发展中国家，脱离贫穷、基本实现小康也是刚刚发生的事情，中国要想从富起来到强起来，还有很长的路要走。而且这条路就是实现现代化之路，而非其他道路。这是因为，只有物质的现代化，才能为百姓安居乐业和国家长治久安提供坚实的物质基础保障；只有制度的现代化才能根除前现代社会制度的弊端；只有思想意识的现代化才能在全球化背景下和在国际竞争中保持一个大国的地位。曾经长期积贫积弱的中国，饱受外来侵略之苦，实际上就是长期闭关自守，生产力水平低下、制度腐朽、观念陈旧而造成的。正是从前现代国家迈向现代化的过程中，中国才有了脱贫致富的可能，才有了从富起来到强起来的可能。因此，改革开放，实现现代化，是中国现实的需要，是中国发展的需要，也是中国的历史业已证明了的必由之路。

第二，人类现代文明发展的需要。现代文明建立在现代性的基础上，不仅在物质基础上通过技术发明创造和工业革命带来了人类的大发展，而且在制度上为实现生命尊严、自由发展、社会契约、公平正义、民主法治、福利保障等提供了法律保障，限制和阻止了野蛮的盛行，在思想观念上树立友善、独立、自由、健康、安全、和平等价值观，维护社会的和谐和人类的共同福祉。尽管现代文明也有自己的弊端，如工具理性带来的人的异化，野蛮寄生于文明以伪现代的方式实施野蛮等，但现代文明最大的优势在于自我调节、自我反思、自我批判的纠错机制，从而能够避免同一错误和同一种灾难的反复出现。现代文明建立在现代化和对现代化的反思、批判、建设上，反思和批判是手段而非目的，目的在于建设和推进现代化。因为只有现代化才能使人类文明得到整体提升。曾经创造过人类辉煌的古代文明，也只有在现代化中才能旧貌换新颜，才能焕发出新的活力。

第三，是道路选择的需要。怎样才能实现中国的现代化？是拾取被西方抛弃了的不合时宜的因素，如原始积累时期的劳资双方的对立，不顾生态的工业生产模式等走向现代化？还是以复兴民族文化而走向前现代？这里就有个绕不过去的道路选择问题。别现代主义主张在择优集善中具备充分的现代性，反对在择劣集恶中走向现代化的反面，因此，别现代主义是一个与中国的发展总目标相一致的正确选择。

总之，别现代主义主张坚定不移地具备充分的现代性，走向现代化，实现现代化。

第二节　现代化与哲学武装

参照西方现代化的历史过程，观念的革命是由启蒙主义的哲学思想武装起来的，因此，注重现代化道路上的哲学武装，就十分必要。同理，作为创新理论，别现代主义在哲学上的创新可能更值得注意。

一　别现代主义哲学的内在结构和价值倾向

（一）自反式结构与价值倾向

别现代理论可分为两部分，即别现代现状概括和别现代主义主张两个部分，这两个部分形成了一种结构，即自反式结构，就是别现代主义对别现代现状的改革和更新。很明显，别现代现状与别现代主义之间是相互抵制的，但是这种抵制并非逻辑矛盾，而是社会现状的真实写照，即一个正在进行改革开放的社会写真。

在目前的社会现状中，的确存在前现代和现代之间的矛盾和冲突，存在杂糅的、模糊的别现代现状。但是，历史的必然要求要解决这一矛盾和冲突，走向真正的尚未实现的现代化。因此，这种矛盾恰好说明了事物的发展规律而非逻辑问题。对这个规律的揭示和概括的思想资源来自何方？就来自老子的"反者道之动"哲学方法论，一种相反相成、对立统一的哲学。这种哲学强调对立面或反对面是本体运行和发展的内在动力。这一点不仅在后来道教的阴阳图中的两个相反相成的阴阳鱼中会一目了然，而且可以在后现代主义的反现代性运动，甚至从卡林内斯库有关审美现代性反对审美现代性的论述中看得十分清楚，这些都是老子自反式哲学的表现。因此，别现代主义理论是一个哲学结构，也正是这一自反式的哲学结构，才会形成社会发展四阶段论，形成别现代主义哲学的自我更新和自我超越的哲学功能。

（二）分合式结构与价值倾向

《荀子·王制》里有一段很著名的话："水火有气而无生，草木有生而无知，禽兽有知而无义；人有气、有生、有知，亦且有义，故最为天下贵也。力不若牛，走不若马，而牛马为用，何也？曰：人能群，彼不能群也。人何以能群？曰：分。分何以能行？曰：义。故义以分则和，和则一，一则多力，多力则强，强则胜物，故宫室可得而居也。故序四时，裁万物，兼利天下，无它故焉，得之分义也。"荀子的哲学是对先秦思想的概括，它讲了分与合的辩证法，即群的或者合的力量来自分别，但分别的目的在于合。虽然这是为专制统治的有序性和稳态发展寻找哲学根据，但别现代主义理论的结构也就是在表面化的差异性哲学背后趋向于合，这个合就是作为人类普遍价值的现代性阶段的来临，而非为了别而别，为了不同而不同。在这个分合式结构中，差异性、别样性只是手段，不是目的，但正是这种区别真伪现代的手段，才构成了充分的现代性的前提和基础。别现代主义理论分合方法论的要旨在于，要在区别真伪现代的基础上具备充分的现代性，实现现代化，成为人类文明大家庭中的一员，成为世界的中国，而非以所谓"另类的现代性""别样的现代性"形成与世界的对立，更不是将世界变成中国的世界——"化全球"。① 至此，别现代主义差异性认识论哲学与别现代主义价值论哲学达到了统一。分与合的哲学在别现代主义理论的生命股权理论中得到应用。所有股份，不论别现代主义的先天股份还是市场上的后天股份，都是分与合的体现。股份就是分，就是属于你而不属于别人的那一部分。所谓合就是大家都在一个国家，都在一个公司，都是股份的持有者。之所以如此，就是因为有我自己独立的股份，如无我独立的股份，那这个国家或公司又与我有何关系。所以说，生命股权是公民的自然法权，是公民从国民经济总收入中分红的权利，也是公民当家做主人的法理依据，生来就有，就是这个分与合的大道理的体现。

（三）中西马我结构与功能

中西马即中国古代哲学思想、西方哲学思想、马克思主义哲学思想，共同作为中国当代哲学发展的思想资源，并在当代中国得到发展。而在中西马我结构中中西马我以"我"的创造为核心，围绕"我"的创造形成互动，在互动中创造新的话语、新的理论、新的思想、新的主义。这个"我"就是在不同时空中的哲学家创造群体。事实上，别现代主义的 20 多个哲学、美学、法学、经济学范畴就都是在中西马我的互动中围绕"我"的待别和待有而形成和发展的。原因即在于中国文化和西方文化的源远流长与博大精深，在于马克思主义的理论指南和我的主观能动性、创造性之间形成了最佳的组织结构和最强的功能发挥。别现代主义理论就是这种最佳组织结构和最强功能发挥的产物。

显而易见，中西马的三位一体结构是个研究对象结构，也是哲学史写作结构；而中西马我四位一体结构则是研究—创造结构，是哲学创造结构。其深层内蕴则是传承—切割—创造结构。这个结构的功能就在于继承了中西马的三位一体，进行创造和创新，从而有望带动中

---

① 杨守森：《"全球化"与"化全球"》，载童庆炳、畅广元、梁道礼主编《全球化语境与民族文化、文学》，中国社会科学出版社 2002 年版，第 54 页。

西马的全面更新、提升、发展，实现古代哲学现代化、马克思主义中国化、西方哲学实用化。

二　别现代主义哲学有关实现现代化的理论

1. 走出时间空间化现状的历史发展四阶段论

别现代主义理论在历史发展阶段和社会现有结构中形成了新的社会形态理论。别现代主义理论揭示了时间空间化现状，但它并没有停留在对时间空间化的描述上，而是在时间与空间的结合上，也就是在历史发展阶段和社会现有结构的结合中做了进一步的理论探索。如别现代主义理论的四个阶段说，就是在时间空间化理论基础上提出的发展阶段理论，或者说走出别现代时间空间化状态的理论，是走出自我的理论，是自我更新和自我超越的理论。

第一个阶段是和谐共谋。和谐共谋是指前现代、现代、后现代的和谐共谋，表现在情大于法、权大于法、潜规则盛行、官商合一，有钱阶层和有权阶层进行钱权交换、权色交易，而弱势群体则往往成为这种和谐共谋的牺牲品。

第二个阶段是对立冲突。和谐共谋可以在一个有限的范围内和时段里进行，但不可以长久。从和谐共谋走向对立冲突，表面上看是利益冲突，实际上还有更深层的结构性原因即社会领域与经济领域的错位，亦即前述之别现代性所致。也正因此，在别现代理论研讨会上有学者故意把别现代读成"别现代"（Biè xiàndài），也就是别扭的现代，却赢得了阵阵掌声。

第三个阶段是对立冲突与和谐共谋的共存期。这个时期既有对立冲突，又有和谐共谋，两者交织在一起，往往是以和谐共谋开头，以对立冲突结束或者对立冲突达到一定程度后，请人中间调停，按潜规则办事，以牺牲公共利益和弱势群体为代价，促使冲突双方进入新的和谐共谋，然后又因为新的利益冲突而进入新的对立冲突，交替纠葛，循环往复。

第四个阶段是自我更新发展期。面对对立冲突，社会自身具有自我调节的功能，不会停留在长期的对立冲突之中，必然会谋求改革和发展，否则就会导致自行解体。当和谐共谋和对立冲突都不能继续相持下去的时候，社会就要进行自我变革和调整更新，来达到生存和发展的目的，从而进入自我改革更新时期。

如前所述，与别现代主义历史发展四阶段相对应，审美学也有自己的阶段性使命，其总的使命是区别真伪现代，兑现社会主义核心价值观，推动改革开放，以文艺和审美的方式增强现代性，实现现代化，而不是效仿西方审美现代性对现代性的批判，在现代性尚不充分的中国去除现代性，回归前现代性。

2. 从后现代之后回望别现代

所谓从后现代之后回望别现代，既不是从现代看别现代，也不是从后现代看别现代，而是从后现代之后对后现代和现代的反思和批判来看别现代，从跨时空的多维视角透视别现代，从而吸收现代、后现代、后后现代的积极成果，摒弃其不利因素，实现中国的现代化。无疑，这是把西方的历时态社会发展在哲学上做了时间的空间化处理。而与别现代的时间空间化比照、对视的过程，也是思维革命的过程，体现了别现代主义认识世界和改造世界的路径和方法。

3. 跨越式停顿

在别现代时期，社会的发展可能出现跨越式停顿。所谓跨越式停顿，是与经济上的跨越式发展相对的一个创新性哲学概念。不同于落后国家在发展过程中由于借鉴了发达国家的先进经验，避免了实验的过程，因而能够得到高速发展的情况，在国家和地区的发展过程中，出现过大量的在高速、高级的发展中突然停顿的示例，如苏联的解体、越南的改弦易辙等。别现代主义认为，在一个充满了随机性的别现代社会，跨越式停顿将会成为一种国家发展的新模式，成为自我更新、自我超越、自我发展的必要契机。

从跨越式停顿这种国家和地区发展模式中还演化出文化发展、艺术发展的切割理论，即在传承—创新中加入切割的因素，从而脱胎换骨，形成文化、艺术、思想的新流派。

4. 辨别真伪

别现代主义是一种求真的思想和理论，其源头是道家的返朴归真思想。随着传媒的发达和信息时代的来临，什么是真的，什么是假的，什么是本来，什么是原有，都变得模糊不清，也就是我们进入了所谓的后真相时代。显然，后真相对于人们认识真理、推进人类文明的进步是有害无益的。别现代主义紧紧抓住区别真伪这一点，然后把它运用到了人文和社会科学领域，运用到了文艺创作等方面，甚至运用到了人工智能等方面，从而形成一种求真的潮流。求真就意味着要辨假打假，从而别现代主义就成了一个时代所需要的主义和时代所需要的哲学。

关于求真的问题，包括以下几个层面：第一个层面是本真，就是原本如此，客观事物原本如此，因此就有了道家所讲的返璞归真。这"璞"存在于泥土和石头的浑然一体之中，而玉却是从璞中分离出来、雕琢出来的。"璞"就是原始的本真。第二个层面是真理，所谓真理，就是主观认识与事物的本来面目相符合。第三个层面是指货真价实，或者说名词概念、商标等跟其所指事物或商品是相符合的。但这几点在现实生活中恰好是很难做到的，伪劣产品无处不在。中国自从 1991年开始重视"315 国际消费者权益日"，说明了社会对于辨别真伪的迫切需求。

辨别真伪的关键在于秉持"有别于"的思维，坚守"有别于"的思维。别现代主义哲学是一种区别真伪现代的差异性哲学，它讲的是普遍性与特殊性之间、一般性与个别性之间的关系，因而注重对于个性自由和个人原创的保护和开发，尊重人的思维的"有别于他人"的差异性，注重教育对于个体的智力开发和创造力启示。上海市有的学前教育实验基地就曾想用别现代主义的方法提炼"别一下"的口号，为开发学龄前儿童的个人创造潜能"埋种子"。当"别一下"成为文化理念时，一个富有创造力的民族将被打造出来。

5. 在随机选择中择优集善，防止择劣集恶

别现代主义理论在分析别现代属性时揭示了别现代社会的结构和

随机性特点。别现代社会结构从宏观层面上讲就是时间的空间化，亦即前现代、现代、后现代的和谐共谋和对立冲突交替进行，循环往复。在这种社会结构中，决定社会发展方向的是其中的主导性力量。这种主导性力量必然会在前现代、现代、后现代的纠缠中作出自己的选择，或者任其和谐共谋，或者任其对立冲突；或者导向前现代，或者走向现代。这种选择的实质就是或者择优集善，实现现代化；或者择劣集恶，走向自我毁灭；或者走中间道路，永远保持前现代、现代和后现代的杂糅状态以及和谐共谋与对立冲突的交替循环，导致社会停滞不前，没有历史。所谓择优集善，就是从后现代之后反观别现代，汲取人类文明中对当下社会发展有益的成果，如统合公平正义原则和效益原则以及民族优秀传统，形成社会发展优势。而择劣集恶则可能是对业已被证明了的腐朽制度和错误道路的独有情钟，甚至追随效法，对人类现代文明、人类命运共同体和人类共同价值充满蔑视和仇恨，形成首倡之恶与顺从之恶（阿伦特所谓"平庸之恶"）的叠加。

　　在别现代时期，社会发展方向到底在哪里，应该说由于过多地依赖主导性力量，因而充满了随机性。如果主导性力量择优集善，那么，社会将朝着现代化迈进，反之，社会就会大踏步地后退。当然，在随机选择中，掩人耳目、混淆是非、颠倒黑白的事也是常态。这是因为人类文明发展到今天，已经不可能容许反人类、反文明的言行招摇过市了，因而口是心非、似是而非的伪现代自然会大行其道。利用 AI 技术造假，deep fake（深伪）盛行，这更是披着现代高科技的伪现代，因而别现代主义应运而生，任重道远。

　　面对别现代社会的随机性，别现代主义审美学主张反思与批判，在文学艺术中以形象的方式和情感的力量反思和批判前现代性，以启蒙为己任，抑制前现代性观念，剔除前现代糟粕，弘扬现代性精华，描绘现代化蓝图，鼓舞人民走现代化道路，而非跟随西方的后现代去批判现代，也不是追随西方的后真理去否定事实，否定真理，文过饰非，更不是跟随西方的反现代化思潮去反对现代化。

　　总之，别现代主义理论一针见血地指出，别现代现状并不具有充分的现代性，而是一个似是而非的社会形态。因此，若用来自西方的那些关于现代性特点的理论来概括中国的社会属性，则并不恰当。这是因为，别现代社会现状跟西方的现代性理论不在相同的社会和历史维度上。西方理论侧重于讲现代性的特点，如多元的现代（艾森斯塔特）、未完成的现代（哈贝马斯）、第二现代（乌尔里希·贝克）、另类现代或可选择的现代（阿尔都塞）、流动的现代（齐格·鲍曼）、晚期现代（詹克斯）、反思的现代（吉登斯）、后现代的现代（沃尔夫冈·韦尔施），而别现代理论则主要是讲现代的属性、有无、是非，而非特点、特色，是对第三世界国家现状的质疑，直指现代性是否充分。这种质疑本身不是针对现代性的，也不是针对西方现代性的，而是针对那些正在努力向西方现代靠近、努力实现西方式现代化的国家。似是而非的现代，实质上就不是现代，这跟什么新的现代、混合的现代、另类的现代、复杂的现代、别样的现代之间判若云泥。当然，别现代主义理论也曾提到在具备真实的现代性的基础上实现别样的现代化。但别忘了是在具备充分的现代性的基础上实现别样的现代化，而非以别样来取代本质，以引申义取代本义，以第二义取代第一义。

　　别现代主义正如西方理论家所说的，对西方的理论没有师承，而是独立创新，但是更适合中国的现状，也更能解决中国的问题。[①] 也正因为如此，拿一些西方的现成理论术语来置换别现代理论，如说 other modernity、alternative modernity、special modernity、mixed modernity 等，就无法表达别现代主义理论的真实内涵，而会陷入汉字"别"的多义之争而远离别现代主义的社会形态理论和哲学思想。[②]

　　中国的现实社会需要充分的现代性，需要实现现代化。因此，本

――――――――――

　　① ［斯洛文尼亚］恩斯特·曾科：《平等带来的启示——评王建疆的别现代主义及中国美学的发展》，石文璇译，《西北师大学报》（社会科学版）2017 年第 5 期。

　　② 汉字"别"有告别、不要、区别、特别、其他、另一种、别扭等多种意思。有时同一个"别"会在不同的语境中生成完全不同的意思。如"别在一起"就可以是用别针结合在一起，也可以是不要在一起。

土原创的别现代主义理论就是对现实吁求的回应，深刻揭示现代性在中国面临的问题和挑战，强调充分的现代性，并把现代性作为文学艺术创作和审美活动的重要参照，而不是跟着西方的审美现代理论去批判和反对真正的现代性和现代化。

别现代主义哲学产生了一定的影响，并引起西方哲学家和审美学家将别现代主义哲学范畴与德里达、福柯、阿兰·巴迪乌、朗西埃等人的理论进行比较研究。同时，别现代主义区别真伪的理论已经引起了世界人工智能领域的关注。于 2021 年在美国举行的国际人机交互大会，邀请别现代主义创始人作为大会组委会委员，并宣读了《别现代主义与文化计算》的论文，引起讨论。其原因有两点：一是其研究方向和哲学思想以及理论主张与文化计算不谋而合；二是与计算机专家一起提供了广普性的人工智能区别真伪的算法和系统思想，将别现代主义落到了实处。

别现代主义哲学引出了一些新的来自西方的相关哲学命题，如前述"哲学四边形"和哲学时刻等。这些来自欧美的评论充分说明别现代主义是一个全新的来自中国但又有世界性的哲学，因而不仅在美国，而且在欧洲，比如说在斯洛文尼亚普利莫斯卡大学也成立了别现代研究中心（CBMS）。这个研究中心有自己的不同于美国的中国别现代研究中心的想法，即他们认为别现代主义虽然产生于中国，但是这个理论是世界的，是全球可以共享的，因此他们成立的别现代中心叫作CBMS，与美国的中国别现代研究中心相比，少了一个 C，C 就是 China即中国的这一英文单词的首字母。目前，在意大利，一些学者也自发地建立了别现代主义网站：www. biemodernism. org 和 http//：www. biemodernism. net。

同时，特别值得一提的是，以孟岩、旺忘望等国内的实力派视觉艺术家，他们公开发表文章，发表演讲，称自己的创作是别现代主义的，目前参与别现代主义创作和设计的就有 20 多位艺术家。还有，中国国内出现了别现代诗歌创作群体，有 30 多位新诗创作方面小有名气的诗人，他们自发地组织起来，成立了别现代意象诗创作团体，并且建立了公众号研讨别现代主义诗歌创作。这些文学创作和艺术创作的团体所秉持的共同理念和原则就是"有别于"的思维方式。这样一来，别现代主义理论就有了更多的生长点，它会在别现代主义哲学流派的基础上发展出别现代主义艺术流派。

总之，中国的现代化需要哲学武装，这种哲学武装需要与西方现代哲学形成对话和互动。只有在对话和互动中，才能树立新的思维方式，强化分辨真假的能力，提高思想境界，才能冲出现有现代性理论中的种种迷雾，直探现代性的根本，奔向现代化目标。

第三节　别现代主义对西方审美现代性理论的质疑和改造

来自西方的审美现代性理论目前在中国学界是一个比较热门的话题，但也是一个有问题的话题。

审美现代性一词来自西方学者对资本主义现代性的反思和批判，是一种试图借助审美学改造现代性的文化策略。伴随西方社会现代化进程的高歌猛进，现代科学技术对人的异化日益明显，同时，对这种异化产生的原因和后果的反思批判的热忱也日益高涨。马克思就曾对资本原罪和资本主义制度提出过激烈的批判，狄更斯、席勒、韦伯、波德莱尔等都对现代化与人的异化提出过批判。尼采公开声称"上帝死了"，荷尔德林将西方现代社会称为"贫困的时代"，海德格尔称为"世界的黑夜"，福柯认为是"人之死"的时代，法兰克福学派把异化中的现代人称为"单向度的人"，波兰社会学家齐格·鲍曼在他的《现代性与大屠杀》一书中更是将现代性与纳粹对犹太人的大屠杀一起送上了审判台，等等。但是，我们从尼采寄希望于复活古希腊悲剧中的酒神精神，海德格尔渴望"诗意的栖居"中，的确可以发现西方的审美拯救论路径，就是在"上帝死了"之后，通过恢复人的自然天性，发挥审美学的感性学功能，就能够抵御现代工具理性和功利世界带来的人的危机，使人的感性和天性得到更好的发挥，使人得到身心两方面的解放，成为一个健全的、全面发展的人。弗洛伊德认为要拯救现代人就是要让其本能包括性本能得到充分的满足，从压抑中走出来。文学创作和审美就是反抗现代社会压抑，拯救人的一种重要手段，所以弗洛伊德把性本能的满足所获得的愉快看成美感愉快，并以此来界定文学创作的白日梦属性。

正是根据西方学者用审美和审美学去对抗现代社会的弊端的理论主张，美国学者卡林内斯库指出："可以肯定的是，在19世纪前半期的某个时刻，在作为西方文明史一个阶段的现代性同作为概念的现代性之间发生了无法弥合的分裂。"① 在卡林内斯库看来，审美现代性就是以审美的感性方式来对社会的现代性进行的批判与抗议。

尽管西方审美现代性理论的产生有其文化背景和社会原因，表现出西方学者对于现代性的理性认识和反思批判精神，但如果不顾中国国情盲目照搬，就会削足适履，缘木求鱼。

首先，这是一个容易被误解而且会产生负面价值的命题。将资本主义社会产生的恶都归结为现代性，甚至将大屠杀归结为现代性，使得像大屠杀这样灭绝人性的惨剧成为设计者、执行者和受害者密切合作的社会集体行动，这一说法值得怀疑。事实上，并非现代性中的人权、自由、平等、博爱导致了大屠杀，相反，恰恰是对现代性中的人权、自由、平等、博爱信念的背叛所带来的人性泯灭才会有反人类的大屠杀。应该受审的是披着现代技术、现代组织、现代理念外衣的伪现代，而不是被纳粹背弃了的真现代。因此，不假思索地反对现代性，本身就是一个错误。

其次，审美现代性是伪现代的遮羞布。前面笔者已经讲了伪现代的问题，认为伪现代就是现代性不充分，貌似现代性而骨子里是前现代性。审美现代性看似一个现代性命题，但由于它是用来反对现代性包括工具理性的，因此很容易给人们造成这样的印象，似乎现代性出

① ［美］马泰·卡林内斯库：《现代性的五副面孔》，顾爱彬、李瑞华译，商务印书馆2002年版，第48页。

了问题，要靠审美现代性或审美学来加以清理和修复。这样一来，本来需要伪装的伪现代，借着西方审美现代性的反现代性，就连最后一块遮羞布也不需要了，因为伪现代在别现代已经化身为审美现代性了，还需要现代性干什么。但实际上，中国尚处于前现代、现代和后现代杂糅的时代，现代性尚不充分，真正的现代化尚不存在，中国迫切需要现代性和实现现代化，而非相反。在这种情况下，如果要用审美现代性去规范现代性，去反对现代性，去批判现代性，就会逆历史潮流而动，形成反对现代性、反对现代化的负面价值。理由在于，审美现代性这个概念来自西方，它是对西方的历史发展轨迹和审美历程的概括，而不是对中国的历史发展轨迹和审美历程的描述，因此，它并不适用于中国。更有甚者，在中国尚未进入现代化的情况下要用所谓的审美现代性去反对现代性，就不仅是堂吉诃德大战风车，无的放矢，而且会成为与现代化这一历史的必然要求相对立的反动力量。这种事与愿违就建立在将中国的历史和现实生搬硬套进西方的理论框架内，是一种典型的邯郸学步。这种邯郸学步一旦被伪现代利用，危害会更大。

最后，按照别现代的随机选择规律，在中国讲西方的审美现代性就会面临择优集善还是择劣集恶的选择。针对发展过程中工具理性对人性的制约和戕害，西方思想家提出以恢复人的感性自由和身心解放为目的的审美现代性，本身是一种积极的有利于人的自由和解放的进步思想，也有利于后发国家借鉴以避免工具理性的危害。但是，只因为现代化中的工具理性的弊端就要借助审美现代性而否定现代性，就成了大问题。面对这个大问题，如何选择，就是对主导性力量的考验。如果站在择优集善的立场上，汲取审美现代性的有关人的全面发展的思想，努力克服现代化过程中出现的工具理性弊端，就会发展出一种既有现代性又符合中国国情的新的审美学；相反，如果站在择劣集恶的立场上，借用审美现代性来批判现代性，将现代性污名化，就会走到历史的反面，形成反对现代化的前现代审美学。

鉴于以上原因，审美现代性目前在中国是一个容易产生误会，并产生误导的审美学命题，因此，特别需要别现代主义的区别真伪和分别对待。要在坚持现代性原则、走现代化道路的前提下适当借鉴审美现代性的理念，以便全面提升国民的感性自由度和理性自由度，推进人们的身心解放，而不是借用审美现代性来遮蔽、否认、贬低、诋毁现代性。在别现代社会，现代性就是最高的价值目标，就是别现代的出路。任何借助西方审美学理论试图否定现代性的做法都是不合国情的。因此，误用西方命题而反对现代性就不仅是一个历史的笑话，而且具有危险性。

别现代主义坚持区别真伪现代，坚持弘扬艺术和审美中的现代性，并以此去抵挡来自前现代的腐朽思想，促进现代化建设。《别现代：作品与评论》一书和《别现代与别现代主义艺术》视频对别现代艺术和别现代主义艺术做了严格的区分。别现代艺术是指利用西方审美现代性思想和后现代手法，戏仿、杂糅、拼贴了前现代思想观念的拙劣的艺术，如遍及中国大都市的以体现前现代"吃文化"的仿生建筑和雕塑，中西杂糅的影剧院、图书馆，书店里西方裸体横陈于中国古训之上的内部天花板装饰，酒具和茶具建筑，以及将富商巨贾作为门神的民俗艺术等。与之相反，别现代主义艺术则是现代性观念武装起来的利用西方审美现代性观念和后现代手法展开的对于社会历史和现实的反思与批判。莫言、贾平凹、阎连科的长篇小说，贾樟柯、李杨的电影，孟岩的"危机"系列、旺忘望的"空山问道"系列、张晓刚的"僵尸脸"系列、岳敏君的"傻笑"系列、方力钧的"哈欠"系列、曾梵志的"面具"系列，以及王广义的"大批判"系列，陈箴等人的大型装置艺术，就具有明显的反思历史、批判现实的别现代主义倾向，徐冰、谷文达的"错别字"系列也都有曲折委婉的以古讽今的反思和批判精神，而且在手法上都有所创新，已经超越了所谓的"玩世现实主义"境界，更具有择优集善，弘扬现代性，批判前现代性的艺术力量和审美学精神，值得深入研究。

别现代最大的问题就是历史扭曲和社会错位。本该从前现代到现代再到后现代的历史进程，由于前现代的巨大惯性而被扭曲，形成了三个时代并存的时间空间化社会形态。这种形态不仅是杂糅的，而且使先进的东西得不到吸收，反而会在扭曲中变味、变色、变态，审美现代性也在别现代中难逃此厄运。它的被无限制使用就是在中西方历史和现实错位中的变味、变色、变态，从警惕工具理性泛滥的进步力量变成了反对启蒙的工具，成为一种典型的"别现代"（Biè xiàndài），即所谓别扭的现代。回到审美现代性话题上来，莫名其妙地用它来批判本来就稀缺的现代性，就不仅是历史大错位，而且是现实大荒唐了。

对于历史和现实的错位，其根本出路还在于还原历史并回到现实。只有还原历史，我们才有镜鉴，才有比较，才能把我们落后的根由展现出来，从而启发我们找到正确的发展道路。只有回到现实，才能保持清醒的头脑，才知道什么是我们需要的，什么是我们要抛弃的。如果既不能还原历史，又不能回到现实，而是唯西方的理论马首是瞻，生搬硬套，就会出现理论的错用，产生误导。当今一些触目惊心的针对妇女儿童的劫持、强奸、迫害、限制人身自由的犯罪活动，就因为理性逻辑的缺乏而被定义为人口拐卖的非法问题和道德问题，从而导致此类犯罪成本过低，因而屡禁不止，并有蔓延之势，就充分说明由于现代理性缺乏造成的严重后果，以及反对现代理性的荒唐。

别现代主义理论来自对现实社会的观察和概括，面对审美现代性的错用问题，其对策就是还原中国的社会历史和审美历程，回到当下中国的社会形态中去，从社会形态中去找问题，找切口，找出路，而非从西方理论中去找答案。如果不是把审美现代性这个词用在批判本来就缺乏现代性的发展中国家，而是把它用在批判前现代性上，那么，这种被改造过的审美现代性还是适合中国的社会现实和审美学语境的。为此，我们可以设想一下在中国的艺术发展和审美实践中，究竟需要什么样的现代性。

别现代主义审美学所追求和坚持的现代性，就是在文学和艺术中表现出来的启蒙性和批判性，就是从前现代的那种蒙昧主义中摆脱出来，既有理性和科学性，又有民主精神和自由精神。这种现代性是否存在？只要我们看看诺贝尔文学奖得主莫言的作品中所表现的强烈的现代意识，笔者主编的《别现代：作品与评论》《别现代与别现代主义艺术》，以及笔者的学生所研究的河南一些作家群，他们笔下的乡村善治中的伪民主选举，① 那么这个问题就不难回答。这里的核心是现代性，这种现代性又艺术地化为审美性，从而形成文学和艺术中的现代性。但这种现代性已经跟西方的审美现代性完全不一样了，不是在批判现代性，而是在弘扬现代性。虽然，这种对于西方理论的改造是对西方学术的大不敬，但是跟人类的进步价值观相吻合，因而必然会产生学术的共享效应。而且，这种对于西方理论的改造正好体现了别现代主义"有别于"的差异性哲学与别现代主义价值论哲学的有机统一。

当然，对西方审美现代性理论的改造可能被认为是一种中国前现代的"他山之石"的攻略方式，但别现代主义哲学本身就是在中西马我中提倡原创的理论，其历史使命就在于为中国的现代化和人类文明的共同进步寻找最佳的路径，因而别现代主义就在探路的过程中获得了自我宣示的从后现代之后反观别现代的视角和方法，择优集善进行批判和自我批判，形成既符合本国实际又具有普遍价值的理论。

借用美国当代哲学家罗蒂的说法，现代哲学的使命不仅仅在于阐释一个命题，而且更重要的在于改造一个命题，那么，根据中国和西方在历史和现实两方面的错位和审美现代性的被误用的教训，根据当下中国现实社会的需要，我们在别现代主义的方法论基础上提出"艺术（包括文学）和审美中的现代性"命题，以替代来自西方的"审美现代性"也就顺理成章了。不同于西方的审美现代性，艺术和审美中的现代性不是反对现代性，而是坚持和弘扬现代性，用艺术和审美中的现代性推进中国的现代化进程，或者通过艺术实践和审美实践来完善现代性，完成现代性启蒙。

最后，这里特别值得一提的是，表现新时期维权主题的《秋菊打官司》《人民的名义》《我不是潘金莲》等热播影视剧中的现代性有可能助力于中国的法治社会建设。自 2019 年开始的扫黑除恶专项斗争，

---

① 张少委、王建疆：《乡村善治的文学愿景：别现代主义美学视域中的农村政治叙事——以中原地区当代著名作家作品为对象》，《湖北大学学报》（哲学社会科学版）2021 年第 1 期。

已将这些影视剧中涉及的暴力拆迁、暴力截访定义为黑恶势力犯罪行为，从而在制度上禁止了违反人权的行为。这不能不说是艺术和审美中的现代性的历史功绩。

总之，不假思索、盲目照搬来自西方的以反对现代性为旨归的审美现代性理论在中国演变为在走向现代化的过程中的反对现代性、阻止现代化的非理性的、负面的、消极的理论，因此值得警惕，更需要矫正。本书将来自西方的审美现代性改造为"艺术和审美中的现代性"，以表达中国的现实需要和审美倾向，并建构一种摆脱中西方理论错位所造成的尴尬局面的新的审美学思想。艺术和审美中的现代性可能有各种不同表现，其中，别现代主义艺术就是在审美中和艺术中的现代性中的一种。只有在具体的审美中，在具体的作品中，人们才能体会到真正的具有审美学意义的现代性。在艺术和审美中的现代性以感性和理性相结合的方式发挥着启蒙和教化的作用。

第十章　英雄空间与崇高审美形态的解构与建构

前现代、现代、后现代的交织，形成了时间空间化。这种时间的空间化又导致前现代、现代、后现代英雄观的并置，从而形成英雄空间。别现代时期的英雄空间就是一个期待、矛盾、容纳、再生的心理空间，是文学和艺术以及娱乐文化的创造空间。在这个空间中，英雄已经不是一种神的存在，而是变成了一种角色模型，人们可以根据自己的价值观和审美观想象心目中的英雄，塑造自己心目中的英雄，而不同的导演根据不同的剧情需要可以对英雄角色进行分割锻造以及夸张变形，从而带来英雄的再生。在消费时代，英雄的存在在于被消费，尤其是通过文艺的审美来消费而非被崇拜、被模仿。因此，别现代的英雄生活在可塑性极强却又充满矛盾对立、多维交织的英雄空间中。这个英雄空间就是英雄盛筵，包括经典英雄、当代英雄、道德英雄、职业英雄、神武英雄、平凡英雄、游戏英雄等荟萃一堂。因此，对于"英雄空间"的问题应该在别现代的空间遭遇和时代跨越中加以理解。

第一节　时间的空间化与英雄空间的生成

"英雄"，在中国古代就已有相关的认知和概念。刘劭在《人物志·英雄》中指出："夫草之精秀者为英，兽之特群者为雄。故人之文武茂异，取名于此。是故聪明秀出谓之英，胆力过人谓之雄，此其大体之别名也。若校其分数，则互相须，各以二分，取彼一分，然后乃成。"可见"英雄"在中国古代社会指的是智慧卓绝、武力超群的人,"英雄"除了表现出武勇外,还具有大智慧。更为重要的是,中国古代的英雄常常以"家国情怀""惩恶扬善""忠诚担当"为准则,无论是民族英雄、帝王英雄还是民间英雄都被赋予了国家与民族的希望,被塑造成光辉形象。中国古代的英雄由于智慧过人、武力超群、品德高尚,往往是中国社会普遍崇拜的对象,甚至被神化。例如三国时期的关羽,由于武力高强、品德高尚,在清代,被尊为"关圣帝君";北宋岳飞作为民族英雄,被供奉于岳王庙;这些英雄在中国底层社会拥有超高的人气,被民间大众当作保护神或某种精神的寄托,因某种美德逐渐被神化,被视为神祇。例如关羽象征着"忠、义、信、智、仁、勇",岳飞象征着"忠、孝、廉、强"。大致而言,中国古代社会对"英雄"的解读自始至终贯彻着"德"和"才"两大准则,"德"意指英雄的品质或品德,"才"意指英雄的才能。

按传统的英雄观,英雄历来都是民族和国家危难之际的救星,以其超越常人的"德"和"才",担当大义,神勇无比,为凡人所敬仰,是一个时代的脊梁。无论是关羽,还是岳飞,抑或其他相似的英雄,都是崇高的、神性的,能得到社会广泛的崇拜和期待,成为社会情感和价值取向的集中体现。

别现代时期,虽然人们对英雄的崇拜和期待仍在延续,但这种崇拜和期待正逐渐被现代制度和文明稀释。经典英雄正随着农耕时代和冷兵器时代的结束而逐渐远去,随着科技的发展,尤其是议会民主制的兴起,经典英雄的作用被机器运行和议员或人民代表所替代。在现代社会,传统社会所出现的不公平现象,不再需要个人主义行为的英雄去纠正,自然会有人民代表、议员、反对党、抗议者,通过建立制度、执法、监督执法,或改变不合理的制度来完成,那种打抱不平拔刀相助的行为已成为违法犯法行为。科技昌盛使大量懂新技术、善用新技术的专业人才取代了传统英雄的地位,发挥着英雄的作用。但他们缺乏经典英雄的神性而不再是人们崇拜的偶像,其原因在于人民不再是前现代愚昧无知的农民,而是接受过现代教育的现代人。因此,现代英雄的定义，不再具有崇高性和神性。1990 年 Ray B. Browne 编辑出版的《当代全球英豪》中已将当代英雄界定为有名望的不同行业中的角色模型（role models）和不同个体心目中的榜样，而不再是人们心目中的精神领袖。现代社会的发展要求每一个人职业化，使得每一个人成为整个现代文明运行中的一个零部件，这在某种程度上不再要求超凡英雄出现。这是因为，不同行业中的角色模型和不同个体心目中的榜样，已能促使整个现代社会更有效地协同运作。这种英雄自身的行业化、凡俗化导致了后现代的解构英雄，而非英雄解构了后现代。

后现代以颠覆已有秩序、解构中心、结束威权、多元并存、无序发展为宗旨。因而不惜以平庸化、碎片化来结束英雄崇拜以及由英雄崇拜所导致的威权统治，回归平等的起点，从而带来大众的狂欢。在后现代看来，只有反传统、反权威，才有自身的生存和发展，其本质是个体对自由的诉求。正是这种诉求，导致了许多不符合传统审美价值观的后现代英雄的出现。如在网络游戏中作为经典英雄对立面的秦始皇的回归——《王者荣耀》的嬴政，就是英雄观念的颠倒乾坤。再如美国 DC 的反派——小丑，也成为暴徒崇拜的英雄。由托德·菲利普斯执导的电影《小丑》，讲述了 20 世纪 80 年代生活陷入困境、频受挫折的喜剧演员亚瑟在精神崩溃后，走向了疯狂的犯罪生涯。但是在影片的最后，城市的暴民将小丑从被撞的警车里救出来，通过神圣的、充满仪式的行为将他当成英雄。从某种意义来讲，作为暴徒象征的小丑成为暴民心目中的英雄，体现了经典英雄的落幕，及其不再具有崇高性。也就是说，经典英雄的审美价值受到颠覆、解构，英雄可以与暴君甚至与暴徒易位，英雄不再具有神性。

英雄神话的破灭，主要来自英雄空间的形成，英雄也被英雄空间所代替。所谓英雄空间，就是由多元英雄观构成的巨大的想象空间和塑造空间。在这个空间中，人们都可以根据自己的价值观和审美观想象自己心目中的英雄，塑造自己心目中的英雄。因此，这个英雄空间就是英雄盛宴，包括经典英雄、当代英雄、道德英雄、职业英雄、神武英雄、平凡英雄、游戏英雄等。随着全球化的推进，人类英雄谱系从未像今天这样庞杂过，彰显着英雄空间的巨大无比。

英雄空间是由英雄精神与英雄形象之间构成的多重矛盾体所带来的创造空间和想象空间。英雄空间不同于当年本雅明、波德莱尔漫步巴黎街头、反思历史和现实时的玻璃拱顶空间，而是在崇高与卑微之间、在精神与肉体的分离之间、在期待与现实之间构成的多边框架，是一个正在生成的心理空间。这个心理空间能够容纳神性英雄、凡俗英雄、魔鬼英雄以及各种各样似是而非的英雄，成为英雄被接受、被创造的心理场。英雄空间的生成基于以下原因。

首先，英雄空间的建立来自英雄期待与英雄本领的分离。在农业社会，英雄的能力是与英雄的身份相匹配的，或者至少是没有分离的，因而英雄是全能的。三国时期的关羽，因武力超群，一直被视为武圣，在清代被尊为"关圣帝君"。关帝随着信仰的普及，不仅是国家守护神和佛教珈蓝神，而且成为晋商所信奉的财神，更成为拥有多种神通的神。因此在工业社会之前，英雄的称号往往代表着超越世俗的力量，甚至具有某种神性。一些杰出的英雄人物，往往被社会大众视为天神的转世。但随着工业社会的到来和现代制度的建立，所需要的已不再是超凡的个体，而是由每个个体共同努力构成的集体的力量。另外，科学技术所发挥的作用远远超越了英雄的本领，英雄的实际意义也就随之弱化、概念化、娱乐化。自工业时代以来，英雄已被机器取代。无论是社会危机还是国家危机，经典英雄的个人作用远不如社会和国家如同机器般的运作有效。因此，现代英雄的尴尬就在于与全能的经典英雄相比，徒有英雄名号而无英雄的本领。经典英雄需要过人的智慧、超凡的武力、高尚的品德，无所不能；当代英雄往往不需要过人的智慧、超凡的武力、高尚的品德，不希望其无所不能，更多是一种模范。这种名号与本事的分离，导致人们对英雄期待的失落，或许这就是当代英雄的宿命，也是英雄空间建立的基础。随着英雄的落幕，取而代之的只有这个在期待与失望之间搭起的英雄空间了。

其次，英雄空间的形成来自精神与身体的分离。英雄作为一种精神是任何时代任何人类社会都需要的。没有这种精神，不仅社会发展的动力无从谈起，民族的凝聚力受到瓦解，而且社会安定的保障也会受到挑战。因此，英雄的出现，往往意味着社会的危机或国难的临头。所谓"乱世出英雄"，是说英雄只有在乱世中才能充分展示他的本领，较少受到制约。因此，现代社会的发展并不需要乱世中的个体去做一名英雄，人们普遍需要一套好的制度和社会环境，而不是在乱世中等待英雄的拯救。从某种意义上讲，英雄的式微是人类文明的进步，是社会安定、天下太平的象征。尽管人们不再期待英雄的个体出现，但人们需要来自英雄的精神鼓舞。这里便出现了英雄的精神与英雄的身体不匹配的矛盾，在矛盾中又形成了一个穿越的、越界的、奇葩的英雄空间。在这个英雄空间里，英雄不再具有固定的线性传承模式。相反，英雄们呈现出一种交织的态势。《王者荣耀》游戏中的敏捷英雄（射手），就有黄忠、成吉思汗、李元芳、后羿、马可波罗等。英雄传承的时间之矢逡巡、彷徨，要不就是拐弯、要不就是坠落，要不就是摧折，那种上古英雄、古代英雄、现代英雄、当代英雄的线性延伸已经被纵横交织的网格所扭曲、所隔断。这些都是英雄精神与英雄身体相分离带来的必然结果，也就是谁都可以当英雄，但谁都不是历史上真正的英雄。

再次，是英雄的灵与肉分离后的随意赋形。英雄空间既给了英雄的延续以入口，又给了英雄的驻足以宽容，使得本已失去时间效应的英雄又有了被期待、被塑造和被改造的可能。《王者荣耀》中的黄忠，作为一名古代英雄，在网络新媒介时代又复魅了，成为游戏玩家驰骋竞技战场的英雄角色。这种被期待、被塑造和被改造包括随意赋形、推倒重来、价值颠倒、形象矮化、戏谑恶搞、举重若轻等。黄忠作为三国时期著名的老将，在网络新媒介时代身披黄金甲，武器不再是弓箭，而是大炮和地雷，其形象也与历史形象有巨大差异。此外，在网络游戏中，一种"元素英雄"横空出世，它是根据战士与野兽的身体和战斗的能量需要而进行的自由的、任意的组合。如今尚未退出历史舞台的古代英雄、经典英雄就是在这样一个网络空间结构中被改造、被扭曲、被重塑。但这个网络空间的存在无疑来自大众能够接受的英雄心理空间。

最后，就是借助网络新媒介可以以时空超越的方式让古典的、现代的、后现代的、别现代的英雄同时亮相，同时展谱，形成了突破时空界限的英雄空间。一些以"穿越"作为题材的文艺作品进行着英雄空间的扩张，现代的人们可以穿越到前现代当英雄。尤其在网络文学里，有许多的作品涉及"穿越"，主角可以穿越到前现代的不同朝代，或拯救民族，或拯救世界，或拯救家族，成为不同类型的英雄。因此，英雄空间不仅不会萎缩，反而会进一步扩大，甚至走向世界。《三国杀》以三国英雄为模型，通过角色的生成性，打破经典的、固定的英雄模式，其影响不仅限于中国，而且已经成了美国加州大学伯克利分校的文化选修课。这些现象说明英雄空间的解构与建构已不再局限于一个国家和一个民族，而具有了走向全球的可能性和世界意义。

总之，随着英雄期待与英雄本领之间、精神与身体之间的分离，借助新媒体对英雄的随意赋形，构成了英雄空间。这个英雄空间就是一个期待、矛盾、容纳、再生的心理空间。在这个空间中，英雄的时间之矢不再直行，英雄的本色已经模糊，英雄的灵与肉已经分离，英雄已不再是神，也不再是被崇拜的偶像，而只是一个角色模型。根据不同的需要，这个角色既可被分割锻造，又可被夸张变形，从而形成了英雄的再生和再创造空间。

第二节　英雄空间分割、膨胀和娱乐化带来的审美学意义

英雄空间具有无限的可分割性。英雄空间作为一个期待、矛盾、容纳、再生的心理空间，决定了它的存在基于大众的想象和认可。这种想象和认可，并非具有一致性，而是具有分割性。一方面，随着全球化步伐的加快，民族和国家边界概念的淡化，出现了世界性的英雄，如漫威英雄和 DC 英雄。但与此同时，随着民族主义的抬头所产生的民族英雄观念在膨胀，从而形成巨大反差，将英雄空间切割成不同的

舞台。西方发达国家凭借强势的话语权，成功向世界输出本土英雄价值观，使得西方本土英雄成为世界性英雄；发展中国家因在全球化过程中无话语权，他们本土的英雄并不能走出国门。这种现象也发生在中国，中国作为历史悠久的文明古国，不单在历史发展过程中出现了大量耳熟能详的英雄，而且即使在当代社会中也出现了许多英雄，但《当代全球英豪》中无一位中国的当代英雄位列其中，显然是不同价值体系的分野所致。在西方社会，即使认同中国某一个英雄，那也是经过西方英雄价值观改造过的西式中国英雄，如花木兰。中国传统文化中的花木兰是出于孝道而替父从军，美国动漫中的花木兰是出于实现自我价值而从军。另一方面，随着巨型影剧院的群体观赏逐步让位给了微小影院和小舞台，以及自媒体的兴起，几千年来英雄作为集体崇拜的历史已经结束，取而代之的是个体的英雄，小集体的英雄。网络新媒介时代，传播的渠道下放到社会大众，每个人都可以根据自身的审美情趣选择不同的影视、游戏和小说。当80年代的人还保留关羽、张飞、岳飞的英雄记忆时，网生代却悄然推出了他们的奥特曼、超人、蝙蝠侠、钢铁侠、海贼王的英雄形象。尤其是进入自媒体时代，社会大众迅速分流，各有各所认可的英雄形象。英雄空间的分割带来的是英雄的私密化、脱魅化和碎片化。在英雄空间的分割过程中，英雄最终被肢解、被改造、被消解。

英雄空间具有膨胀性。在第三世界包括中国，选美小姐等成为民族英雄等，便是典型的英雄空间膨胀的例子。一些媒体更是通过宣传手段，不断制造各式各样的英雄。但过度的通过英雄主义宣传去鼓动没有英雄能力的人去做英雄，尤其是少年儿童的见义勇为，常常造成不必要的死亡。而在美国，英雄的身世更加暧昧，其身份更加不确定。在美国的DC和漫威电影中，英雄可以被改造、被消解，正面英雄反面化，反面英雄正面化；崇高鄙俗化，鄙俗崇高化，英雄是可以被任意塑造的。扎克·施耐德版的《正义联盟》中出现了超人黑化现象。在影片的另一个维度空间里，超人不再代表正义和守护地球，而成为达克赛德阵营的一员，帮助达克赛德扫清敌对势力。小丑作为一名暴徒，因社会压迫而作恶，却成了一部分人心目中的英雄。这种正派反派既对立又交织在一起的现象，造成英雄边界的模糊不清，英雄空间在无形中被放大了。这种任意塑造不仅在世俗界畅通无阻，就是在宗教界也开始流行。在一些影视作品中出现了神灵世俗化、人性化现象。马丁·斯科西斯的《基督的最后诱惑》出现了耶稣与抹大拿的玛利亚做爱的镜头；卡梅伦执行制片的《遗失的基督之墓》宣布耶稣娶了妓女抹大拿的玛利亚，而且生了儿子犹太；美剧《美国众神》的古老神祇为了生存，在现代社会里选择殡仪馆经营者、裁缝、骗子等社会底层职业。历史叙事的不确定性和随意性，导致了英雄空间的膨胀。

英雄空间具有娱乐性。无论是英雄空间的可分割性还是英雄空间的膨胀性，都流淌着娱乐化的血液。英雄的崇高被稀释了，取而代之的是，大部分英雄所呈现出来的是娱乐性。如"抗日神剧"中出现了"手撕鬼子""子弹拐弯"等情节，以离奇的情节稀释了严肃的历史性和科学性。这些玄幻、离奇的情节虽然遭到一些观众的吐槽，但更多的还是被大部分观众所接受。一些中国古代英雄在网络游戏中可以身穿奇装异服，如《王者荣耀》的吕布有时以圣诞老人的形象出场，其武器是圣诞树；刘禅是一个小孩形象，驾驶一具机械盔甲；妲己则成为一名狐狸形态的少女。网络游戏不单对古今中外的英雄进行形象的再构，而且对出场台词进行娱乐化处理。

吕布（圣诞版）：

"放心吧，貂蝉，我的心永远属于你；叮叮当叮叮当铃儿响叮当，呵，作为酷男牺牲很大；嗯，这棵圣诞树很称手；哟，又是一个没收到圣诞卡片的可怜家伙；嘿，对面的电灯泡们，好好羡慕嫉妒恨吧；看你孤单寂寞冷，就勉强陪你过个节。"

刘禅："蓉城是我家，老爹最伟大；小小少年，没有烦恼，万事都有老爹罩；什么，那里是禁区；路边草丛开，不踩白不踩；你颤抖的样子好好玩呀；聒噪的老头子们，闭嘴；被追着麦的滋味，爽么；坐稳了，初号机开启暴走状态；蓉城小霸王，威力无穷；少爷我从不坑爹；打脸啪啪啪；我老爹都没打过我。"

《王者荣耀》中，英雄的出场台词带着一种小孩或青少年的嘻哈语气，与英雄的身份形成错位搭配，在搞笑娱乐中解构了传统英雄形象的崇高与严肃性。

英雄空间分割、膨胀、娱乐化背后的逻辑是，消费正在成为当代社会的主旋律。在消费的主旋律下，一切都可以用来消费。只要有需求的市场，在资本逐利的天性驱使下，任何事物都可以成为商品，上至神祇，下至恶魔。其中，英雄自然而然就成为消费品之一，成为大众话语游戏和文化消费的对象之一，在别现代语境中不断被解构或重构，形成了英雄空间。英雄空间，就是由多元英雄观构成的巨大的想象空间和塑造空间。在这个空间中，大众都可以根据自己的价值观和审美观想象自己心目中的英雄，塑造自己心目中的英雄。随着大众文化兴起，个体的主体性得到张扬，大众拥有了高度的自由选择权，可以拒绝任何不符合自身审美价值观的事物，可以根据自身的审美价值观影响社会的审美走向。社会大众并非一个统一体，而是由无数个体聚成的无意识集合体，其中各式各样的审美价值观和审美想象互相碰撞和融汇，由此形成多元化的审美景观。英雄作为消费品，必然呈现出多元化的审美景观，不同时代、不同地区、不同维度的英雄都因大众的审美价值而共存于中国当下社会里，形成蔚为大观的英雄审美空间。从别现代主义来看，这就是英雄盛宴，包括如上所述的经典英雄、当代英雄、道德英雄、职业英雄、神武英雄、平凡英雄、游戏英雄等，被制作成符合社会大众不同口味的一道道菜，供人欢宴。

别现代英雄空间分割、膨胀和娱乐化的结果是，大众对英雄的解读和期待，最终只会流向欢乐的神话，不断对英雄进行戏仿、搞笑、恶搞等。欢乐神话的最大特点就在于不是以平庸表现伟大，而是以崇高表现滑稽，从而将英雄解构，将崇高娱乐化。譬如近年流行的抗日神剧和疯剧，或在于语言的幽默，或在于动作的滑稽，或在于表情的有趣。为获此效果，常常选取有生理缺陷或道德缺陷的角色，与其英勇神武的表现形成强烈的反差，从而产生引人发笑的效果。社会大众不愿看到作为英雄必须付出的代价——崇高来自对困境的抗争，只愿看到能带来快乐的英雄。这种快乐具有审美的属性，但属于浅层审美，即娱耳悦目之类。

英雄空间的娱乐化营造了属于社会大众的狂欢节日，即："（1）无等级性，就是说每一个人不论其地位如何，不分高低贵贱都可以以平等的身份参加；（2）宣泄性，狂欢节的主角是各种各样的笑。无论是纵情欢悦的笑，还是尖刻讥讽的笑，或者自我解嘲的笑，都表现了人们摆脱现实重负的心理宣泄；（3）颠覆性，在狂欢节中，人们可以无拘无束地颠覆现存的一切，重新构造和实现自己的理想。无等级性实际上就是对社会等级制度的颠覆，心理宣泄则是对现实规范的颠覆。（4）大众性，狂欢活动是民间的整体活动，笑文化更是一种与宫廷文化相对立的通俗文化。"① 神圣被消解、秩序被颠覆、欲望被释放。正如小说《悟空传》所展示的，神圣化的西天取经和满天神魔已化作笑谈，似乎宁可游戏人生，也要放逐英雄。

第三节　别现代主义与英雄空间的未来建构

别现代时期，虽然英雄依然是人类的精神食粮和崇拜对象，但已难逃精神消费的魔咒，处在英雄空间和英雄盛筵中的英雄不再是被崇拜的对象和被效仿的楷模，而是成了被消费的对象，成了消费品。大量抗日神剧的出现体现了现代文化工业对英雄的不断复制，影视剧中制作的伪英雄被大众所接受，正是后现代艺术化处理对影视写实的胜利，伪英雄因为审美而被接受，而不是历史人物作为真实英雄被崇拜、被模仿。欢乐神话从来就不是神话，也不是现实，而是用英雄和神话进行娱乐搞笑的宏大叙事，是一种审美消费，是在崇高与鄙俗、高雅与低贱之间人们活着的方式之一，虽然有其荒诞的一面，但也有可被

---

① 朱立元主编：《当代西方文艺理论》，华东师范大学出版社1997年版，第264页。

消费的一面，因此，只需要看其是如何表演即可。

别现代英雄空间的出路即在于社会内部的自我更新能力，又在于作家艺术家的自我超越能力和境界。别现代英雄空间为大众提供了神奇、喧嚣、娱乐的浅表审美，但其存在具有阶段性。在时间的空间化中，前现代与现代的天然对立、现代与后现代的相互矛盾、前现代与后现代的文化隔膜，都被祈求社会安稳的民间愿望和官方意志不谋而合地黏合在了一起，因而会在某个历史时期总体上还是多元并置、和谐共处，但又会在某个历史时期必然出现前现代与现代之间、现代与后现代之间的矛盾冲突，也会同时出现和谐共谋与矛盾冲突交织的状态，但最终别现代的混融现象会被自身的变革力量所打破、所超越。因此，别现代是一个共谋而又内在分裂的共同体。别现代内在分裂又和谐共谋的结构特征，决定了别现代时期必然会出现矛盾和斗争，并在矛盾和斗争中形成主导性的力量，最后超越这种混合杂糅的时代。从整体上来看，别现代时期分为四个阶段，即和谐共谋期、对立冲突期、和谐与对立的交织期、自我更新超越期。消费时代的别现代英雄空间正是处于别现代时期的第三阶段，即和谐共谋与对立冲突交织期。徐峥的《我不是药神》就是这个阶段的形象写照。别现代英雄空间的审美是否会仅仅停留在俗乐的审美消费阶段，这取决于别现代本身内在的张力结构和突破功能，也取决于作家艺术家的境界和本领，以及取决于是否首先具备了别现代时期第四阶段的自我更新和自我超越的能力。

别现代主义的自我更新和自我超越首先表现在跨越式停顿上。别现代时期前现代的中和、诙谐与现代的炫耀、虚饰，又与后现代的戏仿、搞笑、俗乐沆瀣一气。批判现实主义式微，崇高被解构，悲剧绝迹，感官型审美盛行，心灵感悟型和内在感知型审美几近消失。体现在英雄空间的审美则表现为俗乐、搞笑的英雄浅表审美，英雄成了被戏谑、被消费的对象。但是，按照别现代主义发展观，对英雄的消费，尤其是大量复制的英雄不可能长久，对抗日神剧的消费总有尽头。因此，当下的编导们应在此时实现跨越式停顿。跨越式停顿作为别现代主义的思维模式，指在事物发展的高级高速阶段，在顺风顺水甚至如日中天之际，进行自主性的突然停顿。这种突然的停顿是主动性的选择，而非被动性的接受。大部分情况下，事物在高级高速发展阶段，往往不容易消解向前发展的惯性，也不愿消解向前发展的惯性。跨越式停顿就是尚在事物高速发展阶段，与事物发展的结果提前对接，按照可能性结果进行人为的干预和调节。针对影视艺术行业的英雄消费现象，跨越式停顿的思维模式有助于艺术工作者换位思考，另辟蹊径，在前现代、现代、后现代的交集纠葛中寻找更大的创造空间和解读空间而不再囿于前现代的神武记忆和当下的神化英雄。

跨越式停顿的思维在当代中国艺术的发展中具有不可替代的作用。中国当代艺术的最大特点就是传承和借鉴有余而创新不足，没有主义、流派和方法。其根本原因就在于只知道传承—创新（纵向）或借鉴—创新（横向），而并没有在传承与创新之间、在借鉴与创新之间，还需要一个与被传承、被借鉴对象之间的切割。没有切割的传承就只会沦为因袭，没有切割的借鉴就会跌入"拿来主义"的陷阱。从别现代英雄空间来看，如果没有跨越式停顿的思维，那么英雄被消费、被戏谑的命运将继续呈现出欢乐神话的局面。只有在借鉴或传承英雄的过程中实现切割，才能解构具有别现代性的英雄空间，并且建构新的具有普适意义的英雄空间。

作为更新超越的别现代主义审美学，不同于前现代英雄的复魅，不同于现代英雄的凡俗化和职业化，也不同于后现代的解构英雄，而是要在解构英雄空间的同时建构新的英雄空间。这个新的英雄空间就是别现代之后的英雄空间，是在别现代主义的反思批判下更新超越之后的英雄空间。这个新的英雄空间，就是要让人们从观看抗日神剧时对自我的消费中解脱出来，达到对民族精神的重新认识和重新塑造，而不再是对欢乐神话的自娱自乐式消费。

别现代主义的英雄空间解构与建构将超越现在，指向未来。别现代之后随着人类对另一个世界的开创，人类的英雄空间将别有洞天。也许新的创世纪正在酝酿中。别现代之后的英雄空间将搁置上帝创世纪的神话，也会淡忘前现代的神武记忆，在前现代、现代、后现代的交集纠葛中超拔出来，开创地球人的星际英雄时代。

别现代英雄空间基于别现代时期时间的空间化而形成，并且随着别现代发展的不同阶段会呈现不同的意义。在别现代主义的反思批判与自我更新下，别现代英雄空间并不会一成不变，对英雄的消费与戏谑也只是别现代英雄空间审美的暂时形态。随着别现代内部张力结构的不断增强，迫使别现代审美形态从内部不断瓦解与自我更新，走出自我，走向未来。

第十一章　别现代审美形态与别现代主义艺术

第一节　从社会形态到审美形态

上层建筑总是随着经济基础的变化而发生或迟或早的变化，这是马克思主义的一个基本观点。但具体到审美形态，它与社会形态之间有什么联系，却是一个新的话题。这个话题有可能在社会形态与审美形态的互动中共同推进社会形态和审美形态的研究。

社会形态指由社会经济基础和上层建筑、社会活动构成的社会模式，或以资本主义、社会主义为标志，或以现代性和现代化为标志，或以"社会主义现代化"兼而有之。由于对"姓资姓社"的问题的搁置，加上从20世纪末至今学界承接西方20世纪七八十年代的现代与后现代之争，我国哲学界、审美学界、文艺学界对于社会形态的讨论基本上聚焦于现代性问题。在国家社科基金项目成果和艺展评论中类似西方的"新现代性""复杂现代性""混合现代性""另类现代性"的说法，一直以"特色"来肯定和修饰所谓的中国现代性。而近年兴起并在国际上产生影响的别现代理论则认为，现代性不属于编年史概念，而是属性概念；属性概念建立在对社会成分占比的分析的基础上，就如用24K和18K来确认金子，以低于18K为合金一样，现代性可能因为前现代占比过大而不能确立。中国属于前现代、现代、后现代杂糅的社会，真伪现代并存，因此，别现代主义主张区别真伪现代，具备充分的现代性。2017年党的十九大报告通过三个判断描述中国的现代化进程：（1）中国仍处于社会主义初级阶段；（2）仍属于发展中国家；（3）直到 2035 年方可实现基本现代化。这就意味着在实现现代化之前，作为现代化决定因素的物质现代性、制度现代性、思想意识现代性，尚未及"化"的充分程度，说明中国现代性和现代化尚在路上，中国社会形态研究尚有很大空间。在社会形态理论方面，著名审美学家、哲学家、国际美学协会前主席阿列西·艾尔雅维茨的后社会主义学说值得重视。此说如其书名《后社会主义及后社会主义现状——晚期社会主义的政治化艺术》所示，将已经解体和尚未解体的社会主义国家称为后社会主义（postsocialism），揭示了后社会主义国家的共同社会特征和审美特征。① 但由于其对中国社会形态的界定沿用了国际共运的传统说法，而忽略了中国自改革开放以来在所有制、分配制、福利制方面的巨大变化，因而其对中国社会形态的描述与中国现实有一定的距离，同时，对中国新时期审美形态的揭示也因囿于政治波普理念而不够充分。把中国纳入后社会主义，随之将中国审美学纳入后社会主义审美学范畴，这与中国目前尚保留社会主义制度，社会主义与资本主义、封建主义在思想制度、行为理念等方面的交际纠葛的事实不相符合。

与伊格尔顿认定文学和艺术为"审美意识形态"属性的理论不同，审美形态是形态学（morphology）意义上而非意识形态（ideology）意义上的关于体裁、风格、趣味、境界、人生样态的聚合体。如悲剧、喜剧、优美、崇高、滑稽、荒诞、丑、中和、神妙、气韵、意境等。但是，审美学史业已证明，审美形态与社会形态有着天然联系，审美形态研究离不开对与之相关的社会形态的研究。欧洲在前现代社会产生悲剧和喜剧剧种及审美形态范畴，在早期资本主义产生崇高与滑稽审美形态范畴，在晚期资本主义产生荒诞和丑等审美形态范畴。中国前现代社会产生中和、神妙、气韵、意境等，在改革开放历史阶

---

① Aleš Erjavec（ed.），*Postmodernism and the Postsocialist Condition. Politicized Art Under Late Socialism*（Berkeley，The Regents of the University of California），2003.

段出现了囧剧、疯剧、抗日神剧、奇葩造型、别现代主义美术、冷幽默等疑似审美形态。所谓疑似，就是审美形态特征已很明显，但尚需时间的检验。但是，长期以来中国在审美形态理论研究方面基本上按西方教科书中所列的悲剧、喜剧、崇高、优美、荒诞、丑等范畴进行，忽视对本土审美形态尤其是当代审美形态的理论研究，因而未能从中概括出既有识别标志又有普遍适用性的中国审美形态范畴，自然也就未能引起国际学界关注。因此，研究社会形态与审美形态之间的关系，很有必要，也很有意义。它的直接效应是从社会形态出发，对审美形态的特性进行符合实际的考察，建构一种具有普遍适应性又具有民族文化特点的审美学理论，而不至于沦为西方审美形态理论的附庸。

　　审美形态在审美学体系中具有核心地位，也是审美学的入门处和理论的落脚点。审美学体系中包括很多范畴，有来自审美学学科的，审美发生发展的，审美本体的，审美形式的，审美创造的，审美鉴赏的，审美批评的，但审美形态范畴作为其中之一却能具体地彰显审美是什么，审美学是什么，因而是入门处，也是关键处。事实上，没有什么比悲剧、喜剧、优美、崇高，也没有什么比气韵、意境更能说明什么是审美的了。同时，审美学理论最终要落实到对具体审美形态的解释上，不可以从抽象到抽象，因此，关于审美形态的概括和解释，就是审美学理论落脚的地方。一种审美学理论要想有所突破，有所发展，就不得不关注审美形态研究。事实上，西方从亚里士多德到朗吉努斯，到柏克，到康德、黑格尔、席勒，再到尼采、利奥塔；中国从钟嵘、刘勰，到司空图、严羽，再到王国维，大的哲学家和审美学家、文论家都研究审美形态。审美形态范畴构成了审美学的基本范畴，也是枢纽范畴。离开审美形态范畴，审美学理论不仅高度抽象，难以入门，难以坐实，也会失去对不同文化背景下产生的不同审美形态的特征的概括。如不研究中国审美形态的特征，所谓的中国审美学又如何体现？不研究印度的、日本的具体审美形态，又怎能理解印度审美学、日本审美学的特点呢？2000 年以来，中国审美形态的研究取得了一定的进步，这就是开始在规划性的全国统编教材中逐步写入了中国古代的审美形态范畴。但不足之处仍在于，其一，对于现代和当下的中国审美形态范畴的理论研究尚有不足，尚未形成一个理论体系；其二，缺乏中国审美形态在前现代、现代、后现代历史中的绵延、中断、接续、生成的历史维度，因而很难搞清当代中国审美形态与西方审美形态的区别，很难上升到理论高度，很难将审美形态理论运用到现实的审美生活和文化创意中去。有鉴于此，开始对当代中国审美形态的研究，就是一个十分必要而且非常迫切的重大课题。

以往对社会形态和审美形态之间的关系的研究限于各自专业领域，未能将二者有机地结合起来，也未及将这个问题放在全球化背景下进行研究，因而未能从变化的社会形态中找到审美形态理论的生长点。因此，审美形态研究首先应该置于社会形态与审美形态之间的关系范畴中，寻找二者之间的关联点，从中发现问题，进而解决问题，以期在社会形态、审美形态以及二者之间的关系研究三个方面都取得新的成果。随着人们对"富强民主文明和谐美丽的社会主义现代化强国"的认同，中国审美学面临新机遇，这就是如何对"美丽强国"做审美学的分析和理论阐释。别现代意味着从社会形态到审美形态都呈现出不同于以往的时代特征。因此，如何全面深入地认识和把握这种时代特征尤其是社会形态与审美形态之间的关系，也就成了建立"美丽强国"的一个课题。因为对社会形态与审美形态关系的认识和把握，不仅能够发现社会形态学说与审美学理论之间的关系，而且能够为满足"美好生活需求"、建设"美丽强国"、发展文艺事业提供审美形态理论的支撑。任何对于美好生活、美丽强国的形象概括和品味鉴定，如生活和艺术中的气象与境界、欢快与逸乐、空灵与结实、自然与别扭、崇高与荒诞、悲壮与柔媚、优美与丑陋、滑稽与正经、反讽与幽默、别致与荒唐，甚至"城市天际线""面子工程"等，都离不开或宏观或微观的审美形态学诊断。因此，社会形态与审美形态的关系就不仅是专业研究的对象，而且是事关人们美好生活和繁荣文艺、建设美丽强国的不可或缺的研究对象。

审美形态理论研究并不是简单的形式研究和风格研究，更不是单一的体裁研究，而是综合了形式、风格、体裁、境界和人生样态、社会形态的系统性研究。某一种审美形态产生、流行、兴盛、衰落的历史，实际上也是特定社会形态变化的历史。在晚期资本主义产生的荒诞和丑等社会形态，是不可能产生于"静穆的伟大"和"崇高的单纯"的古希腊时代的；同样，囧剧、疯剧、抗日神剧、奇葩造型、别现代主义美术、冷幽默等疑似审美形态也是不可能产生于改革开放前的历史时期的。因此，在不同的社会历史阶段，其社会形态的性质、特点、发展规律是什么，其审美形态的特点和生成方式是什么，以及别现代社会形态与别现代审美形态之间的关系是什么，就成了需要迫切回答的理论问题和现实问题，对这一问题的回答直接关系到对社会审美现象、审美品位、艺术风格、审美思潮的研判，也涉及对美好生活、美丽强国的审美学定位。

别现代社会形态与审美形态关系研究应该包括以下内容：

（1）研究别现代社会形态及其结构功能、发展变化规律，以期为中国的审美学理论创新寻找现实基础。

（2）研究别现代审美形态的特点和生成流变规律，提炼新的审美形态范畴。

（3）研究别现代的社会主要矛盾对于文艺、审美、精神文明、美好生活、美丽强国的影响，以期发现解决别现代主要矛盾在审美学方面的路径和方式。

（4）研究社会形态与审美形态之间的关系，及时地发现中国审美形态不同于西方审美形态的特质，为自觉建构中国审美学理论奠定形态学基础，并从审美形态学上建立与西方审美学的平等对话，突破"中国审美学还是西方审美学在中国"的困境。

（5）研究别现代审美形态的新变化及其这种变化带来的人的精神面貌、社会生活和文艺思潮、创作方法、艺术风格的变化，从而达到美育、美化工作和艺术创作上的理论自觉，实现理论与实践的结合。

别现代社会形态与审美形态关系研究应该具有形态学通论和关系范畴论以及审美形态功能论。形态学通论研究形态学之于社会形态研究和审美形态研究的一般方法论意义和学科范式创新。关系范畴论分别研究社会形态和审美形态的具体范畴，确立社会形态和审美形态之间的诸多关联处，寻找理论创新的增长点。审美形态功能论研究社会形态—审美形态之于审美实践、美好生活、美丽强国、艺术创作的具体影响，通过一系列个案发现社会形态—审美形态研究对于解决社会主要矛盾的补充调节作用。

别现代社会形态与审美形态关系研究的基本思路是，从研究别现代社会形态和审美形态入手，运用形态学和系统论方法，把握二者之间的关系，解剖其结构，研究其功能，从中发现别现代社会形态的性质、特点和发展规律，发现别现代审美形态的特点、功能和价值，联系文艺创作、美好生活实践，创建中国审美学理论和社会形态理论，并用以指导美育、美化工作，为人民群众的美好生活需求和美丽强国建设服务。

第二节　别现代时期的审美形态特征与别现代主义艺术

中国现代审美学肇始就与审美形态研究相关。王国维在他的著作中涉及数个审美形态范畴，最具有民族特点的有古雅、眩惑、境界。跟西方审美形态与艺术包括文学艺术的体裁（如悲剧、喜剧、荒诞剧就既是审美形态又是体裁）相一致不同，中国传统的审美形态以风格、境界为标志，横跨各类文学、艺术和生活方式，形成了诸如意境、气韵、中和、神妙、空灵、飘逸、阴柔与阳刚等审美形态，而且在西学东渐之前互不相通。王国维之后，西方审美形态逐渐进入中国审美学和艺术领域并开始主导了中国的审美形态理论，从而曾经造成了中国传统审美形态理论的中断。在审美学领域，西方的悲剧、喜剧、优美、崇高等审美形态范畴被中国审美学普遍接受，直到 2000 年后，审美学教科书中才出现了与西方审美形态范畴对等的中国审美形态范畴系列。在文学和艺术领域，20 世纪 30 年代曹禺的《雷雨》《日出》，郭沫若的新编历史剧系列，都是对西方悲剧、崇高的审美形态的成功移植。20 世纪 90 年代，魏明伦的荒诞剧也是对西方同名现代剧种和现代审美形态的移植。随着西方现代性因素的被植入，中国审美形态一直表现为中西方的杂糅。一方面，中国传统的中和、神妙、气韵、意境、空灵、飘逸、阴柔与阳刚等历久而不衰，渗透在书法、绘画、音乐、诗歌、园林、景观、戏剧、电影、广场艺术当中；另一方面，西方的悲剧、喜剧、优美、崇高、荒诞剧等也在中国畅行无阻。中西方审美形态往往交织在一起。但是，到了 21 世纪，随着改革开放的进一步深入，中国出现了新的疑似审美形态，如囧剧、疯剧、抗日神剧以及奇葩造型、别现代主义美术、冷幽默等以艺术为载体的审美形态样式。

一　中西杂糅的审美形态

（1）传统的中国审美形态延续至今。中国的审美形态范畴包括神妙、中和、气韵、飘逸、空灵、阴柔与阳刚等，[①] 渗透在文艺作品、人文景观、社会生活的各个方面，说明其绵延性和广延性。绵延性是时间概念，广延性是空间概念。印证了我们关于审美形态的定义，既是连绵不断的，又是普遍适用的观点。[②]

（2）西方的审美形态进入中国。西方的审美形态范畴包括悲剧、喜剧、崇高、荒诞、丑等，自王国维 1904 年发表《〈红楼梦〉评论》后，中国在理论上接受了西方的审美形态范畴。在艺术上通过 20 世纪 30 年代的曹禺的悲剧、郭沫若的新编历史剧、革命小说，悲剧和崇高这些审美形态同时得到放大。而西方的荒诞则在改革开放中由魏明伦加以移植。西方的丑这一审美形态则通过 "85 新潮" 等美术运动成为普遍的审美形态。西方的审美形态范畴在很长时间内挤占了中国审美形态范畴的空间，中国传统的审美形态也只是渗透在琴棋书画这些传

---

①　这些审美形态范畴分别来自朱立元主编《美学》、叶朗《美学原理》、王建疆主编《审美学教程》中有关审美形态的论述。

②　王建疆：《审美形态新论》，《甘肃社会科学》2007 年第 4 期。

统的艺术形式中，保留在文物古迹、风景名胜之中，而未能占据小说、影视和戏剧艺术舞台。中国传统审美形态的重新唤起或重生是改革开放之后的事。随着武侠电影《少林寺》的热播和金庸武侠小说的流行出现了中西审美形态交互杂糅的状态。这就是中国的神妙、气韵、意境、空灵、飘逸与西方的悲剧、喜剧、崇高、荒诞等的混合杂糅。

（3）中西方审美形态无冲突地融合在一起，构成了现当代中国审美形态的奇观。说它是奇观，就在于西方并没有出现这种西中融合现象。西方的审美形态是依托于体裁，因而是纯粹的，而当代中国审美形态却是杂糅的。这种杂糅来自别现代社会的前现代、现代和后现代的交集纠葛。当代中国中西杂糅的审美形态，就是西方现代性和后现代性对中国当代审美形态的影响和制约的见证。

二 正在生成的审美形态

改革开放以来，中国传统的审美形态不仅全面复兴，其审美形态范畴开始逐步进入审美学教材，表现出中西杂糅。中国审美形态真正的进步却在于出现了囧剧、疯剧、抗日神剧、奇葩造型、别现代主义美术、冷幽默等新的疑似审美形态范畴。

（一）囧剧

囧剧因徐峥或主演、或导演、或自导自演的《人在囧途》《人再囧途之泰囧》《港囧》《囧妈》《我不是药神》的成功上演而闻名遐迩。而囧字作为网络语言、口头语、商业广告词、囧字操等构成的文化现象，却更早地在海内外产生了很大的影响。[①] "囧" 文化和囧剧都利用了 "囧" 字本身具有的尴尬和光明的两种不同含义，表达 "行路难" 的困顿尴尬和期待光明未来的复杂心理及叙事逻辑，生发出许多具有喜剧效果的艺术表达，在生活和艺术中同时成为热词或流行语。尤其是囧剧更以其俗乐和冷幽默赚得空前的票房。囧是别现代时期人

---

① 王建疆：《别现代时期 "囧" 的审美形态生成》，《南方文坛》2016 年第 5 期。

们的生活现状和精神面貌的真实写照，也成了这次新冠疫情全球爆发中人生艰难处境的预演。其中充满了令人忍俊不禁的情节，将生活中的行路难和尴尬以喜剧的夸张加以表现，具有充分的宣泄功能和娱乐功能。囧剧结局的光明尾巴，在庸俗中不乏给人以善的慰藉。

囧剧来自由网络语言、口头语、商业广告词、囧字操构成的囧文化，但概括凝聚了囧的双重特征，更具有幽默性和批判性，将人性的弱点、人心的迷失撕破给人看，在欢笑之中予以警醒，在苦难之际展现光明，虽然并不高雅，但却令人喜欢。囧剧以其独有的表达方式和叙事逻辑，展示了独特的审美效果，具有明显的审美特征，因而成为当代正在生成的审美形态。囧剧虽然都是现代化背景，人在现代化途中，但人物的观念大多停留在前现代的封建迷信、封建威权、传宗接代、男女有别与现代商业竞争、现代爱情观念的既和谐共谋又对立冲突中，同时又不乏后现代艺术的解构、拼贴等手法，具有某种杂糅共生的特点，也就是别现代特征。值得一提的是，与"囧"同为热词的"酷"炫""靓""萌"等，并未像"囧"一样成为审美形态范畴，其原因除了流行的时间长度和被使用的广泛程度不如"囧"以外，更主要的在于，"囧"借助囧剧成为审美形态，这个审美形态跨越了生活和艺术，具有时代特征，而囧之外的热词，只是形容词，作为流行语，很快就过去了。

（二）疯剧

疯剧是由疯狂的剧情和疯狂的表演共同构成的影视剧。以小制作、高收益而著称，代表作品有《疯狂的石头》《疯狂的赛车》《疯狂的外星人》。后来诸多的电视疯剧频频登台又被称为"狗血剧"，大多不出"疯狂"二字。疯剧借鉴了西方动作片和惊悚剧的手法以及后现代的拼贴杂糅手法表现别现代社会乱象以及人与外星人的交往，以夸张的手法和疯狂的动作演绎惊险离奇的故事。《疯狂的外星人》在这方面堪称典范。下面就将其与同期播出的同类主题的《流浪地球》进行比较，说明疯剧的别现代审美形态特征。

《疯狂的外星人》是一部别现代科幻喜剧大片，里面充满了前现代、现代、后现代、未来的杂糅和矛盾，可视性强，轻松幽默。很明显，《疯狂的外星人》全剧围绕驯服的逻辑展开，驯服不了就消灭。这种驯服包括暴力驯服和利欲驯服。中国耍猴人、美国特工、外星人都在用暴力驯服对方。但那两位耍猴的绝招却在于当打不过外星人时就用烧酒来驯服之，即以利欲驯服之，从而不仅免于死亡，而且与外星人甚至外太阳系的人达成了酒业销售协议。编剧构思的逻辑起点是，贪利怕死是人的、猴的、外星人的共同本性，因此，暴力再加烧酒就征服了所有生物。但无论是暴力驯服还是利欲驯服，都是驯服。不仅《疯狂的外星人》中的美国特工遵循不交出外星人和外星人基因球就消灭你的逻辑，而且同期上映的《流浪地球》亦如此。当地球人不甘毁灭时，不但没有选择逃离，相反要带着地球流浪，甚至冒险去消灭要毁灭地球的木星，这就是无法"驯服"就消灭它的逻辑。驯服的逻辑需要建立在对立双方的互动上，而且需要驯服的手段支持。《疯狂的外星人》中中国的驯服者用的是前现代的"法器"，包括皮鞭、铜锣和香蕉，洋人用的是大威力连发手枪，外星人用的是信息传感接收器，但驯服的共享逻辑依然不变。这种不变的逻辑来自作家和编剧对于前现代驯服逻辑的认同。本来，如果按照现代社会公平原则，归还外星人的法器就相安无事，但由于无知和骨子里的对于生命的轻视，导致了外星人的报复或反驯服。因此，这里疯狂的不只是外星人，而且包括那些被现代物欲和前现代无知所支配的驯服者。这些耍猴的驯服者在现代化的仿景公园中进行现代商业运营，但骨子里还是前现代的驯服意识，其驯服工具仍然是前现代的法器，从而构成了杂糅的别现代景观。刘慈欣虽然写的是后现代之后的未来空间，但前现代、现代、后现代、未来统统都按前现代逻辑行事，因此，与编剧一起将疯狂赐予了外星人和不达目的誓不罢休的地球人。

　　《疯狂的外星人》和《流浪地球》两部电影之间具有在色调上、基调上的一致性和思想内涵上的逻辑错位。就色调的一致性而言，二剧可以合称为疯狂的流浪者或者流浪者的疯狂。《流浪地球》疯狂到以自杀的方式引爆木星，《疯狂的外星人》讲的是不幸流落地球的外星人饱受地球人虐待而发狂的故事。因此，这两部剧在色调上和基调上都尽显疯狂，都遵循一种与地球相关的疯狂逻辑。但就思想内涵而言，两部都以同一作家的构思为底本的科幻大片缺乏统一的叙事逻辑。如果按照《流浪地球》的逻辑，外星人好像是不存在的，要不人类怎么会这么孤单无助地流浪？但按《疯狂的外星人》的逻辑，既然外星人喝了地球人的烧酒和谐共谋做起生意了，又为何不去协助拯救流浪的地球？色调和基调的一致性，导致了紧张、惊悚、幽默、滑稽的疯狂共情审美效果，而思想内涵的逻辑错位导致这两部相关主题作品的整体连贯性缺失。因此，与《疯狂的外星人》的轻松幽默相比，《流浪地球》更显沉重和乏味，中年妇女和年长观众多有"看不下去"的感觉，其原因就在于虽然遵循着驯服和反驯服的逻辑，但由于缺乏不同星际生物体之间的对立冲突，变成了老掉牙的人定胜天以及一去不复回的英雄剧，悲壮而不好看。较之《流浪地球》中如山般的钢铁、耀眼的极光、巨大的卡车以及被爆炸震碎而坍塌的场景，《疯狂的外星人》的审美价值来自别现代主义的反思和批判，即对人类和别人类丑态的揭露和嘲讽。全剧以前现代人的自大狂妄和外星人对地球人的蔑视为剧情冲突，艺术地展开了全程的笑点：耍猴人"犯我地球者虽远必诛"的狂妄自大与外星人"犯我个人者，虽主必诛"的驯服逻辑对垒；能征服人类的外星人却被泡了药的酒所降服的荒诞；高端文明与前现代烧酒生意的宇宙化；山寨假景造成的人类高技术手段的屡屡失误，替外星人嘲讽了人类自身的"低等生物"性；丢失传感器的外星人被耍猴人驯服后的迎合性表演；耍猴人被外星人驯服后的主动献媚和求生丑态；外星人和耍猴人之间互驯的滑稽表演。

　　总体而言，虽然表现出前现代的利欲诱惑驯服了更高文明的外星人的荒诞不经，但正是这种驯服的逻辑在当下的观众里产生了忍俊不禁的审美效果，而缺乏互驯的摧毁或征服却自然地带来审美的贫乏，这无疑是个值得深思的问题：也许现代审美更需要前现代的夸张和反衬，前现代、现代、后现代、未来的纠葛更容易构成当下具有审美功能的坐标。这类国际疯剧大片由于互驯逻辑的路径依赖，更具有前现代的决一雌雄、胜王败寇的思想境界，缺乏现代人的平等思想，因此亟须思想境界的提升。如果刘慈欣的科幻小说还想进一步提升，对剧情境界和逻辑缺陷有进一步提升和修复，也许不失为一种简明的路径。

（三）抗日神剧

抗日神剧：

> 早期也称为抗日雷剧。是指在剧情为在十四年抗战时间中，战争游戏化，我军偶像化，友军懦夫化，日伪白痴化的一种电视剧类型。中国迄今为止的抗日题材的电视剧数量极多，但很多质量参差不齐，不少抗战剧甚至出现很多夸张、穿越、超乎常理的雷人场景，因此被网友称为"抗日神剧"。
>
> 这些抗日神剧多把敌军描绘得过于弱智，而我军英雄神勇无双，有时仅凭少数人便能像"刷副本""割草"一样击败大量日军，甚至出现诸多超乎常理的场面，完成让人无法想象的任务，这不仅是对历史的歪曲，更是对浴血捍卫家国的先烈们的不敬。①

中国正处于前现代、现代、后现代交集纠葛的时代，具有现代性的思想和制度正在建构中，中国的现代性尚不充分，这种时间空间化形成了前现代、现代和后现代共时并置的和谐共谋时期。但和谐是现象，共谋才是本质。别现代诸多特征中一条贯穿的主线是消费，从而形成复杂而独特的"消费日本"现象，与"消费日本"现象相伴随的是对传统英雄的空间的瓦解，二者相互关联。

当下正流行的鲍德里亚的符号消费理论无法解释中国仍在信奉"民以食为天"和"物美价廉"以及由此产生的消费现象。在当今中国，还有一种更为复杂的消费现象是：物质消费与精神消费之间的差异，实体消费与虚拟消费之间的不同，实物消费与象征消费之间的区别，不同阶层之间的不同消费，以及不同阶层的不同形式的消费等。

---

① 百度百科"抗日神剧"词条，2022年2月4日。

中国现阶段的消费首先是对物质的消费，是对质量高的生活必需品的消费，而非以商品为富有象征的品牌符号消费。由此，中国当前的消费并没有脱离物质消费，进入后现代的符号消费阶段，而是前现代民以食为天和物美价廉消费观念的延续。

近年中国的消费中的审美悖论主要表现为"消费日本"。"消费日本"这一现象比较复杂，包括物质消费和精神消费两个方面，即赴日旅游购物和对抗日题材影视作品的观赏。与赴日旅游购物相比，对抗日题材影视作品的观赏有着超出物质消费的更多的含义，具有情结的释放、情感的愉悦、无聊的打发和肾上腺素分泌等特点。这种精神消费是一种别现代式的对前现代历史的回顾和对后现代戏仿恶搞的勾连，要比一般的文艺作品消费更为复杂和纠结，它带有民族集体无意识的记忆和难以了断的历史情结。

由于日本与中国在文化上的历史渊源和现代纠葛，中国人对于日本的消费更为纠结。就物质消费而言，中国人对日货的追捧和狂热以及游日热，与中国部分民众不时兴起的反日情绪，如抵制日货等，形成鲜明的对比。这一矛盾的消费现象是前现代与现代某种观念在消费中的对立冲突以及共谋和谐，也体现出后现代解构中心观念下离散的、随机的消费模式。时间空间化造成多种消费观念平行交叉、和谐共谋的结果，在"消费日本"中，物质消费与精神消费之间颇具张力。一种情况是对日本的物质消费与抵制日货等反消费行为构成矛盾，形成现实主义消费与对日复杂情绪之间的张力。另一种情况是在精神消费过程中宣泄情绪，形成消费主义与道德主义之间的张力，由此构成消费日本的矛盾现象，一方面对日本的物质消费不会影响到精神消费的痛快，另一方面不会因为精神上宣泄情绪而放弃对日本的物质消费。这种表象的和谐共处与内在的紧张对立使得"消费日本"现象变得特殊。这是现代中国人多种需要的消费化表现，也是时间空间化带来的必然结果。

"消费日本"现象是对前现代神武英雄的钩沉和打捞。在抗战神剧中，前现代的神武英雄又从脱魅中重新复魅，如"手撕鬼子"的情节就是对隋唐英雄李元霸"手撕英雄"的拷贝，其神武就是从经典的沉潭中打捞出来的。抗日神剧与中国传统武侠小说中的神异相结合，却表现出脱魅与复魅之间、娱乐化与商业化之间的和谐共谋，成为主旋律之下的一种英雄形态和疑似审美形态。抗日神剧热播的直接原因在映射了领土争端，表现出爱国主义和民族主义，而最深层的原因却是其背后所具有的凝聚人心的力量。这种现象在第二次世界大战结束后日本曾经的其他敌对国或战胜国身上都没有发生，就说明这是联系着国情的一种特殊现象。通过战争回忆使整个民族产生巨大的精神能量，只会发生在前现代、现代、后现代交集的国家。

新的中国式消费理论就建立在社会形态基础上民众消费与意识形态之间既和谐共谋又矛盾对立的辩证运动中。在别现代时期，主流意识形态占据统治地位，消费也不可能完全摆脱意识形态。但在市场经济中，文化产业的逐利性同样不能被忽视，而且往往要从意识形态管控中寻找市场空间，扩大市场空间。而市场空间首先意味着消费能力的增大和利润空间的扩张，从而形成了主流意识形态与市场经济和消费意识之间的既和谐共谋又对立冲突的局面，形成了物质消费与精神消费之间的既分离又勾连的悖论现象。与这种悖论并行不悖的是，消费与意识形态之间已经建立起了分合共管关系。分则构成意识形态与消费现象的对立，合则构成意识形态与消费现象的和谐共谋，由此构成了文化产业的双重使命，既要保证消费量的不断增大，又要实施意识形态主旋律的严格控制，正是在这种物质与精神的悖论中产生了消费日本现象。"消费日本"现象属于独特的中国式审美现象。

（四）奇葩造型

奇葩造型主要包括建筑和雕塑。

从 21 世纪开始，中国的许多城市出现了奇形怪状的建筑。北京就有"大裤衩"、"鸟巢"等。有的被人们称颂，如"鸟巢"体育馆，有的被人们所诟病，如中央电视台大楼"大裤衩"等。尽管每年的"中国十大最丑建筑"网络评奖活动有声有色，但并未能阻止丑建筑的频频亮相。

奇葩造型大多与仿生、仿物有关。如河北的"天子大酒店"，就以寿星、福星、财星的形象仿造建成，五粮液酒厂总部建筑仿五粮液酒瓶建成，河北白洋淀体育馆仿乌龟外形建成，苏州太湖养殖场仿大闸蟹外形建成，大多是些可欲、可食的仿生建筑和仿物建筑，多被网友吐槽。奇葩造型中还有自塑金身的雕塑。如河南洛阳某集团董事长按自己的意愿塑造了一个巨型弥勒佛，这既表现了前现代的救世思想和个人崇拜，也包含了现代商业目的。还有镇宅意识、旺宅意识、威权意识等，都渗透在这类奇葩造型中，构成了别现代建筑风景。

奇葩造型是前现代福禄寿观念、民以食为天理念与现代商业意识的杂糅，也是可欲可食对象在后现代拼贴杂糅手法作用下的大杂烩。奇葩造型大多审美性不强，但借其搞怪的手法却能吸引人的眼球，达到商业目的，是前现代吃文化、享乐文化、现代商业意识与后现代戏仿、解构、拼贴等手法的和谐共谋。这种普遍存在的奇葩造型，也是别现代时期审美形态的一种表现。由于其强行植入视野，因而不能忽视其对社会审美心态、审美趣味的影响。奇葩造型作为偏于审丑的审美形态，是别现代时期社会形态混合杂糅现实在造型艺术上的反映，是别现代的拙劣的艺术拼贴和艺术戏仿。

（五）别现代主义美术

以张晓刚创作的"僵尸脸"系列、岳敏君创作的"傻笑"系列、方力均创作的"哈欠"系列、曾梵志的"面具"系列为代表的当代中国先锋艺术油画，在国际市场上获得了天价，成为中国当代先锋艺术领先国际的标志，同时也引来国际艺术评论界的强烈批评。如美国著名艺术评论家珀尔就批评这些艺术作品是模仿的或抄袭的艺术。[①] 但也有西方艺术评论家认为，借用西方艺术手法表现本土的艺术题材，并产生新的内涵，这是国际惯例。[②] 印象派借鉴了日本的浮世绘手法，日本的浮

---

① 美国专栏作者杰德·珀尔（Jed Perl）2008 年 7 月 8 日发表于纽约《新共和》杂志上的一篇文章《毛热的邪恶》，指责中国当代先锋艺术家抄袭剽窃了西方艺术家的作品，"侮辱了艺术，侮辱了人生"，后被网友挖掘出来并重新翻译，以《中国当代艺术侮辱了人生》等多个不同版本而广泛传播。

② ［美］基顿·韦恩：《别现代时期相似艺术的不同意义》，李隽译，《西北师大学报》（社会科学版）2017 年第 5 期。

世绘借鉴了中国唐代的仕女簪花图的手法，毕加索借鉴了非洲和亚洲的艺术手法，但并不能因此称之为剽窃。关键的问题在于，这些有争议的中国当代先锋艺术获得了国际艺术市场的认可，并取得了天价的报偿。

国内评论界将这类美术称为"玩世现实主义"，但别现代主义将之称为别现代主义艺术。理由在于：首先，尽管这类美术借用了西方现代后现代的扭曲、夸张、变形、杂糅、拼贴、戏仿等手法，但用这些手法来表现当代中国的现状、历史、意识、情绪，因而是在表面的荒诞背后有着严肃认真的思考。如张晓刚所画的僵尸脸有着千人一面的僵尸般的表情，这显然不是玩世不恭，而是体现了一种强烈的反讽、反思和批判。岳敏君的"傻笑"系列，那些张着大嘴傻笑的人物，是在自嘲，还是在嘲他，抑或精神分裂，都是在傻笑的同时具有引人思考的表情，而绝非玩世可以概括。所谓的玩世，仅仅是一种表象。方力钧的"哈欠"系列，在哈欠的无聊的背后其实是厌恶、烦闷，是对无聊、苦闷、平庸、不公而又无奈的世界的反讽。曾梵志的"面具"系列揭露了伪装下的人生和社会。至于王广义的"大批判"系列则更明显地具有反思和批判意识。因而这类画家才有了"五虎上将""四大天王"和F4美称。这种美称不是靠玩世不恭得到的，而是其深刻的思想内涵所赋予的。

自称与别现代主义不谋而合的画家孟岩和设计师旺忘望，分别在其"危机"系列、"幸福"系列和"空山问道"系列中用后现代手法表现人的精神危机和灵魂分裂，表现异化了的动物，用堆叠起来的美腿和各国纸币硬币图像合成的中国山水写意画，都具有明确的、强烈的反思和批判意识，成为别现代主义艺术的代表作。

（六）冷幽默

冷幽默是当今非常流行的一种幽默方式。虽然也是幽默，但冷幽默不同于明白晓畅的热幽默，而是要在领会后才发出笑声，而且这种笑声总是会因所领会的内容的严峻性而使人感到冷酷的现实，因而也是回过神后的发冷的笑。如《人在囧途》中误将长江当成黄河的对话，就有令人在发笑之余对长江污染之严重的沉重和"透心凉"。冷幽默不同于西方的黑色幽默。黑色幽默总是在幸灾乐祸中一笑了之，而冷幽默却是在一笑之后不能了之，能唤起沉重感和冷酷感。冷幽默是时代产物，来自正面表达的困难和直接批判的危险，于是将沉重的问题和强烈的吁求掩藏在令人发笑的修辞中，在笑声中起到讽喻的效果。冷幽默与中国传统的"文死谏武死战"传统有关，也与中国人的含蓄内敛有关。但死谏毕竟是大臣们的事，死战是武将们的事，对于百姓来说遥不可及，于是，只有通过冷幽默才能含蓄地表达不满和讽刺。微信时代内涵段子满天飞，显然是对现实的折射。冷幽默因为斯，为了斯，极有可能创造这个时代审美形态的辉煌。

三 别现代审美形态生成与别现代主义艺术产生的原因

前述第一章审美原理讲到审美是多质多层次的交互式正价值—感情反应，这种交互式反应形成的原因在于，各种各样的喜怒哀乐爱欲恨之间形成了交叉地带。一方面，无论审美中的情感色调多么复杂，却都离不开对形式美因素如色形音的共享。这种共享实质上就是以生存和发展为深层目的的正价值感应或反应。这种共享既为审美的沟通提供了共通感基础，又为审美的差异性甚至情感对立提供保障。另一方面，尽管价值—感情反应的形式是多种多样的，是多质多层次间互动的，但其互动性背后的可以共享的交叉地带，却都在拱卫着正价值。正因为正价值的被拱卫，就使得多质多层次的交互式价值—感情反应具有了审美的可能性。

别现代艺术和别现代主义艺术有着本质的不同和价值观对立，但又共享着后现代戏仿、拼贴等手法和前现代的、现代的艺术形式，因而具有杂糅、戏仿、错乱的共同的审美特点。这种共同性就为别现代艺术和别现代主义艺术的平行发展奠定了基础，符合别现代的随机选择性。同时，也为别现代共享审美形态的发展提供了来自艺术创造和艺术鉴赏方面的养料。与别现代艺术的对于现实的趋附不同，别现代主义艺术的存在和发展，建立在老子的反者道之动的自反式哲学基础之上。从而形成了别现代时期共享审美形态下的两种对立性艺术的并置。

除了这些原理性的原因之外，别现代审美形态和别现代主义艺术的产生和发展还有来自社会形态方面的原因。

（一）从社会历史发展阶段看别现代审美形态生成的原因

新中国成立70余年来中国审美形态以改革开放为分水岭，从单一到复杂，体现了前现代、现代、后现代的杂糅，并经历了从五六十年代以农民革命和农村建设的土色基调为主的审美形态阶段，到六七十年代伴随革命样板戏而来的伪崇高审美形态阶段，历经改革开放前后悲剧喜剧交加从而换新颜的审美形态阶段，再到伴随复兴中华文化而来的古韵老腔发新声阶段，进入2000年后，形成了前述几种疑似审美形态即囧剧、疯剧、抗日神剧、奇葩建筑、别现代主义美术、冷幽默竞自由的阶段。其中，每个阶段都有其深刻的历史文化背景，其阶段的形成与特定的社会形态成正相关，跟文艺与政治关系的变化，与社会开放和思想解放，与社会审美系统中的自我调节机制的恢复，与中华文化的复兴，与作家、艺术家创造力的发挥成正相关。在这几个阶段中，疑似审美形态范畴的出现具有独立的品格，将会对中国审美学范畴研究提供现实样本，也会对世界审美学的繁荣做出自己的贡献。

（二）从情感表达的需要看别现代审美形态的生成

（1）纾解焦虑的情感需要。改革开放以来人们的生活水平提高了，但同时从起初对财富的渴望，到后来发财梦破灭，以及对不可预知的"囧途"所产生的焦虑需要通过审美的抚慰和通过文学和艺术进行社会性释放。而对光明前景的憧憬，产生从窘态进入炯（光明）境的幻想，催生了"囧"和"囧剧"这类审美形态的产生。窘与炯，即困境与希望的合二为一就成了具有多重表达、悲喜结合的囧剧这种审美形态。

（2）对现状不满而又不敢直言的被压抑的情感，寻找曲折的、隐射的路径，并往往借助冷幽默的手法，展开讽刺和批判。这种讽刺和批判不同于黑色幽默的幸灾乐祸，又不同于热幽默的明白畅晓，而是寓意深刻，需要理性的理解，会在发笑之后产生令人深思的冷峻效果。冷幽默虽然只是一种修辞手法，但作为一种新的审美形态，在别现代时期非常盛行，这大概是因为这个时期各种矛盾对立冲突的现实，以及对这种现实不得不进行曲折表达。

（3）对"中国""中华"的文化心理认同和民族情感，以及对20世纪以来西方审美形态独统的不满形成了新的表达方式。借助改革开放，率先由港台武侠艺术带来的中华艺术传统审美形态的复兴和中西审美形态的杂糅，再到2000年李安导演的大片《卧虎藏龙》和2008年张艺谋导演的奥运开幕式，将中国审美形态中的中和、神妙、气韵、阴柔与阳刚、意境、飘逸、空灵等范畴变极放大，独立彰显，从而使得中国传统的审美形态终于回到了艺术舞台的中心。

（三）从理性反思的需要看别现代审美形态生成的原因

对伤害的历史记忆和对人性欠缺的深度了解以及对人类悲剧重演的担忧，带来了别现代主义批判反思艺术的流行。这类别现代主义艺术是指在玩世的外表下反讽、嘲弄以唤醒梦中人的先锋艺术。别现代主义艺术和别现代艺术共享同一种艺术手法，面对同样的题材，但表现出前现代观念与现代观念的根本对立，构成了一种自反式结构。

总之，中国审美形态的发展经历了20世纪以来的传统审美形态绵绵若存期、式微期，到改革开放以来的中西杂糅期，再到2000年后的独立彰显期，最后进入新的审美形态范畴独立创造期，这自然与西学东渐后中国审美形态范畴不再独立发展有关，也与西方话语长期统治下的中西审美形态杂糅有关，更与改革开放以来被重新激活的中华审美形态创造力有关。如果没有这种审美形态的创造力，指望出现新的审美形态范畴也是不可能的。而这种审美形态的创造力是在别现代艺术和别现代主义艺术的并置和并行不悖中生成并得到不断壮大和发展的。

第三节 别现代审美形态的结构特点

一 与社会形态相对应的杂糅并置式结构

改革开放之后资本主义经济进入中国，改变了原有的国有经济单一模式。随之而来的是国有经济、私有经济、外资企业、合资企业在中国同时存在。随着中国加入世界贸易组织，对外的进一步开放一直受到外资的期待和鼓励。这种所有制成分的改变深刻地影响到中国的社会形态。尤其是西方意识形态的进入和被选择性地接受，已非"渗透"所能涵盖。其积极意义在于审美趣味的多样化，审美形态出现中西杂糅。其消极意义在于西方审美学独统天下。在教学和科研方面，中国也只是到了 2000 年，教科书中才出现了与西方审美形态整体对应的前现代时期的中国式审美形态范畴系列，而对于当代中国独创的审美形态范畴而言，似乎仍然是空白。但现实审美和艺术创作总是走在理论总结的前面，在中国的审美形态范畴被中国的审美学教科书接受之前，中国现实生活中和文艺创作中的审美形态已经悄然萌发。前述别现代艺术和别现代主义艺术，就都是改革开放以来的成果。别现代起始于资本主义因素在社会主义中国的存在，因而是社会主义、资本主义、封建主义的杂糅体，是前现代、现代、后现代的和谐共谋。这一点与中国尚未实现现代化有关。现代化包括物质现代化、制度现代化、思想意识现代化。值得注意的是，已经解体的苏联、东欧被称为后社会主义国家，其审美学被称为后社会主义审美学。① 后社会主义之说大有概括中国现实之企图。但这无疑是个误会，因为从社会构成看，后社会主义已经转入资本主义，私有经济已构成了国家统治的基础。其社会制度也已资本主义宪政民主化，其主流意识形态已经完全

---

① Aleš Erjavec, *Postmodernism And the Postsocialist Condition*：*Politicized Art Under Late Socialism*, Berkeley, The Regents of the University of California, 2003, pp. 11–12.

资本主义化。这种现状跟中国仍坚持走社会主义道路的现状判若两仪。别现代时期的审美形态与前现代相比，进步之处在于，从思想内容上说，已经接受了人类普遍认同的自由、民主、法治、社会福利、人类命运共同体等观念，在艺术中尤其是在先锋艺术中对前现代的宗法制思想、封建威权思想、封建迷信思想、门阀等第观念等有所揭露和批判，不会盲目认可前现代的制度和观念。从艺术上说，别现代主义艺术接受了来自西方现代、后现代的手法和形式，已经超越了山水写意、工笔描绘等材质和手法，业已超越了来自西方的现实主义手法，在艺术形式上大胆模仿、大胆探索，努力表现新感受、新思想，沟通西方语境，并被西方文学界和艺术界所接受。用西方学者的话说，中国当代视觉艺术已达到了世界领先地位。①

二　与后现代异质的自反式结构

就别现代的视觉艺术而言，其前现代、现代、后现代的杂糅历历在目，但在这种普遍的杂糅中形成了表现前现代低俗欲望的别现代艺术与具有强烈的反思批判功能或启蒙性质的别现代主义艺术，从而形成了别现代艺术与别现代主义艺术的对立。这种对立就是自反式结构的表现。别现代主义艺术家孟岩的油画"危机"系列、"幸福"系列就表现了人的精神危机和灵肉分离。旺忘望的《钱山》《肉山》用山水写意表现纸醉金迷的人性沉沦。左义林的《萨德导弹》表达对于和平的期待，不乏对宗教无能为力于战争的嘲讽。至于张晓刚的"大家庭"系列、岳敏君的"傻笑"系列、方力钧的"哈欠"系列、王广义的"大批判"系列、曾梵志的"面具"系列，则更是用后现代的杂糅手法和现代的波普复制手法，对现实和历史进行反思和批判，从而取得了先锋艺术的空前成就。这些别现代主义艺术的成就相对于前现代

---

① ［斯洛文尼亚］阿列西·艾尔雅维茨：《琐事与真理——对王建疆有关"主义的缺位"命题的进一步讨论》，徐薇译，《探索与争鸣》2018 年第 5 期。

艺术和来自西方的现实主义艺术而言，无疑是艺术的革命，也是审美学的革命。

别现代时期的审美形态与西方现代审美形态相比，也有明显的不同之处。从形式上说，别现代主义艺术的最大特点是同时吸收了现代和后现代的创作手法，因而较之现代艺术，更多戏仿、解构、拼贴等艺术手法，从而增大了其艺术表现力。同时，别现代主义艺术还不忘前现代的素材和手法，从而与西方现代艺术相比更具有中国本土特点。徐冰、谷文达的错别汉字艺术，就具有疑似汉字象形的独特表现所赋予的中国特色。从艺术的内容上说，别现代艺术与别现代主义艺术的不同在于，别现代艺术的思想观念中仍具有前现代的宗法制思想、封建威权思想、封建迷信思想、门阀等第观念、情大于法的思想、行潜规则的惯性等。在这方面，奇葩造型尤为突出。这种前现代思想痕迹，遮蔽了现代主义的先锋性，丧失了现代性。别现代时期的审美形态与后现代审美形态相比，进步之处在于，从内容上说，虽然借用后现代的手法，却表现了中国的意蕴。① 这种意蕴就来自对前现代与现代的既和谐共谋又对立冲突的认识、把握、处理上。张晓刚的"天安门"系列就是用前现代木刻对前现代建筑进行表现，彰显了前现代符号与现代意识觉醒之间的对立冲突，已经超出了后现代艺术对现代艺术的超越和对现代性的反思。由于现代化在世界各国间的巨大差异，在发达国家，后现代是对现代性的反思和批判；而在发展中国家，现代性仍然是其所追求的现代化中的核心要素。因此，别现代审美形态与后现代审美形态之间具有天然的距离。

三　延续了传统的非固定结构

就民族审美形态的延续而言，延续了传统的非固定结构也是一个

---

① ［美］基顿·韦恩：《别现代时期相似艺术的不同意义》，李隽译，《西北师大学报》（社会科学版）2017 年第 5 期。

结构性特征。前现代审美形态既与农业社会中天人合一的观念以及人与自然的和谐有关，产生了意境等审美形态，又与儒道佛思想相关，产生了中和、飘逸、空灵等，而神妙、阴柔与阳刚、气韵等则是形而上思维的结果。中国前现代的审美形态与西方前现代的审美形态如悲剧、喜剧相比，因不具有后者的体裁特点，而是与哲学、自然、社会生活、艺术等浑然一体，因而是一种难以辨析的审美形态，表现出艺术与哲学及其社会生活的混沌整体，难以区分，断而未决，割而不舍，藕断丝连的非固定结构形态特征。就说意境这种审美形态范畴，实际上跟空灵、飘逸彼此交叉，很难有准确的边界。进一步讲，意境跟阴柔与阳刚、气韵生动、中和、神妙等也都可以兼容。这种兼容的结果就是边界不清。这种特征一直延续到今天的前现代、现代、后现代的各种审美形态的杂糅。在中国，2000 年之前的审美学教科书中似乎一度出现了与前现代审美形态范畴系统的断裂，即整个审美学教材中中国审美形态范畴作为系统而非个别的缺场。但这并不是正常结构的反映，而是西方话语体系造成的中国审美形态范畴的被整体忽视，是中国审美学理论研究中审美形态研究的缺位所致，而非中国审美学研究的自主性的切割与断裂。但是，当中国审美形态范畴系统在 2000 年后复兴时，其内在的浑然一体特征仍未改变。再就囧剧、疯剧、抗日神剧、奇葩造型、别现代主义美术、冷幽默而言，也与中和、神妙等审美形态范畴以及关联性范畴如大团圆式的俗乐、忠言讽谏等有着千丝万缕的联系，也没有形成与西方现代审美形态如崇高、荒诞及西方前现代审美形态如悲剧、喜剧等的切割，而是一个不太紧凑的黏合体和连续体，属于非固定结构，特别适应在别现代语境中的生存。

总之，别现代时期审美形态与社会形态具有同质同构的特点，是古今杂糅与中西杂糅的集中体现。但它不是现代与后现代的"双头怪"，而是一个前现代、现代、后现代纠结在一起的"三头怪"。这个三头怪，实际上就是一种社会形态基础上的文化结构和审美结构。同时，这种结构具有非固定性的特点，而且包含自反式运动。从结构特点考察，不论哪个国家、哪个民族，只要具备这种别现代"三合一"

的特点，就都可以称为别现代审美形态。据周韧博士的研究，伊朗电影就具有典型的别现代审美形态特征。土耳其的有些电影也是如此。①这种结论也与伊朗、土耳其既有宗教传统，又有现代民主的社会形态是基本一致的。宗教信仰起始于前现代，有可能像欧美国家那样融入现代性中，也有可能与现代性分庭抗礼，形成现代民主制度与政教合一制度间的较量和斗争，也就是和谐共谋再加对立冲突，表现出比单纯的现代和后现代复杂得多的状态。从完形结构讲，尤其是在涉及多国、多民族的别现代审美形态时，细分之外还需要一个涵摄性的概念，以便表达跨时间、跨地域的共同特征。这个特征一言以蔽之：别现代。

---

① 周韧：《时间的空间化——电影〈伊斯坦布尔的幸福〉审美形态举隅》，《贵州社会科学》2019 年第 7 期。

第十二章 审美中的深伪与深别

第一节 文明是野蛮的宿主,伪现代是人类文明的敌人

人类文明的发展与前现代、现代和后现代的社会形态和时代特征密切相关。然而,在一些国家和地区,社会或文明的这三种形态在阶段上并不是线性发展的,而是混合在一起,形成时间的空间化或文明的杂交,笔者把这种文明称为别现代。[①] 在别现代国家,现代性占较小的比例,而前现代性占较大的比例,因而整个社会的发展方向在通往现代或者回到前现代之间充满了不确定性和随机性,而且,第二次世界大战后,随着帝国殖民地的消失,人类文明的概念已被普遍接受,这导致伪现代性和伪文明在现代性不足的国家盛行。他们经常打着普世价值和普世文明的幌子从事前现代活动,从而阻碍了人类文明的进一步发展。

所谓现代性,是由物质、制度、观念构成的三位一体的属性概念而非编年概念,它是现代文明的社会形态标志。其中,物质财富为人们提供了和平发展的基础,避免了因贫困导致的低端丛林竞争。制度中的自由、民主和法治为社会的健康发展提供了法律保障。意识形态上的自由、独立、公平和正义为每个人提供了自由生存和创造的精神空间。现代性萌芽于文艺复兴时期,成熟于启蒙时代,已成为全人类共享

---

① 维基百科"别现代主义",又见 www.biemodernism.org,意大利别现代主义网站主页。

的现代文明。这种现代文明往往体现在人类遵守的和平发展公约中。

曾经辉煌一时的古代文明，在真正实现现代化之后，将再次闪耀在现代文明的舞台上。但是，古代文明若想独立于现代文明而复辟前现代，将会逆历史潮流而动，不仅不可能复辟，而且将被现代文明所淘汰。

现代性是一个由许多要素构成的系统和一个综合性指标，反映了现代文明的水平，但这个综合性指标是以各要素及其之间的关系构成的整体实现为基础的，而非某一个单独的因素可以代替整体。尽管一些专制国家也实现了低水平的免费教育和全民免费医疗，但他们的制度设施和意识形态仍然是前现代的，并没有一个全面完整的现代体系。现代人类文明的发展要以现代文明要素标准的实现为前提，也就是一个去前现代的过程。就此而言，不仅涉及发达国家文明的发展，也涉及欠发达国家文明程度的提高。

面对真正的现代，野蛮和暴力已不再能够公开招摇过市，但它们往往用伪现代遮蔽真现代存活下来，从而导致文明成为野蛮的宿主，野蛮借着文明大行其道，但又反噬文明。

首先，我们必须清醒地认识到，人类进入文明阶段后，尽管人们的言行在大概率上是符合社会文明规范的，但野蛮往往会用文明来包装自己，寄生于文明之中。事实上，随着人类文明的进步，原始森林中的原始部落，包括极少数食人部落，已经受到现代人类文明的保护，不再是原始的野蛮部落，而是现代文明的镜像，是人类学和民族志的研究对象，反映了现代文明的进步。恰恰是那些披着现代文明的外衣并以文明的名义依附于文明社会的野蛮，却容易被人们忽视，从而导致文明成为野蛮的宿主，野蛮凭借文明反噬文明。20 世纪的两次世界大战就是由所谓文明国家首先发动的战争。其中，德国纳粹对犹太人的大规模屠杀、日本侵略者的南京大屠杀都是寄生在文明中的野蛮的大暴露。与人类的野蛮相比，动物界的弱肉强食更加血腥，但动物界对于恐怖来临时的无约束预警，对于恐吓的抗议和亡命前的哀嚎却是自由的，不会受到高科技控制以致发不出声音来。

　　其次，文明永远无法摆脱野蛮的纠缠，野蛮将在战争中或和平时期随时随地出现，给人类带来恐怖和灾难。野蛮的规划者虽然自己并不一定要直接动手杀人，而是以科技进步、文化进步、文化革命、公平正义为口号，有预谋地镇压和屠杀人民，因而其后果远远大于赤裸裸的野蛮。因此，文明是野蛮之宿主这一看似荒谬的说法恰恰揭示了文明中隐藏的邪恶。因此，问题不在于野蛮是否会依附于文明并反噬文明，而在于如何以及在多大程度上反噬文明。

　　最后，文明越先进，野蛮就会寄生得越深。这是因为如果文明和野蛮之间的距离越远，那么，野蛮就越容易被识别和被消除。相比之下，如果距离较近且边界模糊，则被识别和清除的可能性将降低。如果阳光下的犯罪能够顺利进行，那么为什么要在镜头下进行犯罪呢？因此，野蛮必须伪装自己，避免阳光下的暴行，借助文明生存。正因为如此，随着人类文明的飞速发展，野蛮将凭借伪现代获得前所未有的机遇。马斯克的人机脑接口等一系列人工智能技术的发明和大规模使用，为人类的加速发展奠定了基础，但同时也为人类犯罪甚至人类文明本身的毁灭做了技术准备。不用说核武器、生化武器对人类的毁灭，就是高级的人工智能技术一旦被独裁者垄断或被不人道的人利用，由此产生的邪恶和破坏的规模及其程度是原始部落量级的野蛮所无法想象的。

　　尽管文明是野蛮的宿主，野蛮总是以文明的名义出现并反噬文明，但是，人类的契约式自治机制却能在人类文明中限制野蛮的肆意妄为。由于联合国人类文明公约要求所有成员国都要遵守，并通过国际干预来限制、制止和惩罚违反这些公约的国家，从而使野蛮在法律和道义面前失去存在的理由。因此，野蛮必须而且一定会以现代文明的名义出现在人类世界的舞台上，招摇过市，从而导致伪现代的猖獗。这种伪现代实质上就是伪装的野蛮。这种伪装的野蛮在中国古代小说《西游记》《水浒传》中通过对真假人物的描写表现得特别出色，成了现代文明中野蛮的镜像，也将作为案例在本章的第三部分进行解析。伪现代有许多表现方式，概括如下。

（1）伪现代以现代的名义，延展并放大了前现代专制主义传统和现代资本主义原始积累时期的弊端和罪恶。往往借助现代科技手段和物质条件，掩盖野蛮，实施野蛮。

（2）利用现代高科技手段，限制公民自由，压制言论，防止伪善和邪恶的被揭露。如中央电视台热播剧《人民的名义》所揭示的，身居高位的贪官污吏动用高科技专政手段，侵害公民权利，以法律为由违法乱纪，以人民的名义镇压人民。

（3）充斥着用现代高科技复制技术制作的假冒伪劣商品和伪档案、伪证据等，导致社会诚信体系的崩溃，并制造了大量的冤假案件。

（4）以整形手术和向灵魂注入有毒"鸡汤"为代表的伪审美学，通过装饰、伪装，以审美学的名义进行造假、掩饰丑恶、毒化心灵。

（5）文化计算中最典型的伪现代表现是深伪（deep fake）的广泛应用所带来的伪世界。由于这种深伪披上了现代文明的外衣，更难被识别，使人们疏于防范，因而比起赤裸裸的野蛮来更加危险。

除此之外，无法预知难以掌控的"别人类"具有放大伪现代的潜在危险。通过人工智能拟真技术、人工情感计算技术武装起来的兼具智商和情商但又具有深度学习能力的机器人被称为别人类[①]一族，其造假的能力和识别真假的能力都是人类的几何倍数，从而将伪现代问题以几何倍数放大，更难识别，也更难对付。

别现代主义的目的是区分真实的现代与虚假的现代，具备真正的现代性，实现现代化。换句话说，它不仅维护现代文明，而且保护民族文化，促进现代文明，防止野蛮。然而，保护民族文化的基础是具备充分的现代性，把它融入现代文明，而不是通过保护民族文化或坚持民族主义来反对现代文明。因此，现代人类文明的全面推进，就是要区分真伪现代，提高人类辨别真伪现代的能力，从混淆的是非中觉醒，从被愚弄中解放出来。

---

① 王建疆：《别现代主义生命股权论再议》，"别现代"微信公众号 2018 年 8 月 26 日。

第二节　别现代主义与文化计算

虽然文明是野蛮的宿主，野蛮依赖文明反噬文明，但这个野蛮的宿主拥有控制和战胜寄生的野蛮的法宝。就人工智能领域而言，针对伪现代和深伪的猖獗，别现代主义提出深别（deep distinguishing/deep identity）理论，已将其作为第 23 届国际人机交互大会的提案并以广告的形式发布。[①] 深别是别现代主义文化计算的理论表达，属于计算机学、哲学、审美学的跨学科领域。

一　别现代主义及其文化计算的提出

别现代主义是近年来引起国际学术界和艺术界关注的一种学说。别现代主义借鉴了甲骨文“骨肉分离”一词的本义，表达了将真实的现代与伪现代、真实世界与虚伪世界区分开来的思想。

第 23 届国际人机交互大会别现代主义文化计算提案广告内容如图 2 所示：

HCI 2021
2520 Bie–Modernism and Cultural Computing
Jianjiang wang & Haiguang Chen
别 bié
Bie-modern's.Bie(別) has more than 3000 years history.Bie（别）is one of the ancient Chinese Hieroglyphics showing separation of flesh and bones by knife.
DEEP IDENTITY VS.DEEP FAKE
REAL MONKEY KING VS.FAKE MONKEY KING
BIE-MODERN IS A DOUBTFUL MODERNITY
BIE-MODERNISM IS DISTINGUISHING REAL AND FAKE MODERNITY

图 2

---

① 见图 2。

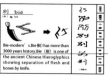

别现代主义与文化计算：深别对付深伪，真假美猴王之间的生死之战

别现代：一种可疑的现代

别现代主义：区别真伪现代，具备充分的现代性

2014 年，别现代主义理论由笔者提出后，已在国内外产生了影响。近年来，以中文、英文、意大利文和塞尔维亚文发表的相关学术论文有 170 余篇，中英文专栏文章有 30 余组，其中不少论文被转载和转摘。出版的中英文别现代系列著作，涵盖哲学、审美学、文学、艺术、写作学、语言学、法学、经济学、旅游学、心理学、社会学、人工智能等领域。国内外著名学者阿列西·艾尔雅维茨、基顿·韦恩、恩斯特·曾科、张玉能、陈伯海、夏中义、吴炫、刘锋杰、王晓华、王洪岳等参加了讨论。许多有实力的艺术家和诗人有意识地创造了别现代主义艺术和别现代主义诗歌。已有十数篇研究生学位论文研究别现代主义理论。以别现代理论为主题，举办了七次国际学术会议和国际艺术巡回展览。美国和欧洲的两所大学相继自主建立了别现代研究中心，意大利建立了别现代主义网站（www. biemodernism. org）。别现代主义被国际著名学者视为创造了"中国文化的命名权"[1] "哲学四边形"[2] "哲学时刻"[3] 的涵盖性理论。西方哲学家将其与法国著名哲学家朗西埃、[4]德里达[5]和福柯[6]的理论进行了比较研究。国内学者称别现代理论为

---

[1] ［美］基顿·韦恩：《从后现代到别现代》，石超译，《上海文化》（文化研究）2017年第 8 期。

[2] Aleš Erjavec, Zhuyi From Absence to Bustle? Some Comments on WangJianjiang's Article "The Bustle and the Absence of Zhuyi", *Art + Media*, No. 13, 2017.

[3] ［斯洛文尼亚］罗克·本茨：《论"哲学时刻"、解放美学和贾樟柯电影中的"别现代"》，李隽译，《贵州社会科学》2019 年第 2 期。

[4] Aleš Erjavec, "Comment on 'Bie-modernism' of Jianjiang Wang", *Art + Media*, No. 13, 2017.

[5] Ernest Ženko, "On Ghosts: The Role of Hauntology in Bie-Modern Theory", *The Collection of the 7th Bie-modern International Conference*, 2021, November.

[6] Ernest Ženko, On Heterotopia: Michel Foucault's Conception of Space in the Context of Bie-Modern Theory, See The Collection of the 6th Bie-modern International Conference, edited by Keaton Wynn, Jianjiang Wang, 2020, October.

"学术公器"。① 同时，别现代主义理论创始人应邀在国内外举办了数
十场别现代主义学术讲座，深受欢迎。别现代主义审美学作为文艺学
博士生、硕士生专业课程与别现代主义理论相伴随，在师生互动中不
断发展。

别现代主义基于对别现代的分析，提出了区分真实现代与伪现代、
具备充分的现代性的理论命题，这符合机械文明再生产时代伪现代盛
行但人类需要区分真伪以保护自身权益的历史趋势。因此，它同时受
到了欠发达国家和发达国家社会精英的响应，并逐渐成为国际知名的
研究课题。

人机交互（Human-Computer Interaction，HCI）是人类进入信息时
代的主要文化模式，它对设计、生产、控制、反馈和交流都有着决定
性的影响。娱乐计算是 21 世纪初以来计算机人工智能技术在生活、游
戏和艺术创作中应用的一种新模式。它对优质生活、快乐游戏、沉浸
式体验和艺术模仿的影响越来越大。它的实践模式和实践路径正在引
起艺术创作和审美形式的革命性变化。然而，娱乐计算，一种方兴未
艾的新模式，正在被或已被土佐尚子提出的文化计算（cultural compu-
ting）中的 ZENetic 计算模型超越，并由荷兰埃因霍芬理工大学人工智
能技术研究所的 Mattias Rauterberg 的团队开发，创建了新的文化计算
模型。与日本的 ZENetic 计算模型相似，它努力将计算机工具的属性
升华为具有哲学意义的文化属性。这一努力对文化和艺术的影响在于
经典艺术图像和场景通过计算后的再生，从而启发了新的具有哲学高
度的想法，如 Rauterberg 的"文化计算"②"通过行动确定现实"等。③

---

① 罗小凤：《"现代性"作为一种古典诗传统——论 21 世纪新诗对古典诗传统的新发现》，
《文学评论》2022 年第 3 期。

② M. Rauterberg, Hu J., Langereis G. (2010), Cultural computing-How to investigate a form of
unconscious user experiences in mixed realities, In: R. Nakatsu, N. Tosa, F. Naghdy, K. W. Wong,
P. Codognet (eds.) Entertainment Computing Symposium-ECS (IFIP Advances in Information and Com-
munication Technology, Vol. 333, pp. 190 – 197), (c) IFIP International Federation for Information Pro-
cessing, Heidelberg: Springer.

③ M. Rauterberg (2017), Reality determination through action, In: Proceedings of IEEE Inter-
national Conference on Culture and Computing-C&C (pp. 24 – 29), Piscataway: IEEE.

这些思想对人类科学的发展和文化创造具有直接的积极意义。随着文化计算的出现，技术＋艺术的全球文化产业模式正在被技术＋艺术＋哲学的新模式所取代。

别现代主义文化计算（Bie-modernist Cultural Computing）是一种以别现代主义理念为指导的文化计算。它关注真实现代与伪现代、真实世界与虚假世界之间的区别，研究不同国家、民族和文化中由于道德缺失借助机械复制而产生的虚假文化、劣质文化及其产品，从而维护从个人到国家再到整个世界的合法利益，消除伪现代和虚假世界，建立真正的现代和真实世界。

别现代主义文化计算主张，计算机科学和人工智能首先要形成一种自我约束机制，自觉抵制伪现代主义，然后在别现代主义文化计算中建立起一套真伪区分体系。

二　别现代主义文化计算体系

（一）视觉识别系统

别现代主义的视觉识别系统以区分真伪现代、真假世界为主题，着重于对真实形象和伪形象的识别。如通过探索文学中的著名形象，体现别现代主义的求真精神。从中国古典小说《西游记》中对真孙悟空与伪孙悟空的判别中，从《水浒传》中对真李逵与伪李逵的识别中，从古诗《花木兰》对男女的确认及其塑造中，运用文化计算方法，确立人物最本质的特征。同时，结合时代背景和人文环境，可以搭建一个计算汉字特征的支撑平台，结合大数据和 NLP 等计算机技术识别真伪人物形象及其真伪事件、真伪事物。

（二）数字识别系统

目前，在全球范围内，真伪问题日益突出，其强度已达到甚至超过中国古典小说中的真伪决斗。真伪识别技术在现实中有着广阔的应用前景。

1. 通过判别生成数据的置信度得分应对深伪

数字识别系统建立在大数据和云计算的基础上。但是深伪技术产生于原始数据生成过程中的规避自我监控，从而具有造假的可能。技术造伪利用深度神经网络，如生成对抗网络（GAN）技术通过模拟人脑的行为来进行真实伪造。通过真实数据对网络进行训练，使其能够进行精确地模拟。如 GAN 通过生成器来进行数据的生成，通过鉴别器来观测生成数据的真假。但当有足够的时间和初始数据的输入时，生成器就可以生成能够欺骗鉴别器的数据，人类更难发现生成的数据和真实的数据有何差别。[①] 但是，通过判别生成数据的置信度得分可以揭示，在 A 出现时 B 出现的概率，也就可以表示真实数据与生成数据之间的相关性，相关性越高也就越相似。置信度表示包含 A 的事物中同时包含 B 事物的比例，即同时包含 A 和 B 的事物占包含 A 事物的比例。如果置信度太低，则说明 A 的出现与 B 是否出现关系不大。因此，魔高一尺，道高一丈，针对深伪的深别总是会有效的。

2. 通过对元数据的发现和揭底辨别真伪

在数字识别系统中最关键的要素还是原始数据置信度问题。即使是像所谓区块链的"点对点"的绝对可靠也可能因为某个原始数据的不可靠而崩溃。在数据不公开、不共享的情况下，原始数据的可靠性受到怀疑，直接影响到数据的真假，进而造成社会信度危机。因此，通过溯源和归元的方法找到元数据，并形成对元数据的跟踪监控，是建立可靠的数字识别系统的关键。这种溯源的方法也包括语言训诂中的本义与引申义的区别，目的在于形成对于真伪识别的基准。中国古典名著中对于真假美猴王的识别，就是通过对六耳猕猴的出生的揭底才完成的，而且，六耳猕猴的原始数据是在三界之外和五行之外找到的，不在三界和五行之中，因而，即使是法力无边的观音菩萨、太上老君等也无法识别真假美猴王。这个故事成为别现代主义深别理论的

---

① Mu Li, Wangmeng Zuo, David Zhang, Deep Identity-aware Transfer of Facial Attributes, See discussions, stats, and author profiles for this publication at: https://www.researchgate.net/publication/309283897.

一个案例，说明深别来自数字计算，又有超越数字计算的地方，是一个值得深思的科学问题和哲学问题以及社会问题。"佛观一钵水，八万四千虫"。佛经故事中记载释迦牟尼指着弟子端来的一瓢清泉水说，这里面有八万四千条虫子。在当时没有显微镜的情况下，佛祖是如何看出一瓢水中的微生物或细菌的呢？可见，最彻底的深别大概来自不同维度的超越上，或超维上，而非已被处理和已被限定的数据中。

在现实的使用中，视觉识别系统和数字识别系统是可以交融和共享的。视觉识别或形象识别也是离不开数字识别的，都可以统称为数字计算。但在计算之外的元数据的发现和揭底有着更为重要的作用。在有关现代和伪现代的讨论中，不需要完全囿于现有数据的辨识上，只要找到"现代"的元数据，那么，真伪就会自辨。因此，别现代主义文化计算将把视觉识别系统和数字识别系统以及对元数据的发现和揭底结合起来，为具备充分的现代性，呈现一个真实的世界而运行。

（三）别现代主义文化计算区分真伪的必要性和意义

我们迫切需要区分真伪。除了触目可见的假冒伪劣商品和人的身份置换外，甚至民主国家的总统大选机器投票中也会出现值得怀疑的作弊现象，这表明了世界上伪现代的猖獗，[①] 以及建立全球形象识别系统和数字真伪识别系统的必要性和紧迫性。

建立全球别现代主义文化计算真实性鉴定体系的目的是保护每个人的权利不受侵犯，保护每个人的良心和尊严不受污染，消除假冒伪劣产品，消除伪数据、伪档案、伪证件、伪历史、伪艺术、伪审美，维护人类精神文明和物质文明同步健康发展。

建立别现代主义文化计算真伪识别系统具有技术上的可行性。随着数字图像识别技术、量子计算技术和全息能系统技术的发展，已为建立全球别现代主义文化计算识别系统提供了必要的技术支撑。这三

---

① Tünde Faragó, Deep fakes-an emerging risk to individuals and societies alike, 2019 年 12 月。This work can be accessed through this link：http：//creativecommons. org/licenses/by-nd/4. 0/.

种技术可以从全息的维度和光速计算能力，从图像到内涵，形成一种整体的快速识别功能。

为此，笔者和陈海光副教授已在 2021 年第 23 届国际人机交互大会上提出了建立一个全球别现代主义文化计算系统的建议，以识别真实和伪装。有关建立全球别现代主义文化计算识别系统的建议已被纳入这次会议的议题，并已在全体会议上宣读。我们关于"别现代主义文化计算中的深伪与深别"的选题，被第 24 届国际人机交互大会作为分会主题予以确立，已于 2022 年在瑞典的哥德堡大会上进行了演讲和讨论。2023 年在丹麦首都哥本哈根召开的第 25 届国际人机交互大会专设了 Bie-Modernist 会场。别现代主义文化计算研究团队提交了 6 篇相关论文，其中一篇是《世界文学名著中的现代性占比的别现代主义文化计算》，对莫言等人小说中的现代性占比进行了别现代主义的文化计算。以文参会，体现了别现代主义理论的哲学武装和技术武装。

第三节　别现代主义作为文化计算的可能性

别现代主义理论来自对社会形态和发展阶段的分析，进而将社会形态理论与审美形态理论有机结合起来，形成了横跨哲学人文学科、社会科学、艺术学、计算机科学的涵盖性理论。这一理论的最大特点在于其数字化端口，在方法论上就是占比分析法和量化计算法，可实现与文化计算的有机结合。

第一，用成色占比分析当下社会形态属性。别现代主义理论在分析社会形态时用前现代、现代、后现代的不同占比来定性当前社会形态属性，得出了"别现代"，即一种被怀疑并不具备充分现代性的社会形态的结论，从而将社会形态的分析纳入数字化处理系统。

第二，用随机变量分析当下社会走向和文学艺术发展趋势。别现代主义理论在讲到别现代性时，采用了随机变量分析法。即认为，别现代时期同时存在择优集善和择劣集恶以及守旧如初三种选择，而其中任何一种选择取决于主导性力量的主观意志，因而充满了变量。这种变量与前现代、现代、后现代之间的占比波动呈正相关，可形成文化计算的端口。

第三，用社会发展四阶段的量变理论显示走出时间空间化的路径。别现代主义理论的哲学基础是时间的空间化，但别现代主义不同于欧美空间理论的地方在于走出时间空间化的历史发展四阶段理论，即指和谐共谋期、对立冲突期、和谐共谋与对立冲突交织期、自我更新和自我超越期。在不同的历史时期文学和艺术以及审美形态都将会有相关的表现。这个四阶段的变化也是可以进行数字化处理的。

第四，用生命股权理论中的股份占比说明有关人的生存、生命以及幸福感和美感的来源。生命股权理论认为人生来带有财富，这种财富体现在从国民经济总收入中分红分利的占比，体现在免费的教育、免费的医疗、免费的养老和免费的最低生活保障及其居住上。生命股权不同于后天的财产继承权和后天的财富交易权，是一种与生俱来，与死俱往的不受道德律限制的自然法权。因此，生命股权是一个完全可以被量化的指标。

第五，在"别"的本义与引申义之间确立别现代主义的基本主张和要旨。如果撇开现代学术定义，而是回到朴学的训诂上，那么，"别现代"似乎是一个解构主义的"延异"。但别现代主义理论超出朴学训诂的地方在于，本义和引申义都可以通过文化计算在量上显示不同，就如后面的实验所示，人物性格的不同完全可以量化，而非仅仅从质上显示区别一样，从而为别现代主义理论的精确界定奠定了基础。

第六，用溯源的方法分析中国古典小说中的人物形象真伪问题，通过寻找元数据和揭老底的方法，成功实现与文化计算的对接，并在此基础上实现真正的深别。

总之，别现代主义正在或者已经走在了文化计算的路上，可以通过文化计算来实现别现代主义的主张。

第四节　别现代主义文化计算人物形象识别系统

别现代主义文化计算人物性格识别系统是笔者与计算机应用教授陈海光先生及其团队合作研究的成果。

本书以中国古典小说《西游记》主要人物形象为鉴别对象，除了需要根据给定人物的表层特征（包括言行举止、穿着、外貌）等数据外，还提取了孙悟空、猪八戒、唐僧、沙僧等人物的对话，得到人物的性格等其他更深层次的特征。

人物性格的量化方法已经有了 100 多年的研究历史，目前大五人格理论被广泛地应用于人物性格算法研究中。大五人格理论中关于人格描述主要由五种特质涵盖——开放性（Openness）、责任心（Conscientiousness）、外向性（Extroversion）、亲和性（Agreeableness）和神经质性（Neuroticism）。其中开放性主要反映了个体人物对新鲜事物的接受程度，开放性得分高的人往往更乐意探索未知的领域，对从未接触过的知识或生活状态保持开放的态度；得分比较低的人通常是墨守成规的、性格保守、比较传统。责任心则主要反映了个体的自控程度，责任心比较高的人通常是靠谱的、值得信赖的；得分比较低的人通常是自控力比较差的。外向性则主要反映的是与人的交往中获得快乐的能力，外向性得分比较高的人通常有更强的交际能力，而得分比较低的人则比较谨慎、内向。亲和性主要反映的是人物个体对其他个体的态度，亲和性得分比较高的通常是有同情心的、容易信任他人的；亲和性得分比较低的通常是有心机的、无情的。神经质则表现的是人物个体的情感调节情况，主要反映的是情绪的不稳定性。神经质得分比较高的人往往对外在刺激有更为激烈的反应，而神经质得分比较低的则有着比较好的情绪管理能力。

笔者与计算机专家陈海光副教授及其团队采用 Word2Vec 模型 + CNN 的算法模型进行研究。首先采用了 Jieba 分词方法来统计《西游记》中人名的出现次数，并将"行者""八戒""师父""三藏""大圣""唐僧""沙僧""和尚"等加入自定义词库，通过 jieba 分词工具加载自定义特征词库来提升分词的效果。

随后通过 Word2Vec 模型将分词后的结果进行向量化。Word2Vec 的参数设置为 min_ count = 1、size = 50、window = 5、workers = − 1。min_ count 可以对字典进行截断，词频少于 min_ count 次数的词语将会被丢弃，此处设置为 1，表明在训练文档向量时不放弃任何一个出现的词，window = 5 表示窗口大小，表明当前词语预测词在一个句子中的最大距离是多少。workers 表明当前使用的 CPU 中有多少用于训练，这根据 CPU 是几核的来制定，而 workers = − 1 则表示当前 CPU 全部用于训练该任务。

在使用 Word2Vec 获取到词向量之后，针对该人物的每一条描述将所有的词向量拼接成文档矩阵。

随后则需要使用卷积神经网络进行处理，经过高度为 2、3、4 的 300 个卷积核进行卷积处理，再将得到的结果最大池化，得到 300 维的特征文档向量。

整个算法的流程图如下所示：

针对人物鉴别任务，主要是根据"静态文本"数据得到更深层次的人物性格特征等，同时结合人物的背景、历史等其他因素，对人物进行精准的判别。本书采用的算法具有一定的普适性。

在输入文本的选取上，本书选择《西游记》作为主要分析文本。《西游记》是中国四大名著之一，其中各个人物性格在作者吴承恩的刻画下显得非常鲜明，因此具有一定的研究方面的代表意义。同时采用《西游记》作为本书分析人物具有一定的权威性，在自然语言处理的相关问题上具有一定的实践意义和参考价值。

利用《西游记》中静态文本信息，结合性格分析算法，对《西游记》中的人物进行了深层次的性格特征分析计算。最终结果如下所示。

表1　　　　　　　　　　《西游记》主要人物的性格特征分析

性格特征 ＼ 姓名	孙悟空	唐僧	猪八戒	沙僧
亲和性	64.13	82.12	78.23	85.48
责任心	73.12	93.42	63.21	92.12
外向性	93.16	68.93	87.16	64.27
开放性	82.97	78.32	88.74	59.48
神经质	85.31	56.43	73.28	43.25

　　计算的结果反映了人物的五大性格分数，并且显示了人物在各个维度的倾向性，可以作为对该人物的极化分析。同时论证了在得到表层特征时，可以通过上述的算法模型得到人物的深层次的特征，最终实现人物鉴别功能。

　　别现代主义文化计算形象识别系统与一般的形容词描述分析对比法进行比较，其优越性在于特征描述的数据化精确，通过这种多向量的精确的数据对比，不仅可以发现人物形象之间的区别，还可以找到为什么会有这种区别或不同的确切的数据支撑，从而将人物形象的识别推向精深，达到深别的目的。

　　特别需要指出的是，除了人物鉴别，本书选取了《西游记》第五十八回中真假孙悟空或真假美猴王的章节，将孙悟空与六耳猕猴的特征进行对比，发现根据文本及对话信息（即表层的特征），二者的基本性格特征（深层特征）是相似的，但是结合人物的背景等因素，可以得知六耳猕猴与孙悟空的历史背景或"老底"不尽相同，因此可以从多维或超维空间进行真假美猴王人物鉴别，从而实现了所研究的人物鉴别工作。

　　针对以上算法演示结果，笔者在第23届国际人机交互大会的发言中用"新车走在老路上"做结束语，引起与会者提问和讨论。笔者的回答是："虽然文化计算的方法很多，就像汽车的类型和型号不断涌现一样，但是都走在识别真伪的老路上。在识别真伪方面，佛祖所用的原始的'揭老底'的方法看起来毫无算法，但却是当前所有的算法所无法比拟的。理由在于，车是离不开道的。"也正是这一富有哲理的别现代主义算法演示，赢得了大会组委会的重视，并将别现代主义的"深伪与深别"列为 2022 年在瑞典哥德堡举行的第 24 届国际人机交互大会的分会主题之一。又将"别现代主义"和"文化的杂糅"列为 2023 年在哥本哈根举行的第 25 届国际人机交互大会的分会主题。在本次大会上，笔者和陈海光副教授及其计算机团队对莫言和二月河小说中的现代性占比进行文化计算分析，使得别现代主义的深别理论在文学研究的建构上得到了具体应用，也为文学、艺术和审美中的现代性理论提供了来自创作实践方面的依据。

第十三章 从"哲学四边形"到"中国人文学科有无必要领先世界"再到"审美学上的拿破仑"

2017 年 7 月底在上海举行的"全球视野中的别现代艺术和人文学科国际学术研讨会"上，国际美学协会前主席、著名美学家阿列西·艾尔雅维茨发表了《琐事与真理——对王建疆"主义的缺位"命题的进一步讨论》的学术演讲，引起讨论。欧洲的哲学教授恩斯特·曾科和罗克·本茨也都参与了笔者与艾尔雅维茨的讨论。虽然国外学者对别现代理论的讨论角度不同，但都指涉中国人文学科包括哲学和审美学有无必要做强或在世界上领先和如何才能做强或领先的问题，因而关注这个问题的完整过程，不仅会辨明一些问题，而且对于论辩的双方而言，很有可能从中生发出更多的学术思想。

第一节 中国审美学没有必要领先世界吗?

在《琐事与真理——对王建疆"主义的缺位"命题的进一步讨论》一文中艾尔雅维茨从四个例子中得出结论，中国的人文学科包括哲学和审美学，没有必要取得与中国当代艺术目前在国际上同样举足轻重的地位：

这一切都证明虽然中国今日人文学科的现状如此，但中国的美术和视觉艺术一般而言是极其发达的，甚至是非常有影响力的。

世界上任何文化和国家都乐于在全球艺术世界中拥有这样的地位、影响和存在。但在王建疆教授看来，这显然并没有那么重要。他认为，似乎人文学科和审美学（在世界上）也必须与西方理论在中国或者中国理论在中国一样发达和有影响力。我认为这是两个夸张：不是所有人类的创造性和活动的领域能够或者必须达到同样发达的程度。对于中国当代审美学而言，没有必要跻身成为世界上最完善的审美学之一（虽然这很好），正如对日本茶道来说，没有必要成为与西方喝咖啡"礼仪"相等同的仪式。

艾尔雅维茨的这一说法明白无误地告诉我们，一个民族，一个国家，总不能在任何方面都领先吧？

这个理由是否很有说服力呢？就目前世界范围内发达国家的现状而言，并不是说人文学科和艺术就一定分离，或者说在不同国家各领风骚。欧洲的法国就兼具世界艺术中心和思想中心的地位。不用说巴黎的卢浮宫、奥赛、蓬皮杜三大艺术馆至今是人类的古典艺术、现代艺术、后现代艺术的三大宝库，仅就法国哲学家群体而言，从萨特到当今的朗西埃，数十位法国哲学大师仍然在引领着世界人文学科的风潮，并被阿兰·巴迪乌称为人类哲学时刻的第三个时刻，哲学和艺术比翼齐飞。美国后来居上，成为世界现代艺术中心，但它的人文学科也不弱，居于世界前茅。因此，艾尔雅维茨所言中国不必让审美学也与西方比肩的说法缺乏说服力。

同时，艾尔雅维茨关于中国的人文学科包括哲学和审美学没有必要领先世界的说法让笔者感到有点突兀。因为在前两篇与笔者讨论的文章中，艾尔雅维茨还在肯定笔者的关于建立主义，促进学术大繁荣，以便跟中国经济同步发展的主张。他说：

> 世界上许多国家，无论大小，都发现自己在审美学、哲学和人文学科上处于与中国相似的境地，但其中努力发出自己声音的毕竟是少数。我认为王教授的文章是表达这种声音、使之为国内

外所知晓的有力尝试。我相信这种姿态——获得声音——对任何成功的自立，因而对树立自己在世界上（和社会中）的地位有着极其重要的意义。

不仅如此，他还将笔者提出的主义提到了世界"哲学四边形"的高度，认为建立主义的中国哲学将突破西方的"哲学三帝国"和中国无哲学论，从而形成世界"哲学四边形"，中国将占据这个"哲学四边形"的一边。艾尔雅维茨写道：

> 在我看来，当代中国的主义、艺术和理论（涉及审美学、哲学和人文学科）在许多方面都与西方目前或者近来的情形截然不同。如果说几十年前，西方的文化对抗和竞争主要出现在美国和欧洲（特别是法国）之间，那么现在这种两极的趋势已转变为一个四边（即美国、欧洲、中国与俄罗斯）的较量。我们仍然见证着美国和欧洲文化的蓬勃发展，但是现在有一个全新的竞争者参与其中，它就是中国。曾有一段时间，人们认为这个新的竞争者似乎应该是前苏联国家，但遗憾的是他们未能承担重任。①

但现在为什么突然要我们放弃这种对于审美学、哲学、人文学科领先世界的追求呢？

这里首先有一个"四边形"与"领先"之间的关系问题。四边形从力学上讲，不可能形成合力，因而很难确立领先的或主导的力量及其方向。而"领先"则意味着超出其他方面或其他力量的优胜地位。因此，作为"哲学四边形"之一的别现代主义，并不意味着在这个四边形中成为主导性的力量，而只是与"哲学三帝国"平起平坐而已。因此可以说，显然这里不存在一个形式逻辑问题，而是可能还有着更

---

① ［斯洛文尼亚］阿列西·艾尔雅维茨：《主义：从缺位到喧嚣？——与王建疆教授商榷》，徐薇译，《探索与争鸣》2016 年第 9 期。

为深刻的原因。这些原因有来自欧洲的，也有来自中国的。

但在艾尔雅维茨的"有无必要"论中，潜藏着一个深层的西方文化标准问题。这个文化标准就根源于亚里士多德的声言二分论。正是这个声言二分论，曾将中国置于无哲学的境地。艾尔雅维茨写道：

> 所谓的"第三世界"再次从角逐中逃离并继续保持"沉默"，而中国正在努力获得一种"声音"，这种声音诠释了当代法国哲学家雅克·朗西埃的观点。在《政治学》一书中，亚里士多德宣称人"是一种政治动物，因为人是唯一具有语言的动物，语言能表达诸如公正或不公正等，然而动物所拥有的只是声音，声音仅能表达苦乐。然后整个问题就成了去了解谁拥有语言，谁仅仅拥有声音?"①

这种声言二分论是西方哲学界判别哲学和学术思想的基本尺度，也是西方看待非西方学术的出发点，从这一出发点看问题，那么，中国学者和官员以及媒体经常使用并引以为自豪的要在国际舞台上"发出声音"，在西方学者那里却有可能是个贬义词，原因在于"发出声音"还只是人与动物共享的功能，而只有语言或说话（speech）才是人与动物的区别。

因此，虽然艾尔雅维茨的"哲学四边形"论已经甩脱了欧洲中心主义，但他并没有放弃西方的哲学标准。欧洲中心主义起自黑格尔的中国无历史论和中国无学术论，当代的理查德·舒斯特曼的西方"哲学三帝国论"和德里达的中国无哲学论，都是与黑格尔一脉相承的。到了艾尔雅维茨这里，欧洲中心主义的表达方式发生了变化，他已经将西方"哲学三帝国论"改造成了中国哲学参与其中的"哲学四边形"论。但这个四边形论是有前提条件的，这就是看是否达到了西方

---

① ［斯洛文尼亚］阿列西·艾尔雅维茨：《主义：从缺位到喧嚣？——与王建疆教授商榷》，徐薇译，《探索与争鸣》2016 年第 9 期。

哲学的声言二分标准，从声音进入语言。

怎么样才能完成人文学科包括审美学从声音进入语言呢？艾尔雅维茨在总结了四个国际案例后说：

> 所有这些都证明，至少在视觉艺术中，中国艺术不仅与世界其他国家和地区的艺术处于同等地位，而且甚至沿着道路更进一步——它正在成为全球当代艺术中各种潮流的非官方领导者。正因为如此，它恰恰显示出中国学者在人文学科和审美学领域过去和现在所追求的特征。艺术与人文学科这样的结合，虽然每天都发生在其他地方，但在中国的艺术批评和审美学中却几乎是不存在的。由于这两个领域（人文学科和艺术）在认识论上相距甚远，它们很难从一个包含了艺术和理论的共同特性的立场考量，即使二者可能此刻在本质上仍是分离的，因为它们还是早期意识形态斗争的囚徒。①

显然，按照艾尔雅维茨的说法，中国的那些蜚声海外的当代先锋艺术，也包括笔者所说的别现代主义艺术，其实都是在国内与人文学者包括审美学家相分离的，出于种种原因，国内的人文学者包括审美学家反而对他们的那些在国际上取得巨大成就的艺术家同胞知之甚少，甚至中国的艺术评论家也对此知之甚少，这对于中国审美学界想摆脱声音之困而达到语言之境而言，无异于南辕北辙。中国当代先锋艺术或实验艺术都会面对国内国外完全不同的待遇，甚至两个世界，一点也不虚。但是，笔者的问题在于，仅有这一点是否就能成为中国审美学和人文学科放弃领先世界的愿景的理由呢？在艾尔雅维茨看来，仅有这一点就足以让中国审美学放弃中国梦了，而且理由也恰恰就在这里：

---

① ［斯洛文尼亚］阿列西·艾尔雅维茨：《琐事与真理——对王建疆"主义的缺位"命题的进一步讨论》，徐薇译，《探索与争鸣》2018 年第 5 期。

　　从中可以看出，中国当代的视觉艺术已经被无缝地整合到"全球当代视觉艺术"中，此外，它作为一个例子，也许已经是全球范围内的领导者在发挥作用。但是，迄今为止，这还未发生在中国的人文学科中，王建疆教授有足够的理由去批判中国人文学科的现状（王建疆《中国美学：主义的喧嚣与缺位——百年中国美学批判》，王建疆《思想欠发达时代的学术策略——以美学为例》）。但是二者之间的联系只有在内因大于外因的时候才能够建立（和增强）：中国当代人文学科必须感受到有与中国当代艺术融合并且参考中国当代艺术的必要性。①

　　这是从正面说明，正是由于中国的艺术和人文学科包括哲学和审美学在意识形态上的分离，即艺术的不受本土意识形态的牵制而在海外有了市场，而人文学科包括哲学和审美学却未能幸免于难，所以，中国人文学科包括哲学和审美学要想走向世界并领先世界，就还不如提早放弃的好。他在该文的最后干脆直截了当地写道：

　　　　这些都是琐碎的真相，但它们同时又是普遍的真理。我们应该问问自己"中国审美学将发展到与西方审美学相同的程度"的表述是否有意义——特别是——表达了中国和其他地方的实际需要？我的回应是：没有。我们可以重复路德维希·维特根斯坦的话：如果你想知道一个词的意思，看看它是被如何使用的。更重要的是：看看它是如何被频繁和广泛地使用的。②

　　归根结底一句话就是，中国审美学不可能也没有必要发展到与西方审美学相同的程度，理由就是所谓的"中国审美学"并没有被西方

———————————

　　① ［斯洛文尼亚］阿列西·艾尔雅维茨：《琐事与真理——对王建疆"主义的缺位"命题的进一步讨论》，徐薇译，《探索与争鸣》2018年第5期。
　　② ［斯洛文尼亚］阿列西·艾尔雅维茨：《琐事与真理——对王建疆"主义的缺位"命题的进一步讨论》，徐薇译，《探索与争鸣》2018年第5期。

使用或者极少使用，也就是没有被西方承认，或者至少没有像中国当代先锋艺术那样蜚声海外。

但是，艾尔雅维茨的这种对于中国审美学做大做强的必要性的否定并不能令人信服，因为在人文学科包括哲学和审美学与艺术之间并不存在正相关或者负相关，即一方因为另一方而受到正面的或反面的影响。如果说一旦艺术领先世界，人文学科包括哲学和审美学就必然落后于世界，这种说法没有根据。前述法国和美国的反例能证明这一说法不能成立。而且更有甚者，所谓艺术发展了人文学科包括哲学和审美学未必就要同步发展的说法，很有可能会成为一个陷阱。因为众所周知，一个国家的软实力首先来自思想、哲学和科技，而非艺术。欠发达国家和民族，尤其是草原部落，往往都有令人惊羡的歌舞艺术成就，成为其他国家和民族欣赏的对象，却因为缺乏思想高地、学术高地和科技高地，尤其是缺乏有思想的主义和有主义的思想，只能成为美好世界的点缀者或旅游的优胜美地，而不可能成为世界的领导者。因此，在中国当代艺术领先世界的同时，放弃中国审美学领先世界的梦想，是没有道理的。

其实，这场围绕由笔者提出的建立中国审美学上的主义的观点而展开的国际学术讨论起始于 2012 年笔者发表在《探索与争鸣》上的《中国美学：主义的喧嚣与缺位——百年中国美学批判》一文，很快就在国内引起讨论，继而又在国外引起争鸣。2015 年起拙文 The bustle and absence of Zhuyi 在欧盟《哲学通报》上投稿、入编、审校、发表的长达一年的时间里，引起了阿列西·艾尔雅维茨的高度重视。他撰写了针对笔者的理论的第一篇文章《主义：从缺位到喧嚣？——与王建疆教授商榷》，并于 2016 年 9 月发表在《探索与争鸣》上。这场争论的要点在于主义上，即笔者主张的要建立学术上的主义上。因为在笔者看来，唯有建立自己的主义，才能不仅发声，而且可以在国际上与西方学者对话。长期以来中国哲学人文学科欠发达并在国际上失声的原因就在于缺少独立原创的话语体系、思想体系、理论体系。因此，必须创建独立的主义。但主义的创建绝非易事，一方面是我们自身的能力有限、环境有限，还有就是中国哲学家和审美学家与当代艺术的疏离，脱离了审美学和哲学生长的土壤；另一方面西方学者的欧洲中心主义或西方中心主义作祟，用西方传统的标准规训中国学者、同化中国学者，为我们创建主义增添了不少阻力。但是，正如英国大哲学家罗素所说，欲了解一国之文明程度如何，不能不考察此国之哲学的发达程度，一个正在崛起的大国，怎么会因为一时的困难而放弃对于主义或者说是人文学科包括哲学和审美学的制高点的争夺呢？中国的审美学、哲学和人文学科为什么就没有必要像中国当代的先锋艺术或别现代主义艺术那样领先世界呢？

第二节　中国人文学科为何只是声音而不是语言？

如前所述，虽然艾尔雅维茨本人已跳出了西方中心主义，但他从声言二分论出发考察非西方人文学科的做法，还是容易造成很多误解。似乎只有符合西方标准的才是"语言"，否则就只能是"声音"。但什么才是语言呢？非西方学者的哲学人文学科论文和演讲是不是语言？非西方学者创建的主义是不是语言？这是西方学者欲用声言二分去判定非西方学者时必须予以说明的，否则就不可能令人信服。

事实上，别现代主义理论自 2014 年年底在《探索与争鸣》上首次发表以来，引起了国内外学术界广泛而热烈的讨论。欧洲学者除了阿列西·艾尔雅维茨，还有恩斯特·曾科、罗克·本茨等纷纷撰文参与讨论。欧洲的《哲学通报》《艺术与媒体研究》先后发表 9 篇英文文章和 1 篇斯洛文尼亚语文章讨论主义的问题，中国的许多 C 刊也发表了 30 多组专题讨论文章。美国艺术史教授基顿·韦恩在《西北师大学报》（社会科学版）、《上海文化》、《都市文化研究》、《贵州社会科学》上撰文数篇讨论别现代主义艺术问题。国内学者更是踊跃参加。目前已正式发表的别现代方面的文章已逾 170 篇，出版别现代理论专著 5 部，正待发表的有关别现代主义的中英文论文有数十篇。这些文章讨论的问题虽然很多，层次也不同，但大体来看，欧洲学者参与别现代讨论偏重于哲学本体论和方法论问题，与他们哲学家的身份有关，带有浓厚的哲学思辨色彩，聚焦于别现代理论作为主义的必要性和可能性问题。美国学者偏重于艺术史和艺术的现代性问题，实际上是别现代主义理论的现实性和应用性问题。中国学者偏重于别现代作为主义的合法性问题。这三个问题放在当今的时空点上都在拷问中国的人文学科能否做强的问题。尤其值得注意的是，自美国的大学于 2017 年春正式成立了中国别现代研究中心（CCBMS），欧洲的 *Art and Media* 和 *Filozofski Vestnik* 学术杂志开辟了 "*Chinese Zhuyi and Western Isms*"（中国的主义与西方的主义）专栏和 Bie-modernity（别现代）专栏讨论别现代主义理论以来，别现代主义研究在全球持续升温，国内审美学界也在专业网站上进行了连续数天的多人参加的讨论。2017 年 10 月在美国亚特兰大—阿梅里克斯召开的"艺术：前现代、现代、后现代、别现代国际学术会议"之后，有越来越多的美国学者、评论家、艺术史家加盟别现代理论研究和对中国当代别现代艺术的评论。还有，已经成功举办的数次别现代主义艺术国际巡展，秉持"让艺术发言"的原则，通过艺术形象展示了别现代主义的思想内容。这里，笔者不禁要问，如果按西方哲学界奉行的声言二分法，这场有诸多欧美学者包括艾尔雅维茨本人参与的国际别现代主义学术讨论和别现代主义作品展，是属于人与动物共享的声音还是学者的语言呢？

艾尔雅维茨本人并未对自己提到的声言二分论做进一步解释，倒是罗克·本茨为他进行了辩护：

> 谈到中国在国际人文学术界的地位，艾尔雅维茨参考了朗西埃对于声音和语言的区分，这一区分可以追溯至亚里士多德。中国在国际审美学界发声，但是并未拥有自己原创的语言。虽然这个区分确实有助于描述王教授在原文中所表达出来的担忧，但是世界学术舞台上肯定存在不平等的现象，我必须指出，这个类比也有其局限性。因为一般认为朗西埃最初讨论的无语言指的是被压制者，即奴隶、庶民、无产阶级等，他们的立场很难与中国希望在国际人文学科领域具有更多领导性，更少追随性的雄心壮志

相提并论。然而，艾尔雅维茨的思想超出了这种情况，抵达了一种智识平等（intellectual equality）的理论，如恩斯特·曾科所示，这也对艾尔雅维茨如何看待学术研究实践有所影响。①

笔者相信艾尔雅维茨本人是在与笔者进行平等的对话，但到底什么是"智识平等"呢？罗克本人语焉不详。而且，所谓的智识平等并不能代替声言二分的界定，这种界定涉及类的区别，也就是人与动物的区别，对于任何国家的学者来说恐怕都是难以接受的。当然，艾尔雅维茨也只是借用了西方的传统说法，未必就此认定中国学者只会发声不会发言，但这种说法很容易引起争议。中国青年学者郭亚雄就认为，西方的声言二分论实际上是对非西方异质思想的"治安措施"：

> 自亚里斯多德以来，"声音"与"言语"的界分便成为西方哲学共同体排斥异质思想的治安措施。"声言二分"为中西思想比较搭建平台的同时，又为其区分的合法性生产理据。由"声言二分"所衍生的价值判断却表明，此种对立建基于一种自我解构性的前设，在逻辑上难以自洽。从"中国哲学"概念的提出到汉语学界对"共同原则"的追寻，至艾尔雅维茨构建新型"文人共和国"的动议，"声音"与"言语"的等级区划始终被默认为不言自明的前提。②

也正是这种声言二分论的缺乏合理性，无法回答对一个西方与非西方之间的平等对话如何分类的问题，进而言之，当欧美的学者和艺术家都在跟着别现代主义理论而展开讨论，甚至在建立机构研究别现代时，那种欧洲中心主义者自说自话的声言二分论还有什么存在的必要？

---

① ［斯洛文尼亚］罗克·本茨：《论哲学的"时刻"、解放美学及贾樟柯电影中的"别现代"》，李隽译，《贵州社会科学》2019 年第 2 期。

② 郭亚雄：《"声音"与"言语"界分的祛魅——别现代语境下中国哲学话语创新问题再思考》，《探索与争鸣》2017 年第 7 期。

2017 年 10 月的会议，见证了中国审美学和艺术理论走向世界，不再是简单地发出声音，而是实实在在地说自己的话、走自己的路的过程。当别现代的"别"高悬于美国大学行政楼上空时，当美国的中国别现代研究中心（CCBMS）以汉语"别"及其拼音冠名时，这已经不是发出声音的问题，而是以汉语为代表的中国审美学和中国艺术在说话了。同样，2019 年，位于亚得里亚海海滨的斯洛文尼亚别现代研究中心（CBMS）的成立，成为这个人口小国和哲学大国，也是别现代主义理论研究重镇的欧盟成员国的一个重大的学术事件。别现代主义在世界上的演讲，本身就是语言，就是学术，就是主义，就是中国的话语传播。还有什么比这更好的语言表达呢？①

无独有偶，参与这场讨论的恩斯特·曾科、罗克·本茨在为艾尔雅维茨辩护的同时，也都发表了对于别现代主义的相对客观的评价。这些评价是很高的，但又是切合实际的。

恩斯特·曾科认为：

> 王建疆教授提出的"别现代"及其时间空间化概念是一个很切合实际的理论，既不是西方理论的延伸，也不是西方理论的运用，而是基于对中国当代现实的考量。当今中国，诚如王建疆教授所说，最重要的特征便是各种社会形态的杂糅——现代性、前现代性、后现代性等混合在一起。这跟西方的情况完全不同。在西方，以上社会形态以及文化流派都是按顺序发生的，也就是现代取代了前现代，后现代又超越了现代。别现代并不是现代，不是前现代，也不是后现代，而是三个时代的共时态。
>
> 别现代主义理论是在抓住中国当下历史契机的基础上发展的，虽然仍然和西方理论发生关系，但别现代主义不是简单地对西方

① 王多：《上海学者提出的哪种新理论，让西方学界反思自身理论盲点，还专门成立了研究中心》，《上观新闻》2017 年 11 月 15 日。该新闻写道："'别现代'理论及其艺术实践极大地澄清了西方学者之于中国现状的诸多误解。'别现代主义'既是对中国当下学术界理论创新与话语建构诉求的回应，同时也迫使西方学者反思其理论盲点，为国际平等的学术交流搭建起互动的桥梁。"

理论的译介。按照朗西埃的观点，别现代是桥梁也是媒介，这个桥梁和媒介是通道，但却保持着中西方之间的距离，保持着平等。正是我们所处的时代的物质媒介属性，使得中西方各方既有相互接近的可能性，但又保留着相互之间的平等的距离。正是这种接近与距离或者说是距离与接近，能够使中西方理论都得到验证。①

恩斯特运用法国哲学家朗西埃的平等理论给予别现代主义理论以应有的地位，说明中国人文学科与西方人文学科之间不是师生关系，而是平等关系，从而抛弃了西方中心主义的声言二分论。

罗克·本茨则更进一步认为：阿兰·巴迪乌运用黑格尔的"具体普遍性（concrete universal）"概念，来解释哲学是如何做到即使探讨一切事物，但却仍具有特定的文化和民族特征的。他声称：

> 具有普遍意义的哲学创造力的巨大爆发，是以时间里的时刻和它们出现的特定地点为特征的。我认为"哲学时刻"的概念，非常接近于王建疆所讨论的主义。巴迪乌引证了两个历史上的哲学时刻和一个当代欧洲的哲学时刻：在帕门尼德和亚里斯多德之间持续了几百年的希腊时刻（the Greek moment）；康德与黑格尔之间更短的德国时刻（the German moment）；最后，20世纪下半叶从萨特到德勒兹的法国时刻（the French moment）（巴迪乌最终将他自己算作这个时刻的最后一个数字）。②

虽然罗克·本茨也为艾尔雅维茨的声言二分论辩护，但是当他将别现代主义与人类哲学时刻相联系的时候，西方的声言二分传统瞬间化为乌有。如果别现代主义真的像罗克·本茨所说的成为人类的哲学

---

① ［斯洛文尼亚］恩斯特·曾科：《平等带来的启示——评王建疆的别现代主义及中国美学的发展》，石文璇译，《西北师大学报》（社会科学版）2017年第5期。
② ［斯洛文尼亚］罗克·本茨：《论"哲学时刻"、解放美学及贾樟柯电影中的"别现代"》，李隽译，《贵州社会科学》2019年第2期。

时刻的话，那么，中国岂不成了世界哲学帝国，成了"哲学四边形"之一边，甚至还会有比这些更高的地位。但是，经历了艾尔雅维茨"哲学四边形"期许的兴奋但又马上遭遇了西方声言二分论的尴尬的我们，是否又要盲目乐观起来呢？我看未必。

但是，既然有了来自欧美学者的对于别现代主义的高度赞扬和建立机构的专门研究，我们还有什么理由要让中国哲学和人文学科包括审美学放弃领先世界的愿望呢？

现实永远是无敌的，任何逻辑推理，无论如何完整严密，都无法代替现实，现实就是最大的真理，永远胜过雄辩的导师。当别现代主义携带着它的作品和著作已经走向世界，与世界哲学、审美学、艺术平等对话的时候，一个属于中国的"哲学时刻"还远吗？

事实上，在2018年上海举行的国际别现代主义大会暨别现代系列丛书发布会上，艾尔雅维茨在开幕式致辞中说：

> 有机会参加王建疆教授最近作品的讨论，我非常高兴。在过去的几年中，我认为王教授开启了一个重要的议题，尽管摆在他与他的理论前面有不少的困难，我也认识到其中确有许多可以赞美的地方。
>
> ……
>
> 让我回到开始的地方。简单地说，所有这些意味着，我们永远不知道何时人文学科这个非常的领域将拥有它自己的拿破仑，他也许诞生在最糟糕的情况之下。可能另一个审美学上的拿破仑正行进在他的道路上，他将颠覆审美学、哲学和人文学科的大厦。我们一无所知。哲学运动也是如此。
>
> 一种新的哲学或者审美学理论会在中国或者其他地方出现吗？我们无法确认：理论类似于艺术，它也从稀薄的空气中产生，然后征服了整个艺术领域。回顾过去，我们可以找到它出现和成功的原因，但不比从前了。
>
> 我的朋友王建疆教授发展和推动的理论不仅具有鼓舞人心的力量，而且颇富挑战性。以简短的篇幅，我不能为它提供实质的

分析，但是它的一些特征仍需要得到某种关注。这种关注来自它对东西方相似之处的频繁简化。①

从这里看出，艾尔雅维茨很可能接受了中国学者的批评意见，放弃了声言二分的标准，表达了对别现代主义的具有人类普遍价值认同和国际影响的高度赞美。"审美学上的拿破仑"是跟他的"哲学四边形"以及阿兰·巴迪乌的"哲学时刻"完全一致的正面肯定的语言。

第三节 西方哲学家和审美学家的论断说明了什么？

艾尔雅维茨从对中国哲学、审美学、人文学科的世界"哲学四边形"占边的看法，到声言二分的对于这个看法的考量，再到最后他对别现代主义的认定，展示了他研究中国人文学科包括审美学发展的心路历程，在这个过程中他曾经有过怀疑和犹豫不决。有时，他的这种疑虑还表现为痛苦。在他与我商榷的第二篇文章中，他表达了这样的感受：

> 我可以一直这样继续下去——一个事实（factum）——也许甚至是一种命运（fatum）——表明王教授已经触及了我思想意识中的一个神经痛点（a neuralgic spot in my mind）。不知怎的，他已经注意到我们脚下的地面缺失了一部分。正是通过这个"兔子洞"——奇特的、不同世界的入口（还记得《爱丽丝梦游仙境》吗），我们可以开始有意识地思考源自于他所提出的一些问题中生发出来的新问题。换言之，我敢肯定他正在从事的研究与我们所有人都密切相关，即使我们还不知道怎样相关，也许甚至不知道为什么相关。②

---

① ［斯洛文尼亚］阿列西·艾尔雅维茨：《写在别现代新书发布之前》，载《跨越时空的创造：别现代理论探索与艺术实践国际学术研讨会论文集》，2018 年。

② ［斯洛文尼亚］阿列西·艾尔雅维茨：《再评王建疆的"别现代主义"》，徐薇译，《湖南社会科学》2017 年第 5 期。

　　笔者是怎么触及艾尔雅维茨自己所说的他的"神经痛点"的？如果他不这样讲，笔者也未必知道。但有一点是肯定的，这就是笔者给他一种别现代的真相，让他感到震惊，使他突然意识到自己对中国的研究缺少了基础，但同时也发现了别现代这样一个解剖中国问题的切口，也就是他所说的兔子洞。

　　别现代是一个有关社会形态的创新性理论，用来解释当下社会的性质和特点，而别现代主义则主张区分真伪现代，进而具备充分的现代性。因而整个别现代理论就是社会形态描述与社会形态改造的有机结合。

　　由于别现代理论根植于中国特定的社会和文化背景，因而紧扣中国的现实，立足于解决中国的问题，从而产生了一套涉及社会、文化、经济、艺术、审美的理论，包括别现代性理论、别现代主义理论、时间空间化理论、发展四阶段理论、审美形态理论、和谐共谋理论、自我更新理论、跨越式停顿理论、传承与创新中的切割理论、中西马我主张、后现代之后回望理论等，这些理论自成一体，成为一种中国话语，已经超越了"走出去"的声音，与西方的思想界和艺术界形成了真正的对话。这种对话本应该被西方学者视为中国哲学和人文学科构成世界哲学四边形和带来人类哲学时刻的壮举，但有可能因为一时仍囿于传统的欧洲中心主义，用老掉牙的声言二分论评判正在发生的中国人文学科现实，从而难免产生困惑和痛苦。但是，艾尔雅维茨对于别现代理论的研究在某个时段中的忧虑与彷徨正好符合中国哲学和人文学科走向世界过程中的未定状态，随着这种未定状态的日趋明确，西方学者的这种困惑和痛苦也就随之消失，代之以认同的惊喜。事实上，从艾尔雅维茨发表有关中国人文学科包括审美学的"有无必要领先世界"论，到别现代主义系列新书发布会，大约一年的时间（根据杂志投稿、审稿、用稿的过程与会议发言的确定时间对比得出结论），他看到了别现代主义理论的更多的内容，从而打消了自己的疑虑，坚定了自己的"哲学四边形"理论，并联想到"审美学上的另一个拿破仑"。艾尔雅维茨从对别现代主义理论的价值的发现，到曾经暂时的疑虑彷徨，再到最后给予别现代主义高度评价，说明了以下问题。

（1）主义的问题具有普遍意义，中国可能会因为主义的建立而作为世界"哲学四边形"之一边并迎来人类哲学时刻。中外学者对于主义的讨论及其争议，不是说主义已经过时，而是证明主义极有价值，主义的建构正当其时。

（2）凡是思想欠发达的国家和地区，只有通过建立主义才能完成从声音到语言的转化，才能形成自我超越，登上世界哲学和人文学科包括审美学舞台。

（3）别现代主义虽然已经走向世界，已经取得了被全球研究的地位，但是中国的哲学和人文学科包括审美学距离真正的"哲学四边形"和哲学时刻仍有一定距离。原因在于，中国的主义走向世界的屈指可数，而且为艾尔雅维茨所担心的在主义创建过程中国家主义的哲学五年计划模式，以及中国审美学学者与当代艺术的隔阂等，都有可能影响这一历史进程。

艾尔雅维茨说法的意义在于既提供哲学和人文学科包括审美学的四边形的论断，让我们有信心，但又要我们保持清醒头脑，认清自己的道路，摸清自家的家底，通达学术的国际性，不要盲目乐观。路伸向远方，我们刚刚在路上。

艾尔雅维茨的说法可能是乐见中国崛起的西方哲学家和思想家对中国文化复兴的复杂心态的表现，具有一定的代表性，不妨被视为一种刺激和一种激励。我们首先要肯定的是，艾尔雅维茨提供了一个西方人用他者的眼光看中国人文学科包括哲学和审美学的视角，提供了中国人文学科发展的参照。他对中国问题的看法是真诚的，这种真诚首先值得尊重，因为思想的建立从来都是在怀疑、挑剔、批判中进行的，而非在赞美中完成的。其次，他的见解是深刻的，连带着审美学史和艺术史的经验和教训，指出理论建设脱离当代艺术实践的危险性，是"忠言逆耳"之举。

但是，从"哲学四边形"的论断到有无必要的疑虑，也为别现代主义的发展提了个醒。

（1）西方学者有关中国审美学、哲学、人文学科有无必要领先世界的疑虑可能与其未能及时跟进别现代主义理论的快速发展有关。自从 2015 年与艾尔雅维茨讨论主义以来，产生于 2018 年的 2.0 版的别现代主义理论有许多西方学者未及讨论，从而缺乏对于别现代主义的整体观。但到了 2018 年 9 月之后，也就是笔者与郭亚雄反驳西方中心主义的文稿通过 *Filozofski Vestnik* 的匿名评审并决定与其他文章组成 "Bie-modernity" 专栏之后，艾尔雅维茨的看法有了根本性的转变。因此，如何与西方著名哲学家和审美学家展开讨论，进一步推进海外别现代主义研究，值得认真思考。

（2）欲得到西方学界的承认和重视，关键在于理论范畴的建设。在不少西方学者看来，只有西方审美学在中国，而无中国审美学。理由是，所谓中国审美学，只能指涉中国古代的审美学思想，而不是现代和当代的审美学，现代和当代的所谓中国审美学的范畴和方法都是西方提供的，而不是自己创造的。卜松山就曾说："自本世纪初中国接受西方美学以来，现代中国美学话语一律换上了西方的概念和范畴。……但是中国毕竟有着自己悠久的文明，同样也有一个悠久的美学思想演变过程。这种美学所反思的焦点不同于西方：它主要是探索艺术创造的本质和作品的艺术性。"[1] 这一批评是有道理的。但是，随着别现代主义哲学和审美学范畴的展露，这一状况正在改变。别现代主义的时间空间化理论范畴就被阿列西·艾尔雅维茨、[2] 恩斯特·曾科、[3] 凯里·韦恩[4]等哲学家将其与福柯、德里达等

---

①　[德] 卜松山：《中国美学与康德》，《国外社会科学》1996 年第 3 期。

②　[斯洛文尼亚] 阿列西·艾尔雅维茨：《琐事与真理——对王建疆"主义的缺位"命题的进一步讨论》，徐薇译，《探索与争鸣》2018 年第 5 期。

③　Ernest Ženko, On Heterotopia: Michel Foucault's Conception of Space in the Context of Bie-Modern Theory, See the collection of th 6th Bie-modern International Conference, edited by Keaton Wynn & Jianjiang Wang, 2020, October.

④　Kerry Wynn, *Pseudo-Modernity and Western reality*, See the collection of the 6th Bie-modern International Conference, edited by Keaton Wynn & Jianjiang Wang, 2020, October.

人的理论进行比较研究，大卫·布鲁贝克专事别现代主义的跨越式停顿范畴的研究，① 罗克·本茨将别现代主义与阿兰·巴迪乌的理论进行比较研究，② 恩斯特·曾科还将别现代主义的原创性与雅克·朗西埃进行比较研究，③ 衣内雅·边沁将别现代主义与欧洲著名的几位社会学家的理论进行比较研究，④ 从而不仅聚焦于别现代主义范畴，而且无形中提升了别现代主义的国际学术地位。

（3）别现代主义范畴的建立，已见成效。范畴是理论体系的中枢和支柱，也是本书最重要、最具体、最核心的内容，在已发生的有关别现代主义的中西方对话中，可能已经达到西方声言二分论之语言标准。要不然，来自西方中心主义的声言二分的"大考"为何突然悄无声息地退出了？因此，受惠于西方著名学者的提醒，笔者在这里索性就把艾尔雅维茨提出的"中国审美学有必要像中国艺术那样领先世界"的问题置换为："中国审美学何时才能像中国艺术那样领先世界？"

不知阿列西·艾尔雅维茨先生是否同意笔者对他的这一命题所进行的改造。

---

① ［美］大卫·布鲁贝克：《别现代的停顿：尘埃，水墨，启蒙时代和跨越式生存》，徐薇译，《贵州社会科学》2021 年第 8 期。
② ［斯洛文尼亚］罗克·本茨：《论"哲学时刻"、解放美学和贾樟柯电影中的"别现代"》，李隽译，《贵州社会科学》2019 年第 2 期。
③ ［斯洛文尼亚］恩斯特·曾科：《平等带来的启示——评王建疆的别现代主义及中国美学的发展》，石文璇译，《西北师大学报》（社会科学版）2017 年第 5 期。
④ ［意大利］衣内雅·边沁：《欧洲颓废民粹主义与中国别现代主义》，姚天明译，《贵州社会科学》2020 年第 10 期。

参考文献

一　中文著作

［美］A. H. 马斯洛主编:《人类价值新论》,胡万福、谢小庆、王丽、仇美兰译,河北人民出版社 1988 年版。

［美］阿尔伯特·赫希曼:《反动的修辞——保守主义的三个命题》,王敏译,江苏人民出版社 2012 年版。

［美］艾恺:《世界范围内的反现代化思潮——论文化守成主义》,贵州人民出版社 1991 年版。

［德］爱克曼辑录:《歌德谈话录》,朱光潜译,人民文学出版社 1978 年版。

［法］安托瓦纳·贡巴尼翁:《反现代派》,郭宏安译,生活、读书、新知三联书店 2009 年版。

［古希腊］柏拉图:《文艺对话集》,朱光潜译,人民文学出版社 1963 年版。

［德］鲍姆嘉通:《诗的哲学默想录》,王旭晓译,中国社会科学出版社 2014 年版。

［英］鲍桑葵:《美学史》,张今译,商务印书馆 1985 年版。

［英］鲍山葵:《美学三讲》,周煦良译,人民文学出版社上海分社 1965 年版。

北京大学哲学系美学教研室编著:《西方美学家论美和美感》,商务印书馆 1980 年版。

［英］Ch. 达尔文：《人类的由来及性选择》，叶笃庄、杨习之译，科学出版社 1982 年版。

陈鼓应：《老子今注今译》，商务印书馆 2003 年版。

陈鼓应：《周易今注今译》，商务印书馆 2005 年版。

陈鼓应：《庄子今注今译》，中华书局 2001 年版。

陈乔楚：《人物志今译今注》，台湾商务出版社 1996 年版。

成复旺主编：《中国美学范畴辞典》，中国人民大学出版社 1995 年版。

（宋）程颢、程颐：《二程遗书》，潘福恩导读，上海古籍出版社 2000 年版。

程相占：《生生美学论集——从文艺美学到生态美学》，人民出版社 2012 年版。

［德］恩斯特·卡西尔：《人论》，甘阳译，上海译文出版社 1985 年版。

冯友兰著，单纯编：《冯友兰选集》，北京大学出版社 2000 年版。

［法］福柯、［德］哈贝马斯、［法］布迪厄：《激进的美学锋芒》，周宪译，中国人民大学出版社 2003 年版。

［德］格罗塞：《艺术的起源》，蔡慕晖译，商务印书馆 1984 年版。

［德］黑格尔：《美学》，朱光潜译，商务印书馆 1979 年版。

［美］胡克：《历史上的英雄》，刘行译，中国社会出版社 1999 年版。

黄海澄：《系统论　控制论　信息论　美学原理》，湖南人民出版社 1986 年版。

黄海澄：《艺术价值论》，人民文学出版社 1993 年版。

（唐）慧能：《坛经》，丁福保注，上海古籍出版社 2016 年版。

金开诚：《文艺心理学论稿》，北京大学出版社 1982 年版。

［英］卡莱尔：《英雄与英雄崇拜》，何欣译，辽宁教育出版社 1998 年版。

［德］康德：《判断力批判》，邓晓芒译，杨祖陶校，人民出版社 2002 年版。

［德］康德：《判断力批判》，宗白华译，商务印书馆 1964 年版。

［德］克劳斯·施瓦布、［法］蒂埃里·马勒雷：《后疫情时代——大

重构》，世界经济论坛北京代表处译，中信出版集团 2020 年版。

［意］克罗齐：《美学原理·美学纲要》，朱光潜等译，外国文学出版社 1983 年版。

李文衡主编：《甘肃当代文艺五十年》，甘肃文化出版社 1999 年版。

李泽厚：《李泽厚十年集　美的历程　附华夏美学、美学四讲》，安徽文艺出版社 1994 年版。

李泽厚：《李泽厚十年集　中国古代思想史论》，安徽文艺出版社 1994 年版。

［美］理查德·A. 伊斯特林、［德］霍格尔·欣特、克劳斯·F. 齐默尔曼编辑：《幸福感、经济增长和生命周期》，李燕译，东北财经大学出版社 2017 年版。

［美］理查德·舒斯特曼：《金衣人历险记》，陆扬译，安徽教育出版社 2020 年版。

［美］理查德·舒斯特曼：《生活即审美：审美经验和生活艺术》，彭锋等译，北京大学出版社 2007 年版。

刘东：《西方的丑学　感性的多元取向》，四川人民出版社 1986 年版。

刘禾主编：《世界秩序与文明等级》，生活·读书·新知三联书店 2016 年版。

刘作翔：《权利冲突：案例、理论与解决机制》，社会科学文献出版社 2014 年版。

鲁枢元、童庆炳等主编：《文艺心理学大辞典》，湖北人民出版社 2001 年版。

［美］马泰·卡林内斯库：《现代性的五副面孔》，顾爱彬、李瑞华译，商务印书馆 2002 年版。

缪灵珠、章安琪编订：《缪灵珠美学译文集》1—4 卷，中国人民大学出版社 1987—1998 年版。

南怀瑾：《楞严大义今释》，复旦大学出版社 2001 年版。

［德］尼采：《悲剧的诞生》，李长俊译，湖南人民出版社 1986 年版。

［美］N. 维纳：《人有人的用处——控制论和社会》，陈步译，商务印

书馆 1978 年版。

潘知常：《走向生命美学——后美学时代的美学建构》，中国社会科学
　　出版社 2021 年版。

［法］皮埃尔·卡巴内：《杜尚访谈录》，王瑞芸译，中国人民大学出
　　版社 2003 年版。

［瑞士］皮亚杰：《发生认识论原理》，王宪钿等译，商务印书馆 1996
　　年版。

（宋）普济：《五灯会元》，苏渊雷点校，中华书局 1984 年版。

［俄］普列汉诺夫：《论个人在历史上的作用问题》，唯真译，生活·
　　读书·新知三联书店 1961 年版。

［英］齐格蒙·鲍曼：《现代性与大屠杀》，杨渝东、史建华译，译林
　　出版社 2002 年版。

祁志祥：《乐感美学》，北京大学出版社 2016 年版。

钱锺书：《谈艺录》，中华书局 1984 年版。

钱锺书：《管锥编》第三册，中华书局 1979 年版。

［波兰］塔塔尔凯维奇：《西方美学史 1 古代美学》，理然译，广西人
　　民出版社 1990 年版。

［美］托马斯·门罗：《走向科学的美学》，石天曙、滕守尧译，中国
　　文联出版公司 1985 年版。

王建疆：《别现代：空间遭遇与时代跨越》，中国社会科学出版社 2017
　　年版。

王建疆：《修养·境界·审美　儒道释修养美学解读》，中国社会科学
　　出版社 2003 年版。

王建疆、［美］基顿·韦恩：《别现代：作品与评论》，中国社会科学
　　出版社 2018 年版。

王建疆、［斯洛文尼亚］阿列西·艾尔雅维茨：《别现代：话语创新与
　　国际学术对话》，中国社会科学出版社 2018 年版。

王建疆等：《反弹琵琶——全球化背景下的敦煌艺术研究》，中国社会
　　科学出版社 2013 年版。

（清）王先谦：《荀子集解》，中华书局 1988 年版。

王振复：《中国美学的文脉历程》，四川人民出版社 2002 年版。

［德］沃尔夫冈·韦尔施：《我们的后现代的现代》，洪天富译，商务
　　印书馆 2004 年版。

［德］乌尔希里·贝克、［英］安东尼·吉登斯、［英］斯科特·拉什：
　　《自反性现代化　现代社会秩序中的政治、传统与美学》，赵文书
　　译，商务印书馆 2001 年版。

吴汝钧编著：《佛教大辞典》，台湾商务印书馆国际有限公司 1992 年版。

伍蠡甫等编：《西方文论选》上卷，上海译文出版社 1979 年版。

徐复观：《中国艺术精神》，华东师范大学出版社 2001 年版。

［法］雅克·朗西埃：《对民主之恨》，李磊译，中央编译出版社 2016
　　年版。

杨伯峻：《论语译注》，中华书局 1980 年版。

杨伯峻：《孟子译注》，中华书局 1960 年版。

叶朗：《美学原理》，北京大学出版社 2008 年版。

叶圣陶：《叶圣陶论创作》，上海文艺出版社 1982 年版。

［英］约翰·洛克：《政府论》，瞿菊农、叶启芳译，商务印书馆 1982
　　年版。

曾繁仁：《生态美学——曾繁仁美学文选》，山东文艺出版社 2019 年版。

张培林主编：《神经解剖学》，人民卫生出版社 1987 年版。

张应杭：《人生美学》，浙江大学出版社 2004 年版。

周宪：《审美现代性批判》，商务印书馆 2005 年版。

朱光潜：《朱光潜美学文集》（第三卷），上海文艺出版社 1983 年版。

朱立元主编：《当代西方文艺理论》，华东师范大学出版社 1997 年版。

朱立元主编：《美学》，高等教育出版社 2006 年版。

二　英文著作

Aleš Erjavec（ed.），*Postmodernism and the Postsocialist Condition*，Politicized Art Under Late Socialism （Berkeley，The Regents of the University of California Press），2003.

Matthias Rauterberg（ed.），*Culture and Computing*，*Design Thinking and Cultural Computing*，9th International Conference，C&C 2021，Held as Part of the 23rd HCI International Conference，HCII 2021，Virtual Event，July 24 – 29，2021，Proceedings，Part Ⅱ. ISSN 0302 – 9743 ISSN 1611 – 3349（electronic），Springer Nature Switzerland AG 2021.

Naoko Tosa，Cross-Cultural Computing，*An Artist's Journey*，Springer London Heidelberg New York Dordrecht，Springer-Verlag London，2016.

R. B. Browne，G. J. Brown，K. O. Brown and D. G. Brown（eds.），*Contemporary Heroes and Heroines*，Detroit：Gale Research，1990.

Tünde Faragó，*Deep Fakes-an Emerging Risk to Individuals and Societies Alike*，Desember 2019. http：//creativecommons. org/licenses/by-nd/ 4. 0/. TUnde Faragoo（Tilburg University）.

Wang Jianjiang & Aleš Erjavec，*Bie-Modern*，*Discourse Innovation & International Academic Dialogue*，China Social Science Press，2018.

Wang Jianjiang & Keaton Wynn，Bie-modern：Works & Conmmentary，2018.

Wang Jianjiang，*Bie-modern*：*Space Enconter and Times Spans*，China Social Science Press，2017.

Zemir Zeki，*Inner Vision*：*An Exploration of Art and the Brain*，Oxford University Press，1999.

三　中文论文

［斯洛文尼亚］阿列西·艾尔雅维茨：《写在别现代新书发布之前》，见《跨越时空的创造：别现代理论探索与艺术实践国际学术研讨会论文集》2018 年 9 月。

［斯洛文尼亚］阿列西·艾尔雅维茨：《琐事与真理——对王建疆"主

义的缺位"命题的进一步讨论》，徐薇译，《探索与争鸣》2018
年第 5 期。

［斯洛文尼亚］阿列西·艾尔雅维茨：《再评王建疆的"别现代主义"》，
徐薇译，《湖南社会科学》2017 年第 5 期。

［斯洛文尼亚］阿列西·艾尔雅维茨：《主义：从缺位到喧嚣? ——与王建
疆教授商榷》，徐薇译，《探索与争鸣》2016 年第 9 期。

崔卫平：《天下英雄是寡人》，《上海文学》（文化研究）2003 年第 5 期。

［美］大卫·布鲁贝克：《别现代的停顿：尘埃，水墨，启蒙时代和跨
越式生存》，徐薇译，《贵州社会科学》2021 年第 8 期。

［俄］德米特里·谢尔科夫：《洞悉一切的"第三只眼"》，《青年科学》
2006 年第 4 期。

［斯洛文尼亚］恩斯特·曾科：《平等带来的启示——评王建疆的别现
代主义及中国美学的发展》，石文璇译，《西北师大学报》（社会
科学版）2017 年第 5 期。

高建平：《美学的超越与回归》，《上海大学学报》（社会科学版）2014
年第 1 期。

郭亚雄：《"声音"与"言语"界分的祛魅——别现代语境下中国哲学
话语创新问题再思考》，《探索与争鸣》2017 年第 7 期。

何云峰：《论劳动幸福的四个观测维度及其辩证关系》，《贵阳学院学
报》（社会科学版）2020 年第 2 期。

黄兴涛：《"美学"一词及西方美学在中国的最早传播——近代中国新
名词源流漫考之三》，《文史知识》2000 年第 1 期。

［美］基顿·韦恩：《别现代时期相似艺术的不同意义》，李隽译，《西
北师大学报》（社会科学版）2017 年第 5 期。

［美］基顿·韦恩：《从后现代到别现代》，石超译，《上海文化》（文
化研究）2017 年第 8 期。

［德］卜松山：《中国美学与康德》，《国外社会科学》1996 年第 3 期。

刘冠军：《论内在实践和外在实践》，《天津师范大学学报》（社会科学
版）1997 年第 3 期。

［斯洛文尼亚］罗克·本茨：《论"哲学时刻"、解放美学及贾樟柯电影中的"别现代"》，李隽译，《贵州社会科学》2019 年第 2 期。

王建疆：《论审美目的》，《文艺研究》1991 年第 4 期。

王建疆：《文学经典的死去活来》，《文学评论》2008 年第 4 期。

徐大威：《审美理论建构的新拓展："内审美"对李泽厚审美理论的超越与发展》，《甘肃社会科学》2012 年第 1 期。

杨守森：《"全球化"与"化全球"》，载童庆炳、畅广元、梁道礼主编《全球化语境与民族文化、文学》，中国社会科学出版社 2002 年版。

［意大利］衣内雅·边沁：《欧洲颓废民粹主义与中国别现代主义》，姚天明译，《贵州社会科学》2020 年第 10 期。

周韧：《时间的空间化——电影〈伊斯坦布尔的幸福〉审美形态举隅》，《贵州社会科学》2019 年第 7 期。

四 英文论文

Aleš Erjavec, "Comment on 'Bie-modernism' of Jianjiang Wang", *Art + Media*, No. 13, 2017.

Aleš Erjavec, "Philosophy: National and International", *Metaphilosophy*, *ed. by Armen T. Marsoobian*, Vol. 28, No. 4, October 1997: 329 – 345.

Aleš Erjavec, Zhuyi From Absence to Bustle? Some Comments on Wang Jianjiang's Articl "The Bustle and the Absence of Zhuyi", *Art + Media*, No. 13, 2017.

Aleš Erjavec, Some Additional Remarks Concerning Issues Opened by Prof. Wang Jianjiang; Ales Erjavec, *Art + Media*, 13/2017.

Ernest Ženko, "On Ghosts: The Role of Hauntology in Bie-Modern Theory", *See The Collection of the 7th Bie-modern International Conference*, edited by Keaton Wynn & Jianjiang Wang, 2021, November.

Ernest Ženko, On Heterotopia: Michel Foucault's Conception of Space in the Context of Bie-Modern Theory, See the collection of th 6th Bie-modern International Conference, edited by Keaton Wynn & Jianjiang Wang, 2020, October.

Kerry Wynn, Pseudo-Modernity and Western reality, See the collection of th 6th Bie-modern International Conference, edited by Keaton Wynn & Jianjiang Wang, 2020, October.

Matthias Rauterberg, Culture and Computing, 9th International Conference, C&C 2021, Held as Part of the 23rd HCI International Conference, HCII 2021. July 24 – 29, 2021, Proceedings, Part Ⅱ. pp. 474 – 489. Springer Nature Switzerland AG 2021.

Mu Li, Wangmeng Zuo, David Zhang, Deep Identity-aware Transfer of Facial Attributes. See discussions, stats, and author profiles for this publication at: https://www. researchgate. net/publication/309283897.

M. Rauterberg, Hu, J., Langereis, G., Cultural computing-How to investigate a form of unconscious user experiences in mixed realities, In: R. Nakatsu, N. Tosa, F. Naghdy, K. W. Wong, P. Codognet (eds.) Entertainment Computing Symposium-ECS (IFIP Advances in Information and Communication Technology, Vol. 333, 2010: 190 – 197), (c) IFIP International Federation for Information Processing, Heidelberg: Springer.

M. Rauterberg, Reality determination through action. In: Proceedings of IEEE International Conference on Culture and Computing-C&C, Piscataway: IEEE, 2017: 24 – 29.

Pear Jed, Mao Cray, The New Republic, July 8, 2008.

Richard Shusterman, "Internationalism in Philosophy", Metaphilosophy, Vol. 28, No. 4, October 1997: 289 – 301.

Wang Jianjiang, Chen Haiguang, Bie-modernism & Cultural Computing, Culture and Computing, 9th International Conference, C&C 2021,

Held as Part of the 23rd HCI International onference, HCII, 2021. July 24 – 29, 2021, Proceedings, Part Ⅱ. pp. 474 – 489. By Matthias Rauterberg, Springer Nature Switzerland AG 2021. See also https：// doi. org/10. 1007/978 – 3 – 030 – 77431 – 8.

Wang Jianjiang (Shanghai Normal University)：Is it Possible for China to Go Ahead of the World in Philosophy and Aesthetics Response to Aleš Erjavec's, Ernest Ženko's, and Rok Benčin's Comments on Zhuyi and Bie-modern Theories, Filozofski vestnik（A&HCI）, 2018. 03.

Wolfgang Welsch, "Aesthetics Beyond Aesthetics", 19th International Congress of Aestheticsx, Krakow, 2013, Poland, www. ica2013. pl.

索　引

一　主题索引

二　人名索引

后　记

　　别现代主义自 2014 年发表以来，已有十个年头。在这期间取得了意想不到的发展，尤其是在欧美国家的发展。一些西方著名的和知名的学者参与讨论，而且还自主建立别现代研究中心，建立了别现代主义网站。国内学者也在积极回应，与我讨论，增益别现代主义理论。更可喜的是一些实力派艺术家加盟别现代主义艺术创作，一些知名诗人从事别现代主义意象诗歌的写作和研究，一些知名法学家也参与对别现代主义理论的讨论，从而极大地推动了别现代主义在更大空间中的发展。

　　就别现代主义审美学而言，它的酝酿和产生始于 20 世纪 90 年代《自调节审美学》一书的出版，其基本思想和方法论延伸并贯穿在别现代主义审美学之中。因此，为了保持理论的完整性，这次也将早期的个别别现代主义审美学范畴收录在一起，在进行提炼加工和改造后，使之融入有机整体中。

　　在"审美学"一词的英译上，我参照德国汉学家、审美学家卜松山对于汉语中"美学"/优美学（beautology）的译法，将其另译为aestheticology。这可能在西方审美学界看来是多此一举，但只要明白100 多年来在汉语中的"美学"（beautology）一词实际上已对西方的"感性学"（aesthetics）产生较大偏差，已很难概括所有的审美形态，那么，在译介上展示包含了所有审美形态范畴而非单一优美及其优美感——乐感的审美学一词，实质上就是对德国审美学原意的回归，更主要地是对一个具有学科涵盖性的术语的确立，体现了别现代主义的求真务实学风和深别精神，也是对日益狭窄化的以优美和乐感充当甚至代替审美的所谓美学（beautology）的矫正。

别现代主义审美学从创意到成型，已经30多个春秋。于今回首，我对"学者"一词充满敬意。确如梁启超所说，学者，乃社会之公器，而非教授博导的身份。别现代主义之所以会得到如此广泛的响应，大概是基于它的公器属性吧。在此，我要感谢那些维护这个公器，并支持别现代主义理论的学者。在他们之中除了我在《别现代：空间遭遇与时代跨越》一书中已经致谢过的大德公器外，还要特别感谢如下：

我的硕士生导师黄海澄先生，以其90岁高龄在给艺术院校做的《我的学术生涯》学术报告中，以52分钟的时间首先向听众介绍我的别现代主义。

我的博士生导师朱立元先生，主持了数次在沪上召开的别现代主义国际学术会议。

国际美学协会前主席、著名哲学家、审美学家阿列西·艾尔雅维茨先生，他写了至少10篇文章与我讨论别现代主义，还在病中关心别现代主义的进展。

美国"中国别现代研究中心（CCBMS）"主任、艺术史家基顿·韦恩，曾成功组织了数次别现代主义国际学术会议和别现代主义艺术国际巡展。

欧盟成员国斯洛文尼亚"别现代研究中心（CBMS）"主任、知名哲学家恩斯特·曾科将别现代主义引入本国，成为学者和官方关注的研究对象。

爱尔兰青年博士衣内雅·边沁等，在意大利建立了别现代主义网站。

荷兰埃因霍芬理工大学人工智能研究所所长，国际文化计算专业委员会主席马提亚斯·罗特伯格对别现代主义文化计算和深别系统的研发予以大力支持。

感谢所有参加别现代主义理论讨论的学者。

感谢广东省社联举办别现代主义专题研讨会。

感谢国际美学协会（IAA）时任会长 Jale Erzen 代表国际美学协会给国际别现代主义大会的致电。

感谢高建平先生代表中华美学学会给国际别现代主义大会的贺电。

感谢祁志祥教授代表上海市美学学会给国际别现代主义大会的贺电。

感谢上海师范大学对别现代主义科研和教学工作的大力支持。

感谢所有组织传播别现代主义理论的领导和学科负责人。

感谢所有积极评价别现代主义理论的同道们。

感谢陈海光副教授和他的计算机应用团队对别现代主义文化计算的研发和应用。

感谢翻译前言、导论、目录和简介的徐薇博士。她一直是别现代主义理论的主译。

感谢博士生孙瑞雪所做的校对和索引工作。

感谢本书责任编辑杨康博士的精心编排。

在感恩中一路走来，同结公器之缘，但愿学术之路越走越宽。

记于癸卯年夏上海